U0270527

国家出版基金项目
NATIONAL PUBLICATION FOUNDATION

ARJ21新支线飞机技术系列

主编 郭博智 陈 勇

支线飞机结构设计与验证

Structure Design and Verification of Regional Aircraft

吕 军 王 冰 范耀宇 赵 毅 等 著

大飞机读者俱乐部

上海交通大学出版社
SHANGHAI JIAO TONG UNIVERSITY PRESS

内容提要

本书阐述了新支线飞机机体结构、材料、内部装饰和设备，以及舱内声学等专业的设计方案，包括设计指标、选材、工艺、适航、结构布置、结构形式、设计分析等，并对重大设计专题，如闪电防护设计技术、抗鸟撞设计技术等进行了重点叙述。

本书可供高等学校、科研院所以及民用航空飞行器设计领域相关的教师、科技工作者与工程技术开发人员使用。

图书在版编目（CIP）数据

支线飞机结构设计与验证/吕军等著. 一上海：上海交通大学出版社，2019

大飞机出版工程

ISBN 978-7-313-18552-5

Ⅰ.①支… Ⅱ.①吕… Ⅲ.①飞机－结构设计 Ⅳ.①V22

中国版本图书馆 CIP 数据核字(2017)第 307719 号

支线飞机结构设计与验证

著　者：吕　军　王　冰　范耀宇　赵　毅 等

出版发行：上海交通大学出版社　　　　　　　　　　地　　址：上海市番禺路 951 号

邮政编码：200030　　　　　　　　　　　　　　　　电　　话：021-64071208

印　　制：上海万卷印刷股份有限公司　　　　　　　经　　销：全国新华书店

开　　本：710mm×1000mm　1/16　　　　　　　　印　　张：21.75

字　　数：418 千字

版　　次：2019 年 5 月第 1 版　　　　　　　　　　印　　次：2019 年 5 月第 1 次印刷

书　　号：ISBN 978-7-313-18552-5/V

定　　价：198.00 元

大飞机出版工程

丛书编委会

总主编
顾诵芬（中国航空工业集团公司科技委原副主任、中国科学院和中国工程院院士）

副总主编
贺东风（中国商用飞机有限责任公司董事长）
林忠钦（上海交通大学校长、中国工程院院士）

编委会（按姓氏笔画排序）
王礼恒（中国航天科技集团公司科技委主任、中国工程院院士）
王宗光（上海交通大学原党委书记、教授）
李　明（中国航空工业集团沈阳飞机设计研究所科技委委员、中国工程院院士）
刘　洪（上海交通大学航空航天学院副院长、教授）
任　和（中国商飞上海飞机客户服务公司副总工程师、教授）
吴光辉（中国商用飞机有限责任公司副总经理、总设计师、中国工程院院士）
汪　海（上海市航空材料与结构检测中心主任、研究员）
张新国（中国航空工业集团副总经理、研究员）
张卫红（西北工业大学副校长、教授）
陈宗基（北京航空航天大学自动化科学与电气工程学院教授）
陈迎春（中国商用飞机有限责任公司CR929飞机总设计师、研究员）
陈　勇（中国商用飞机有限责任公司ARJ21飞机总设计师、研究员）
陈懋章（北京航空航天大学能源与动力工程学院教授、中国工程院院士）
金德琨（中国航空工业集团公司科技委委员、研究员）
赵越让（中国商用飞机有限责任公司总经理、研究员）
姜丽萍（中国商用飞机有限责任公司总工程师、研究员）
敬忠良（上海交通大学航空航天学院常务副院长、教授）
曹春晓（中国航空工业集团北京航空材料研究院研究员、中国工程院院士）
傅　山（上海交通大学电子信息与电气工程学院研究员）

ARJ21 新支线飞机技术系列

编 委 会

编审委员会

总　序

　　国务院在 2007 年 2 月底批准了大型飞机研制重大科技专项正式立项,得到全国上下各方面的关注。"大型飞机"工程项目作为创新型国家的标志工程重新燃起我们国家和人民共同承载着"航空报国梦"的巨大热情。对于所有从事航空事业的工作者,这是历史赋予的使命和挑战。

　　1903 年 12 月 17 日,美国莱特兄弟制作的世界第一架有动力、可操纵、比重大于空气的载人飞行器试飞成功,标志着人类飞行的梦想变成了现实。飞机作为 20 世纪最重大的科技成果之一,是人类科技创新能力与工业化生产形式相结合的产物,也是现代科学技术的集大成者。军事和民生对飞机的需求促进了飞机迅速而不间断的发展和应用,体现了当代科学技术的最新成果;而航空领域的持续探索和不断创新,为诸多学科的发展和相关技术的突破提供了强劲动力。航空工业已经成为知识密集、技术密集、高附加值、低消耗的产业。

　　从大型飞机工程项目开始论证到确定为《国家中长期科学和技术发展规划纲要》的十六个重大专项之一,直至立项通过,不仅使全国上下重视我国自主航空事业,而且使我们的人民、政府理解了我国航空事业半个多世纪发展的艰辛和成绩。大型飞机重大专项正式立项和启动使我们的民用航空进入新纪元。经过 50 多年的风雨历程,当今中国的航空工业已经步入了科学、理性的发展轨道。大型客机项目产业链长、辐射面宽、对国家综合实力带动性强,在国民经济发展和科学技术进步中发挥着重要作用,我国的航空工业迎来了新的发展机遇。

　　大型飞机的研制承载着中国几代航空人的梦想,在 2016 年造出与波音公司

B737 和空客公司 A320 改进型一样先进的"国产大飞机"已经成为每个航空人心中奋斗的目标。然而，大型飞机覆盖了机械、电子、材料、冶金、仪器仪表、化工等几乎所有工业门类，集成数学、空气动力学、材料学、人机工程学、自动控制学等多种学科，是一个复杂的科技创新系统。为了迎接新形势下理论、技术和工程等方面的严峻挑战，迫切需要引入、借鉴国外的优秀出版物和数据资料，总结、巩固我们的经验和成果，编著一套以"大飞机"为主题的丛书，借以推动服务"大飞机"作为推动服务整个航空科学的切入点，同时对于促进我国航空事业的发展和加快航空紧缺人才的培养，具有十分重要的现实意义和深远的历史意义。

2008 年 5 月，中国商用飞机有限公司成立之初，上海交通大学出版社就开始酝酿"大飞机出版工程"，这是一项非常适合"大飞机"研制工作时宜的事业。新中国第一位飞机设计宗师——徐舜寿同志在领导我们研制中国第一架喷气式歼击教练机——歼教 1 时，亲自撰写了《飞机性能及算法》，及时编译了第一部《英汉航空工程名词字典》，翻译出版了《飞机构造学》《飞机强度学》，从理论上保证了我们的飞机研制工作。我本人作为航空事业发展 50 多年的见证人，欣然接受上海交通大学出版社的邀请担任该丛书的主编，希望为我国的"大飞机"研制发展出一份力。出版社同时也邀请了王礼恒院士、金德琨研究员、吴光辉总设计师、陈迎春副总设计师等航空领域专家撰写专著、精选书目，承担翻译、审校等工作，以确保这套"大飞机"丛书具有高品质和重大的社会价值，为我国的大飞机研制以及学科发展提供参考和智力支持。

编著这套丛书，一是总结整理 50 多年来航空科学技术的重要成果及宝贵经验；二是优化航空专业技术教材体系，为飞机设计技术人员的培养提供一套系统、全面的教科书，满足人才培养对教材的迫切需求；三是为大飞机研制提供有力的技术保障；四是将许多专家、教授、学者广博的学识见解和丰富的实践经验总结继承下来，旨在从系统性、完整性和实用性角度出发，把丰富的实践经验进一步理论化、科学化，形成具有我国特色的"大飞机"理论与实践相结合的知识体系。

"大飞机出版工程"丛书主要涵盖了总体气动、航空发动机、结构强度、航电、制造等专业方向，知识领域覆盖我国国产大飞机的关键技术。图书类别分为译著、专著、教材、工具书等几个模块；其内容既包括领域内专家们最先进的理论方法和技术成果,也包括来自飞机设计第一线的理论和实践成果。如:2009 年出版的荷兰原福克飞机公司总师撰写的 *Aerodynamic Design of Transport Aircraft*(《运输类飞机的空气动力设计》);由美国堪萨斯大学 2008 年出版的 *Aircraft Propulsion*(《飞机推进》)等国外最新科技的结晶;国内《民用飞机总体设计》等总体阐述之作和《涡量动力学》《民用飞机气动设计》等专业细分的著作;也有《民机设计 1000 问》《英汉航空缩略语词典》等工具类图书。

　　该套图书得到国家出版基金资助,体现了国家对"大型飞机"项目以及"大飞机出版工程"这套丛书的高度重视。这套丛书承担着记载与弘扬科技成就、积累和传播科技知识的使命,凝结了国内外航空领域专业人士的智慧和成果,具有较强的系统性、完整性、实用性和技术前瞻性,既可作为实际工作指导用书,亦可作为相关专业人员的学习参考用书。期望这套丛书能够有益于航空领域里人才的培养,有益于航空工业的发展,有益于大飞机的成功研制。同时,希望能为大飞机工程吸引更多的读者来关心航空、支持航空和热爱航空,并投身于中国航空事业做出一点贡献。

2009 年 12 月 15 日

前　　言

民用飞机结构和内部装饰、设备主要为旅客和货物等商载提供空间,也为其他系统提供安装条件,为机组和旅客提供乘坐环境。既要求保证飞机全寿命周期内安全可靠,也要求为机组和旅客提供舒适乘坐体验和飞行享受。

与传统飞机结构相比,民用飞机结构对耐久性和经济性提出更高要求,满足结构完整性,保证安全性,降低成本,使飞机具有良好经济性,具备市场竞争力。飞机结构设计中要求结构形式简单、重量轻,便于维护和维修,降低飞机全寿命成本。为满足这些要求,一方面大量采用先进材料,如复合材料、铝锂合金等降低结构重量和使用维修成本;另一方面采用先进设计理念和设计方法,通过损伤容限和抗疲劳细节设计,提高飞机结构耐久性;同时,采用全三维数字化设计和制造技术,提高设计准确性,缩短设计周期,提高零件制造和装配精度。新支线飞机结构设计遵照疲劳和损伤容限要求,以结构完整性大纲为指导,编制机体结构顶层设计文件,借鉴最佳航空实践进行细节设计。机身、机翼、尾翼等主结构采用铝合金金属材料,方向舵、翼稍小翼等次结构采用复合材料。新支线飞机设计进行了三轮结构减重设计,对试验、试飞取证中出现的不满足要求设计进行了完善,并围绕"好制造"和"精品工程"等设计要求进行持续改进优化,进一步提高结构效率,降低制造成本。

内部装饰和内部设备也是民机设计中一项重要组成部分,一是为机组和旅客提供各种应急设施,满足适航条款的客舱安全要求;二是为乘客提供舒适的乘坐环境。客舱内饰与乘坐体验直接相关,设计、制造细节直接体现产品品质。内部装饰设计强调一体化设计,以工业设计为牵引,从客舱布置、内饰造型、色彩搭配、灯光选用等进行统筹考虑,实现客舱整体美观和舒适,体现独特设计特色。内部设备包括应急设备(应急滑梯、救生筏等)和生活设施(座椅、厨房、盥洗室等),除满足安全性要求外,还要重量轻,易于安装、维护。新支线飞机客舱采用"2+3"每排5座布局,行李箱非对称布置,同时满足了行李箱容积和客舱空间需求。客舱设计简洁、空间宽敞、色彩柔和舒适,为乘客提供良好的乘坐环境和乘坐体验。

本书主要围绕民机结构、内部装饰/内部设备设计技术,重点阐述了新支线飞机机体结构、内部装饰、设备的设计特点,详细描述了民机结构、内饰设计中的专题设计技术,并对设计、制造、试验试飞取证过程出现的典型故障进行了分析,供从事军、民机设计制造的工程技术人员参考借鉴。

本书编写人员都从事民机设计一线工作,经历了新支线飞机设计、制造、取证、交付的全过程或部分过程,积累了大量宝贵的设计经验,利用业余时间完成编写,在此表示感谢!

同时,编委组得到了中国商用飞机有限责任公司多位领导的关怀和指导,在此感谢赵越让、沈波、谢灿军、陈勇、李玲、王飞、叶群峰等多位领导的大力支持!

感谢上海交通大学出版社给予的帮助!

由于时间仓促、加之编写经验不足,书中存在的错误,望广大读者加以斧正!

吕 军

2018 年 3 月

目　　录

1 绪 论

1.1 支线客机需求趋势

便捷、快速的航空运输已成为现代社会的重要组成,据统计,2017年,全球机队规模达到28 718架,旅客运输量超过40亿人次,近10年来一直保持5%的年增长率,货运量达到5 570万吨,每天货运量价值超过186亿美元,占全球贸易总货值的1/3以上。而中国正是世界航空运输业发展最快、规模最大的市场,2017年中国民用航空运输总周转量达1 083亿吨公里、旅客运输量达5.49亿人次、货邮运输量达712万吨,同比分别增长12.5%、12.6%和6.6%,增长规模遥遥领先于其他主要经济体。

随着国家城镇化战略推进,中短程、点对点的航空运输需求呈爆发式增长,先进涡扇支线机市场存在巨大需求潜力,新支线飞机正是一款适用于在短距离、城市之间,高效、便捷运行的窄体支线飞机。

旅客对飞机的乘坐体验、舱内环境舒适性的关注和要求越来越高。正是意识到人们这样强烈的需求趋势,航空公司也在不断重视和对飞机舱内环境进行相应的升级。其中,作为飞机客舱环境的重要组成部分,内部装饰/内部设备与旅客的乘机体验和舒适性有着最为密切的关系。因此,通过增强舱内设备使用体验和便利、打造温馨舒适环境、优化舱内整体造型设计的方式来整体提高飞机内部装饰/内部设备的性能显得尤为重要。

1.2 技术发展趋势

民用飞机结构、内部装饰/内部设备、标准材料设计技术是飞机研制中最基础和关键的设计技术,其研制技术水平在很大程度上决定了飞机的安全、重量、操纵性能、寿命、制造成本和使用成本。结构、内部装饰/内部设备、标准材料研制需要满足总体性能要求、各系统协调和布置要求,需要考虑结构形式、机构、强度、刚度、气动弹性、疲劳、损伤容限等多个学科因素,同时与制造、客服、适航等上下流产生交联,受成百上千个设计变量、目标和工程条件约束,研制出重量轻、寿命长、成本低且满足适航安全性要求的结构、内部装饰/内部设备是民机研制的最大挑战之一。

随着 ARJ21、C919 等机型的研制,国内民用飞机结构、内部装饰/内部设备、标准材料设计技术有以下发展趋势:

1) 复合材料结构大量应用

先进复合材料具有比强度高、比刚度高、可设计性强等独特优点,能明显改善飞机气动弹性、解决金属疲劳问题和腐蚀问题,便于大面积整体成形,其用于飞机结构上可相应减重 20% 左右。这些优异特性,使得复合材料在航空航天领域的应用日益广泛,与铝合金、钢、钛合金一起,发展成为四大航空结构主材料。

先进复合材料在飞机上应用的部位和用量多少,已成为衡量飞机结构先进性的重要指标之一。2009 年 12 月 15 日首飞的 B787"梦想飞机",其复合材料结构用量就已经高达 50%;2013 年 6 月 14 日首飞的空客公司的 A350XWB 宽体客机,其复合材料结构用量更是达到了史无前例的 53%。

国内,对民用飞机复合材料设计方法、工艺稳定性和适航验证体系进行了大量探索,从新支线飞机升降舵、方向舵、整流罩等辅助结构,到 C919 飞机尾翼等次级结构,复合材料用量约占全机比已由 2.8% 提升到 12%,预计 CR929 飞机复合材料用量更是高达 30%~50%。

2) 基于增材制造的整体结构大量应用

增材制造技术是一种"数据分层堆积材料制造物体"的技术,也就是我们通常所说的 3D 打印技术。

与传统制造的"减法原则"不同,增材制造技术遵循的是"加法原则",该技术在形状复杂的民机结构上具有广泛的应用前景,能大幅降低加工成本和时间。在国外,增材制造技术(3D 打印)已在 NASA、波音、空客、通用电气(GE)等主流的航空航天制造商的诸多产品中得到应用。霍尼韦尔公司已经成功地利用 3D 打印技术,将其生产的单晶铸件装配在 TFE731 - 60 型发动机的涡轮叶片上;波音公司的 B787梦想飞机上有 30 多个打印的零件,空客公司委托西安铂力特公司用送粉工艺打印了近 3 m 的 A380 翼肋。

国内的增材制造技术在航空航天、医学等领域获得初步应用,特别是在民机大型复杂形面金属结构件加工制造中,极大地提升零件整体性能和加工效率、降低制造成本,如图 1.1 和图 1.2 所示。

3) 智能整体结构和一体化结构的初步应用

智能整体结构(intelligent integrated structure, IIS)就是在飞机结构件中粘贴传感器或制动器,从而能感知外界环境的变化及自身的实际状态,实现动态或在线状态下的自检测、自诊断、自监控、自修复及自适应等多种功能。

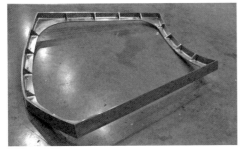

图 1.1　国内某型号风挡窗框（增材制造）

图 1.2　国内某型号翼肋缘条（增材制造）

2015 年,欧盟通过 4 年研发,成功完成"智能飞机结构(Saritsu)"预研项目,验证了如何将机翼减阻、降噪、结构健康监控、减重和其他方面一起进行集成设计的技术。工程运用上,国外大型民机项目中已成功实现对复合材料机身框段进行承载性能监控,如图 1.3 所示。

融合多项功能的智能整体结构或一体化结构是民机研制的一个前沿方向,如通过智能化监控及驱动机身壁板,可极大地改善舱内噪声和振动环境。

1.3　新支线飞机研制历程

按典型民机研制历程,新支线飞机研制历程可划为可行性论证阶段、总体方案定义/联合概念定义阶段、初步设计/联合定义阶段、详细设计

图 1.3　某型号机身框段的智能监控

阶段、全面试制阶段、试飞取证和批产阶段 7 个研发阶段,机体结构、内部装饰/内部设备、标准材料专业在各阶段主要工作如下:

1) 可行性论证阶段

(1) 根据市场和总体技术方案,分解飞机机体主要性能指标和技术要求,完成竞争对手和相关机型分析,形成专业总体技术要求。

(2) 根据专业总体技术要求,提炼结构关键技术,提出本专业布局方案和总体布置初步方案。

(3) 根据飞机总体技术要求,形成材料和工艺选用可行性目录,形成新材料、新工艺技术方案。

2) 总体方案定义/联合概念定义阶段(JCDP)

(1) 形成专业概念设计方案,完成结构总体布置、关键对接位置、设计/工艺分

离面等。

（2）开展关键技术论证，如机翼与机身连接、内外襟翼联动等。

（3）编写机体结构顶层设计规范、准则和要求，完成"结构设计准则""飞机结构维修性设计要求""飞机结构防腐蚀设计要求""闪电防护设计要求""互换性设计要求""复合材料结构设计要求"等文件。

（4）内饰/内设启动供应商选择工作，完成设计信息咨询（RFI）、设计方案咨询（RFP）和合作分工协议定义（SOW）。

（5）开展复合材料、新型铝合金的材料选用、材料试验以及验证工艺研发试验。

3）初步设计/联合定义阶段（JDP）

（1）开展各部段结构初步设计，完成主结构尺寸、重要系统布置、供应商接口界面、适航符合性规划等工作。

（2）完成首批前货舱门等共计约 4000 页 A4 当量图纸发放。

（3）完成舱内装饰与设备的初步设计方案、功能和需求分析，并规划相应的适航符合性验证工作。

（4）完成初步的全机材料和工艺选用目录，规划材料和工艺的适航符合性验证。

4）详细设计阶段（DDP）

（1）开展机身新构型及化铣蒙皮、四种高强度铝合金应用、主起落架 3D/2D 方案、吊挂与动力装置对接及平尾转轴后移等方案研究，完成 20% 成熟度 M20 数模预发放。

（2）开展与系统的全面协调、供应商 JDP 工作，完成 90% 结构图纸发放。

（3）完成内襟翼内操纵螺杆安装攻关，完成剩余 10% 图纸发放。

（4）开展全面优化、减重设计，完成应急出口调整、结构细节部位排查、整流罩布置优化、襟翼支臂宽度缩减等工作。

（5）根据减重优化设计成果，各部件重新进行详细设计，对技术难点进行攻关，发出结构图纸共计约 92 700 页 A4 当量。

（6）开展机身增加两框专项工作。

（7）完成舱内装饰与设备的设计规范及关键设计评审（CDR），完成设备/装饰系统的安全性分析、可靠性预计分析、失效模式和影响分析（FMEA）和维修评审和大纲制订手册（MSG-3）。

（8）完成材料规范和工艺规范的编制，完成材料和工艺适航验证，形成满足详细设计任务的全机材料和工艺选用目录。

5）全面试制阶段

（1）试飞机生产制造问题处理。

（2）启动适航符合性验证工作，完成内饰件的静力试验、燃烧试验，完成厨房盥洗室静力试验、座椅静/动态试验、25 kn 风附加发动机进气影响试验、机上地面试验以及设备鉴定试验。

（3）开展机头结构改进专项工作。

6）试飞取证阶段（TC）

（1）试飞机生产制造问题处理。

（2）试飞机试飞期间故障处理及优化工作。

（3）CCAR25 部结构强度条款的适航符合性验证工作。

（4）完成驾驶舱和客舱设备功能审定试飞、观察员座椅航路检查审定试飞、客舱安全机上检查。

7）批生产阶段（PC）

（1）各架次生产制造问题处理。

（2）组建持续适航体系。

（3）飞机维修手册（AMM）、消耗品手册（CPM），无损检测手册（NDT）、标准件手册（SM）、工艺及材料规范（PMS）等手册编制。

1.4 本书架构

本书主要阐述新支线飞机机体结构、内部装饰/内部设备、标准/材料等专业的方案、专题技术和设计经验，本书主要由 6 部分构成：第 1 章节介绍了民机结构设计技术发展趋势和新支线飞机研制历程；第 2 章节概述设计要求体系、材料、工艺；第 3 章节论述了机身、机翼、尾翼、吊挂、舱门、起落架等部段结构设计方案；第 4 章节针对防腐蚀、润滑、抗鸟撞、闪电防护、复合材料、舱内降噪等重大专题进行详细剖析；第 5 章节对内部装饰和内部设备的设计方案进行了介绍；第 6 章总结了研发中的设计问题和故障处理经验。

2 结构设计技术体系

2.1 结构设计要求

2.1.1 综述

ARJ21型号研制中,结构、内饰/内设和标材专业形成了"飞机级总体设计指标""专业级设计要求"和"零组件级设计规范"组成的三层级设计文件体系,如图2.1所示。

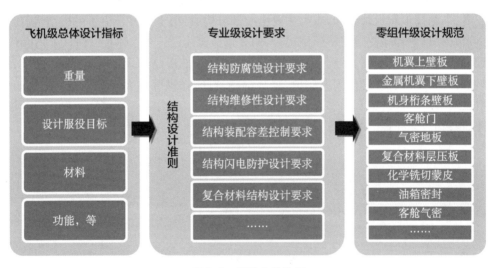

图 2.1 设计文件体系

新支线飞机机体结构、内饰/内设和标材专业的"飞机级总体设计指标"主要如下:

(1) 选用可靠的结构、先进材料和成熟工艺,以提高结构效率、降低结构重量。

(2) 采用损伤容限设计原则要求,具备良好的保护体系,确保飞机安全性。

（3）机体结构设计服役目标（DSG）为 60 000 飞行起落/60 000 飞行小时/20 日历年。

（4）客舱噪声，巡航状态噪声：走道处低于 80 dB(A)、最大不超过 83 dB(A)，驾驶舱噪声低于 83 dB(A)；巡航状态语音干扰级（SIL）：在客舱前部不超过 66 dB，在客舱后部不超过 67 dB，驾驶舱不超过 67 dB。

（5）设备/装饰系统应该能为驾驶舱、旅客舱、货舱提供良好的工作条件、必要的储藏和使用；在应急情况下，能为机上人员提供急救和安全撤离所必需的应急设备。

机体结构专业的"专业级设计要求"包括设计载荷、闪电防护、鸟撞、损伤容限等来自适航法规要求和改善市场竞争性需求的指标，落实在"结构设计准则"为牵引的顶层设计文件中，具体包括"结构维修性设计要求""结构防腐蚀设计要求""结构闪电防护设计要求""结构装配容差控制要求"和"复合材料结构设计要求"等文件，可以分解为通用设计要求和部段级设计要求。

"零组件级设计规范"为指导工程人员开展各类结构件设计的指南，主要包括金属机翼上壁板、金属机翼下壁板、翼肋、机身桁条壁板、客舱门、驾驶舱门、风挡、气密地板、复合材料层压板、复合材料夹层结构、复合材料结构连接、机加件、钣金件、化学铣切蒙皮、密封件、抗鸟撞结构、油箱密封、客舱气密、公差等零部件和专题的设计规范，共计约 40 份。

2.1.2 通用设计要求

通用结构设计要求为全机级、各部段通用设计要求，重点要求如下：

1）强度和变形要求

（1）对于限制载荷和极限载荷，应力分析与试验应证明并未超过该材料的屈服应力和极限许用应力。

（2）应在整个设计温度谱范围内校核屈服机械特性和极限机械特性。

（3）由于施加地面和空中的使用载荷、重复载荷和在其他情况下施加设计限制载荷而产生的弹性变形、永久变形和热变形的积累效果，不得妨碍飞机安全运行。

2）安全寿命

起落架采用安全寿命准则，在疲劳分析与试验数据的结果中，由于使用参数或有关原始数据的可变性，必须采用合适的安全寿命分散系数，给出最终的结构安全寿命。

3）损伤容限要求

（1）机翼盒段、尾翼盒段、机身蒙皮等疲劳敏感区的构件，应选用断裂韧性好、裂纹扩展速率慢的材料，以便在初始裂纹形成后，提供可控的、低的裂纹扩展速率和高的剩余强度的结构。

（2）当机翼、机身、吊挂等主要结构件出现损伤，在损伤被检查出来之前，剩余的结构应能承受100％的限制载荷。

4）离散源损伤容限

（1）必须考虑鸟撞、风扇叶片的非包容性撞击、发动机的非包容性破坏等工况，损坏后的结构必须能承受飞行中可合理预期出现的静载荷。

（2）不需要考虑对这些静载荷的动态影响。

（3）如果在结构破坏或部分破坏以后引起结构刚度或几何形状两者有严重变化，则须进一步研究它们对损伤容限的影响。

5）可靠性

（1）飞机结构在整个使用寿命期间内，在技术要求所规定的使用条件和工作环境下，应能可靠、正常地使用。

（2）应通过损伤容限和疲劳的分析/试验来证明飞机结构在全寿命期内可靠、安全地使用。

（3）机身舱门（含应急舱门）在空中自动打开的概率应不大于10^{-9}，舱门在使用中密封失效的概率不大于10^{-5}。

（4）在使用中，活动面卡阻的概率应不大于10^{-7}。

（5）在使用中，起落架不能放下的概率应不大于10^{-7}，不能收起的概率应不大于10^{-5}。

6）增压舱防泄压要求

（1）增压舱内的隔板、隔框、地板的设计必须能承受在任何规定的使用高度范围内压力突降。

（2）所有增压舱之间（如旅客舱与货舱之间、客舱与驾驶舱之间）应有通风孔，使按增压舱压力突降准则产生的邻舱之间的压力差保持在结构承载能力范围内。

7）易燃液体排放

（1）有可能存积液压油、燃油或凝聚物的区域应有合适的排放通路、排放孔或机外排放管。

（2）通气管或排放管道不可以终止于易燃液体或气体排放出时会发生危险的出口处。

（3）排放系统的设计应保证液体没有回流。

（4）除机翼燃油箱外的所有区域，排放通路的截面积和排放孔直径应满足相关尺寸要求。

（5）机翼燃油箱的排水孔和燃油流出孔应设在接近油箱端部的下壁板最低处。

8）可达性

应提供足够的空间、间隙，以便在外场能迅速检测、维修、更换某些零件或组件，如检修或更换活动面、翼尖、起落架、风挡，或进入机翼整体油箱内部进行检修等。

9）互换性

（1）在设计设备、组合件、构件、零件时，设计人员应根据维护条件，提供合理的容差，并保证其物理特性（结构、外形、材料）和功能上的互换。

（2）应尽量采用标准化的设备、构件和零件。

（3）飞机的结构部件及由非永久性紧固件连接的装配件应尽可能具有互换。

（4）起落架、尾翼舵面、机翼操纵面、舱门等均应具有互换性。

10）闪电防护

（1）机体结构表面应尽量选用铝合金等良导体材料，并具备一定的厚度，以防止雷电附着时被击穿或产生超出剩余强度要求的损伤；

（2）机体结构除自身需进行闪电防护，以避免产生超出限度的损伤外，还需要考虑对机翼整体油箱的闪电防护、对机体结构内部需要保护的系统及设备的防护、对机身内部乘客和机组人员的保护。

（3）如机体结构外露表面采用非金属材料，则应在非金属结构表面施加合适的金属防护层，使得雷电流附着后可以快速扩散。

（4）对于如机头雷达罩等需要有透波要求的结构，应当使用合适的闪电分流结构对其加以保护。

（5）为了核查机体结构是否提供了合适的闪电保护，应进行防雷击验证试验。

11）防腐蚀

对暴露在腐蚀环境中的机体结构，应采取防腐蚀措施，以保证所设计的飞机中的腐蚀得到有效控制，保证飞机结构在使用环境下，不出现危及飞行安全的腐蚀损伤，并无须在规定的期限内进行与腐蚀直接有关的修理。

结构需考虑"在冷表面的凝聚物""可能落到或冲刷到飞机上或溅入飞机内部的雨水或冲洗液""从正常系统内渗漏的液体""厨房和盥洗室漏出的废液""厕所的废液"等腐蚀介质引发的结构腐蚀，应有防止其进入、残存在机体结构内并把它们排出机体的措施，细则如下：

（1）零件上应避免带有尖锐内角或圆角半径很小的内角、沟槽和台阶，以便表面防护。

（2）内部零件应避免设计成向下凹的形状，以免渗漏水、冷凝水和各种残液的集聚，如不可避免时，应在零件的利于排水的位置处开具排水孔，使这些物质在飞机停机状态能自然畅通地排出机体。

（3）衬套、轴承与壳体的配合不允许有间隙，以免微动腐蚀。

（4）与绝热/隔声材料相接触的零件，除了电镀层或阳极化膜层外，还应涂底漆保护。

（5）机身蒙皮的搭接，应采用上搭下，前搭后的原则。

（6）相互接触的零件尽量选用电位相近的金属（包括镀层）。

（7）在透明件的整个边缘必须进行保护，以防止溶剂等介质进入中间层材料。

（8）油箱内不应使用二硫化钼涂层的紧固件，不应使用镀镉紧固件。

12）维修性

飞机在客运计划业务中，在一般技术水平的维护人员操作下，其直接维修费用和每飞行小时维修工时应尽可能低于或等于同类型飞机的相应指标，细则如下：

（1）所有磨损表面若不可能达到飞机寿命的，应予以更换或修理。

（2）所有重要的单销结构接头应加衬套，在每个装有衬套的孔周围应提供余量，以便接头可更换大尺寸的衬套。

（3）所有密封件应靠摩擦力定位、胶接或用螺钉固定，以便更换。

（4）维修通道口或舱口的设计、开口的方向、位置要使操作者有一个比较合适的操作姿态和维修操作尽可能简单方便。

（5）维修舱门口盖尽可能采用快卸式，最好做到不用工具可徒手开启与关闭，较大的可开启式整流包皮应采用铰接式。

（6）加注点的可卸加油口盖，应以系留方式系住，并应不用特种工具就能方便、迅速打开。

（7）经常要打开的受力口盖，在每个口盖内应选用同一大小、长短的相同标准件。

（8）在必须采用不同夹紧厚度的螺钉部位，则使用不同直径的螺钉。

（9）单人搬动的重量不应超过 16 kg；两人搬动的重量不超过 32 kg；物件重量超过 32 kg 时应采取相应的起重措施。如襟翼、水平尾翼、升降舵、方向舵、副翼、进气道、风挡、缝翼、客舱门、货舱门等，需要装有"把手"或起吊用的连接措施。

（10）航线上可更换的设备和组件的更换一般应在 30 min 之内完成。对于允许带故障放飞的设备或组件的更换时间可增加到 90 min（更换时间包括故障隔离、故障排除和接通工作）。

（11）花键轴、螺杆作动器、万向接头、扭力管联轴节等需要润滑的零组件，在不拆卸、不分解或不脱开机件的情况下具有润滑条件。

（12）凡是需要维修人员引起注意或容易发生维修差错的机件或部位，特别是对外形相近而功能不同的零部件和安装时容易发生差错的零部件，应从结构上加以区别或应在便于察看的位置设有标记、符号和说明，标牌上应标有准确的数据和有关注意事项。

（13）飞机结构设计应使结构主要受力件（如机翼梁、梁接头、平尾和垂尾梁、机身连接接头、龙骨梁、机身与机翼对接接头、起落架主要接头、吊挂与发动机连接接头等）便于在外场进行目视检查或原位无损检查。

（14）机体上应合理布置千斤顶支撑点，以便飞机在检查修复时调整。

（15）对尺寸较大而又笨重的铰链式舱门，如空调舱门、发动机短舱舱门等，当其处于开启位置时应有可靠的支撑或系留。

（16）客舱地板必须分块并可拆卸、便于单人能拆卸和搬运,安装具有互换性。

（17）整体油箱的所有区域应是可达的,以便检查、维护和修理。

（18）操纵面内部机构和结构要求检查和维护的区域无须离位检查和修理。

（19）发动机进气道内蒙皮下部应能承受 113.5 kg,相当于维修人员的 2 倍重量而不发生屈服变形,以便于维护人员爬入进气道对风扇叶片进行维护、检查、修理、更换,而不必拆下进气道。

（20）短舱舱门在打开过程和固定位置分别能承受突风。

13）装配性

（1）设计容差合理、可行。

（2）充分考虑制造操作空间要求。

（3）不允许超出工艺规范的强迫装配,防止应力腐蚀。

2.1.3　部段设计要求

部段设计要求是指各部段特殊的设计要求,新支线飞机机身、机翼、尾翼、短舱/吊挂、起落架、舱门等部段主要部段设计要求如下:

（1）在机翼翼尖燃油通气管内侧,应有密封端肋。

（2）在机翼后梁的后侧设防油堤及排油孔。

（3）在机翼干舱、襟翼和操纵面内,必要之处应有排水、排油措施。

（4）外翼上下表面与翼身整流罩接触的部位应有防磨措施。

（5）机翼上、下翼面蒙皮（油箱部位）、梁腹板、油箱端肋等需满足各自最小厚度要求。

（6）人体爬行通道孔最小应为 254 mm×458 mm（10 in①×18 in）。

（7）应考虑由于阳光照射及缝翼内防冰引气所造成的高温影响。

（8）缝翼外表面应具有抗冰雹撞击能力。

（9）厨房、厕所部位应设置连续的舱底板。

（10）所有的窗户、玻璃及有机玻璃应设计成镶入式,而且只承受作用在它上面的压差,而不承受由于机身载荷引起的剪切应力、拉伸应力或压缩应力。

（11）风挡和窗户应有防冰和防雾措施,并安装风挡雨刷。在飞机进场和着陆时,风挡雨刷不应妨碍驾驶员的下视界。

（12）在旅客入口和货舱门开口处应设置防磨板,防磨板与贴合面之间应有密封胶,采用螺钉固定,防磨板应能保护门框和邻近的机身蒙皮。

（13）所有使用手柄锁闩或杠杆式手柄锁闩的外部舱门,应设计成使手柄在舱

---

① in 为英制长度单位英寸,1 in=2.54 cm。

门尚未关住并完全锁住之前,不能置于手柄槽内。

(14)方向舵和升降舵必须使其在任何单个铰链或结构元件损坏时能承受限制载荷。

(15)起落架的布置应使襟翼有足够的运动空间,并且相对后机身触地点来说有一定的俯仰角,以便起飞时可以抬起前轮。

(16)当前起落架收起后,机轮在轮舱内应有机械制动。

(17)吊挂、短舱与发动机之间连接件应能承受热膨胀和位移变形。

(18)发动机短舱结构应在发动机运转引起的声环境条件下,达到规定的使用寿命要求。

(19)短舱结构设计要应用声处理技术,如采用带穿孔板的蜂窝夹层结构,最大限度地降低外传噪声。

(20)每台发动机以及发动机燃烧室、涡轮和尾喷管部分必须用防火墙、防火罩或其他等效设施与飞机的其他部分相隔离;一旦发动机着火,经受火焰的附件部分、整流罩的各部分必须是防火的。

(21)进气道前缘应具有足够的抗冰雹能力。

(22)吊挂和短舱上应设置卸压措施,以便万一在规定的整个飞行包线内,由最严重的引气管爆裂和外部气动载荷组合作用的情况下,能避免结构产生永久变形。当发生上述这种爆裂后,除卸压口盖外,发动机短舱的其他零组件不应脱离飞机。

(23)使用标准工具,在15 s时间内,用手使反推力装置做一个循环(打开和收回)。

(24)增压舱门如采用了分散的止动件,当某一止动件损坏或脱落时,舱门和其余的止动件必须能承受破损安全载荷。

(25)增压舱门应密封,以防止空气泄漏,并减少噪声传递;在舱内未增压时,密封带应能阻挡雨水进入飞机内;舱门和门框上应有排水装置,防止液体聚积;否则可能因结冰妨碍舱门的操作。

(26)在旅客入口和货舱门开口处应设置防磨板,保护门框和邻近的机身蒙皮。

(27)舱门操作机构应可更换、方便维护,而不需要分解装备好的舱门或机身结构。

2.2 材料

2.2.1 综述

材料设计是民机型号研制的基础,材料必须满足飞机型号的设计要求并且符合中国民用航空规章运输类飞机适航标准(CCAR25)的要求。

1)材料设计要求

材料设计需要满足"飞机级总体设计指标"和"专业级设计要求"的需要,"零组件级设计规范"规定了具体零组件的设计选材要求。

支线飞机可研报告中对结构选材提出了下述要求,即"选用成熟可靠的新结构、先进材料和先进工艺,以提高结构效率、降低结构重量"。

2) 适航要求

(1) CCAR25.603　材料。

其损坏可能对安全性有不利影响的零件所用材料的适用性和耐久性必须满足下列要求:

a. 建立在经验或试验的基础上。

b. 符合经批准的标准(如工业或军用标准,或技术标准规定)、保证这些材料具有设计资料中采用的强度和其他性能。

c. 考虑服役中预期的环境条件,如温度和湿度的影响。

(2) 其他相关条款和专用技术条件。

CCAR25.609　结构保护

CCAR25.613　材料的强度性能和材料的设计值

CCAR25.853　座舱内部设施

CCAR25.855　货舱和行李舱

隔热隔声材料专用条件(CCAR - 25 - R3 未规定,等效 FAR25.856)

3) 发展趋势

减重、降成本、减阻降噪、维修便利是民机材料发展的驱动力,铝锂合金、高强高韧钛合金、中模高强碳纤复合材料等是最近十年的发展趋势。

(1) 铝锂合金。

国外第三代铝锂合金已经研制成功并在 A380 等飞机上实现了应用,其在国内民机上的大量应用必须通过突破工艺、设计、装备和新结构形式的适航审定等一系列技术关键来实现。

铝锂合金可以代替部分 2000 系列铝合金,应用范围包括:前、后机身的上、下壁板,侧壁板蒙皮,中机身的上、侧壁板蒙皮,结构重量减轻约 $0.4\%\sim0.6\%$。

(2) 高强钛合金。

Ti - 5553 等新型的高强高韧可焊性钛合金可以应用到起落架转向架梁、防扭臂、刹车连杆、机翼机身连接接头、机翼吊挂连接接头等部位,其退火后强度在 1 080 MPa 以上,是退火状态下强度最高的钛合金,焊接接头强度系数可达 90%。

(3) 增韧环氧碳纤增强复合材料。

新支线飞机次承力结构采用的是中等韧性的环氧材料体系,为了使复合材料能用于客机的主承力结构,国外研发了多种高韧性环氧树脂基体＋高强中模量碳纤维的复合材料,目前国外客机的主承力结构均采用高韧性环氧复合材料,其冲击后压缩强度(CAI)在 250 MPa 以上。

（4）热塑性碳纤维增强复合材料。

PEEK/AS4C热塑性树脂单向碳纤维预浸料及其复合材料，具有优异的抗断裂韧性、耐水性、抗老化性、阻燃性和抗疲劳性能，适合制造飞机主承力构件，可在120℃下长期工作，已用于飞机起落架舱护板前蒙皮。

2.2.2　材料体系

机体结构材料体系由金属材料和非金属材料（含复合材料）组成。

金属材料有铝合金、钛合金、不锈钢和结构钢、高温合金等，非金属材料有碳纤维增强复合材料、玻璃纤维增强复合材料、涂料、胶粘剂和密封胶等；机体结构选材如图2.2和图2.3所示。

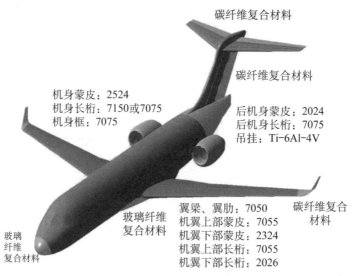

碳纤维复合材料

碳纤维复合材料

机身蒙皮：2524
机身长桁：7150或7075
机身框：7075

后机身蒙皮：2024
后机身长桁：7075
吊挂：Ti-6Al-4V

翼梁、翼肋：7050
机翼上部蒙皮：7055
机翼下部蒙皮：2324
机翼上部长桁：7055
机翼下部长桁：2026

碳纤维复合材料

玻璃纤维复合材料

玻璃纤维复合材料

图2.2　支线飞机主结构材料

1）金属材料体系

针对支线飞机设计目标，选用广泛运用的铝合金、钛合金、不锈钢和结构钢、铜以及高温合金等金属材料，涉及100多种状态，1 200多项规格。

（1）金属材料体系概述。

a. 结构钢材料选用常规的4130、4140、4340和起落架用特种结构钢300M。

b. 不锈钢材料选用301、431、17-4PH、15-5PH、17-7PH、21-6-9等。

c. 铝合金材料选用常规的2024、7075、5052、6061，先进的2324、2524、2026、7050、7055、7150、7475、7449、356.0等。

d. 高温合金材料选用A286、Inconel718。

e. 钛合金材料选用CP-3、Ti-6Al-4V、Ti-3Al-2.5V、Ti-38644等。

f. 铜合金材料选用C17200、C46400、C64200、C11000。

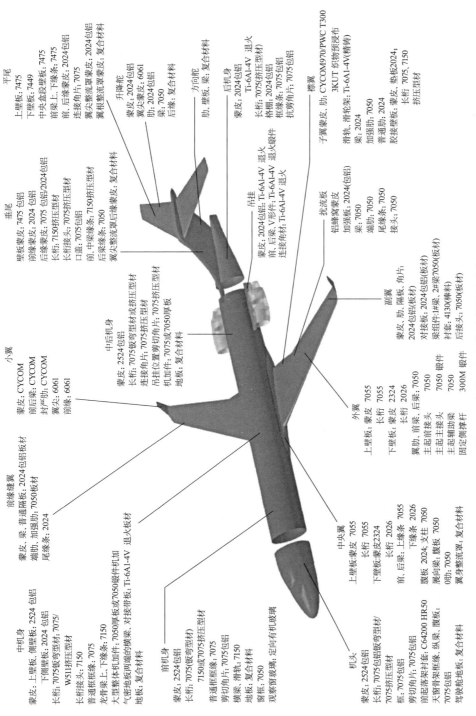

图 2.3 支线飞机机体结构构材料分布

平尾
上壁板：7475
下壁板：7449
中央段壁板：7475
前梁、下缘条：7475
前、后缘蒙皮：2024包铝
连接件：7075
翼尖整流罩蒙皮：2024包铝
翼根整流罩后缘蒙皮：复合材料

升降舵
蒙皮：2024包铝
翼尖蒙皮：6061
肋：2024包铝
梁：7050
后缘：复合材料

方向舵
肋、壁板、梁：复合材料

后机身
蒙皮：2024包铝
梁：Ti-6Al-4V 退火
长桁：7075挤压型材
格栅：2024包铝
框缘条：7075包铝
抗剪角片：7075型材

标槔
子翼蒙皮、肋：CYCOM970/PWC T300
3KUT 织物预浸布
滑机、滑轮架：Ti-6Al-4V(精铸)
梁：2024
加强肋：7050
普通肋：2024
胶接壁板：蒙皮、垫板2024、
长桁：7075、7150
挤压型材

垂尾
壁板蒙皮：7475包铝
前缘蒙皮：2024 包铝
后缘蒙皮：7075 包铝/2024包铝
长桁：7150挤压型材
长桁接头：7075挤压型材
口盖：7075包铝
前、中缘条：7150挤压型材
后缘条：7050
翼尖整流罩后缘蒙皮：复合材料

吊挂
蒙皮：2024包铝、V 形件：Ti-6Al-4V 退火锻件
前、后缘肋：Ti-6Al-4V 退火
连接角片：Ti-6Al-4V 退火

扰流板
铝蜂窝夹蒙皮
加强肋：2024(包铝)
梁：7050
端肋：7050
尾缘条：7050
接头：7050

副翼
蒙皮、肋、隔板、角片：
2024包铝(板材)
对接组件:1#梁、2#梁7050(板材)
梁组件:1#梁、2#梁7050(板材)
衬套：4130(锻材)
后接头：7050(板材)

中后机身
蒙皮：2524铝
长桁：7075板弯型材或挤压型材
连接角片：7075挤压型材
吊挂位置剪切角片：7075或7050厚板
机加件：7075或7050厚板
地板：复合材料

外翼
上壁板：蒙皮、长桁、后梁：7055
下壁板：蒙皮7055
长桁7055
蒙皮2324
长桁2026
翼肋、前梁、后梁：7050
主起前接头：7050
主起主接头：7050 锻件
封框：7050
主起辅助梁：7050
固定侧撑杆：300M 锻件

小翼
蒙皮：CYCOM
前后梁：CYCOM
封严肋：CYCOM
翼尖：6061
前缘：6061

前缘缝翼
蒙皮、梁、普通隔板：2024包铝板材
端隔肋、加强肋：7050板材
尾缘条：2024

中央翼
上壁板：蒙皮 7055
长桁2324
下壁板：蒙皮2324
长桁 2026
前、后梁：上缘条、后梁 2026
腹板：支柱 7050
展向梁、腹板 7050
0肋：7050

机头
蒙皮：2524包铝
长桁：7075包铝板弯型材/
7075挤压型材
普通框肋：7075包铝
剪切角片：C64200 HR50
前起落架框缘件：7050包铝
天窗框架框缘、纵梁、腹板：
7075包铝
观察窗玻璃：定向有机玻璃
驾驶舱地板：复合材料

前机身
蒙皮：2524铝
长桁：7075(板弯型材)
7150或7075挤压型材
普通框缘条：7075
剪切角片：7075包铝
横梁、滑轨：7150
地板：复合材料
窗框：7050

中机身
蒙皮：上壁板、侧壁板：2524 包铝
下侧壁板：2024 包铝
W511壁板蒙皮：7075/
7050板弯型材
长桁：7075板弯型材
长桁接头：7150
普通框缘条：7075
龙骨梁、上、下缘条：7150
大型整体机加件：7050厚板或7050锻件机加
气密地板两端的横梁、对接带板：Ti-6Al-4V 退火板材
地板：复合材料

（2）金属材料选用概述。

机身蒙皮主要采用疲劳性能、断裂韧性高、抗疲劳裂纹扩展速率低的 2000 系列 2524 铝合金，机身蒙皮采用化铣工艺；长桁和隔框采用高强度的 7000 系列铝合金板材或挤压型材如 7050、7150 等；靠近发动机吊挂的部分机身蒙皮选用钛合金板材；重要接头采用 7050 铝合金锻件。

机翼的上翼面受压，因此上翼面蒙皮选用强度较高、耐剥离腐蚀性好的 7055 预拉伸板材，长桁选用 7055 挤压型材；机翼的下翼面一般受拉，对疲劳较为敏感，下翼面蒙皮选用了疲劳性能较好的 2324 板材，下翼面长桁选用了断裂韧性较高、粗精层薄的 2026 挤压型材。

吊挂位于高振动部位，受载复杂，且又处于高温区域，其结构材料选用了比强度高、抗疲劳性能好、耐高温和耐腐蚀的钛合金 Ti-6Al-4V 材料。

起落架选用结构钢 300M、4130 等黑色金属。

2）非金属材料体系

非金属材料分为结构性非金属材料和功能性非金属材料。

（1）非金属材料体系概述。

非金属材料体系由复合材料、胶粘剂、透明材料、橡胶、密封剂、涂料、油料、塑料和其他 9 类组成，如表 2.1 所示。

表 2.1 支线飞机非金属材料体系

材料类别	材料细分
复合材料	碳纤维增强复合材料、玻璃纤维增强复合材料、蜂窝夹层结构复合材料地板、蜂窝芯、泡沫芯、内衬板
胶粘剂	结构胶粘剂（金属-金属、复合材料）、非结构胶粘剂、胶带
透明材料	硅酸盐玻璃、有机玻璃
橡胶	丁腈、氯丁、乙丙、硅、氟、氟-硅橡胶
密封剂	聚硫、有机硅、丁腈、丙烯酸酯密封剂
涂料	环氧、聚氨酯、尼龙、防腐蚀缓蚀剂
油料	液压油、润滑材料、燃油
塑料	聚氟乙烯、尼龙、聚碳酸酯、酚醛、聚酯、聚酰亚胺、聚氨酯、聚醚醚酮
其他非金属材料	织物、地毯、隔热棉、绳线、标签、热缩管

（2）复合材料概述。

复合材料是重要的非金属材料，且国内缺少研制应用经验，在支线飞机复合材料结构研制中，构建复合材料技术规范体系及其性能数据手册时主要考虑下述原则：

a. 选材应满足总体设计技术要求。

b. 选材必须符合民用航空规章运输类飞机适航标准 CCAR‐25‐R3 和 FAR‐25 及其修订案中涉及材料的所有条款的要求。

c. 选用国外同类型飞机采用的成熟的、可靠的、经实践考验的复合材料。

d. 遵循美国联邦航空局(FAA)咨询通报 AC20‐107B "Composite Aircraft Structure"(复合材料飞机结构件)要求。

e. 考虑环境因素(温度、湿度)对材料性能的影响;复合材料用于飞机客舱内部时还需满足阻燃要求、耐溶剂要求,并有相应的防护措施。

f. 必须具备与所选材料相配套的工艺规范。

支线飞机使用复合材料的方向舵、翼稍小翼、襟翼子翼、襟翼滑轨整流罩、雷达罩、翼身整流罩和垂尾天线组件等,这些部位在国外同类机型上的应用都已经非常成熟,大都经过了二十多年的飞行实践考验。

支线飞机复合材料体系如表 2.2 所示。

表 2.2 支线飞机复合材料体系

材料类别	材料细分
预浸料和配套胶膜	玻璃纤维增强环氧树脂预浸料
	350°F固化的碳纤维带和织物的环氧预浸料
	350°F固化的复合材料用结构胶粘剂
	250°F温度下使用的胶粘剂体系
夹层结构的蜂窝和配套材料	耐环境的改性环氧胶粘剂
	芳香族聚酰胺纸/酚醛树脂的芯材
	铝合金蜂窝芯层材料
	聚甲基丙烯酰亚胺闭孔刚性泡沫

复合材料设计数据来源为:

a. 经适航批准的材料标准和规范。

b. 复合材料手册。

c. 美国军用标准手册 MIL‐HANDBOOK‐17(CMH‐17)。

d. 按 AC20‐107B 要求进行试验所获得的结构/强度的设计许用值数据。

内饰/内设材料要求必须符合条款 CCAR25.853 和 CCAR25.855 以及附录 F 规定的燃烧、烟雾和毒性气体要求(FST)。燃烧、烟雾和毒性气体要求为客舱旅客逃生提供必要的时间保障。

隔热隔声材料为飞机舱内防火的关键材料,CCAR‐25‐R3 未严格规定火焰蔓延要求,按适航要求,支线飞机项目参考 FAR25.856 和 AC25.856‐1 "Thermal/Acoustic Insulation Flame Propagation Test Method Details"(隔热隔声绝缘材料火焰传播试验方法细节)编制了《隔热隔声材料专用条件》,并进行了适航符合性验证。

支线飞机内饰/内设材料体系由阻燃要求高的酚醛玻璃纤维增强复合材料,阻燃工程塑料、阻燃橡胶、内饰涂料、内饰用胶粘剂、密封剂、阻燃地毯和织物等非金属材料和部分金属组成。

客舱天花板、内壁板、隔板、厨房结构、大橱柜壁板,行李箱结构选用璃纤维增强蜂窝夹层结构,表面装饰选用塑料装饰膜或内饰涂料。驾驶舱天花板选用聚碳酸酯涂以内饰涂料,地毯、门帘和座椅选用阻燃纺织品。隔热隔声材料选用隔热隔声包覆层、玻璃纤维棉毡、聚酰亚胺泡沫、挡火层,隔热隔声安装选用胶带、搭扣和 T 型带。

2.2.3　管理控制

支线飞机材料管理控制采用国际先进的,适航当局认可的材料管理控制方式。支线飞机采用的材料管理控制方式:

(1) 采用选材目录等顶层文件对支线飞机设计选材进行约束控制。

(2) 采用材料规范的方式对材料性能、适航符合性和材料质保检验的控制。

(3) 采用材料合格鉴定清单对供应商进行控制。

(4) 编制专项合格审定计划进行适航符合性验证。

(5) 编制消耗品手册和标准件手册对维修维护材料、标准件进行管理控制。

(6) 新型先进材料采用材料设计/结构设计/工艺设计一体化与材料供应商完成材料、结构、工艺验证方案和试验计划,适航审查监管执行。

支线飞机材料规范采用通用的材料规范和支线飞机专用材料规范(ZMS)。

1) 国际通用的材料规范

支线飞机金属材料采用的材料规范绝大部分是国际通用的材料规范,如航空材料规范(AMS)、美国材料试验学会(ASTM)、美国军用标准等。

2) 支线飞机专用材料规范

对于缺少通用材料规范的材料,编制了支线飞机的专用材料规范。支线飞机的专用材料规范是在国外民机的复合材料使用经验的基础之上,借鉴民用飞机相同部位所使用材料的材料规范进行的编制,主要限定了性能指标、试验方法、鉴定程序等。

2.2.4　适航验证

支线飞机的材料符合性主要采用说明性文件(MOC1)、试验验证(MOC4)的方法表明材料条款适航符合。编制材料适航符合性计划(CP),材料适航符合性报告提交适航当局批准。

(1) MOC1 主要通过材料的选用原则、标准规范、配套工艺、强度数据来源、研发性试验、材料成熟应用经验、全机选用汇总等说明性文件来表明材料对适航条款的符合性。

支线飞机开展了先进铝合金,如 2324 中厚板、2524 包铝薄板、2026 挤压型材、7055 中厚板、7055 挤压型材、2324 中厚板,7449 中厚板等材料的性能试验。对蜂窝、胶粘剂、密封胶等非金属材料也进行了研发性试验。

(2) MOC4 试验室试验:对于直接影响结构安全的复合材料以及直接影响客舱安全的有防火要求的非金属材料开展了 MOC4 的适航符合性验证。

(3) 支线飞机内饰/内设材料的适航验证由内饰/内设系统供应商声明并提供保证。内饰/内设系统(含材料内容)的适航验证由供应商编制适航符合性验证计划(CP),适航符合性验证试验大纲,主制造商工程评估后提交适航审查批准,按适航审查要求进行适航符合性验证试验,试验结束提交符合性试验报告。材料条款的适航符合性随内饰/内设系统的适航批准而批准。

2.3 工艺

2.3.1 综述

新支线飞机项目批准立项时,国内还没有建立起成套的、通过适航审批的民机工艺规范体系,在军机的研制过程中发展起来的国军标、航空行业工艺标准约有 640 余项,但在技术指标、操作方法等方面与民机研制还有很多差异。民机要求按工艺规范制造的产不仅需满足设计要求,而且必须保证极高的质量稳定性和可靠性,每种工艺制造方法必须通过工艺验证试验予以证实并获得适航审查部门的批准。

中国民用航空规章 CCAR25.605 条款和航空器型号合格审定程序(AP‐21‐03R4)明确规定:设计规范要求制造工艺保证持续生产出合格零件,并且所有要求严格控制以获得此目的的制造工艺都必须被批准的工艺规范所覆盖。依据上述要求,工艺规范的适航审查除了工艺规范文件本身之外,还包括其所需的工艺验证试验或其他符合性证明方法的审查。适航当局对工艺规范、试验大纲文件的完整性、数据是否正确、检验程序是否完好、格式等进行审查。

新支线飞机工艺规范适航审定流程如下:

(1) 对需编制的工艺规范进行分析,确定设计图纸选用目录编制清册。

(2) 有国际通用和国外民机先进规范支持的成熟工艺无需验证;在转包生产和 90 年代干线飞机总装生产中得到认可批准的成熟工艺无需验证;成品件类的安装工程设计有技术条件,工艺规范作为一般要求补充,无须验证;普通通用类如标识、机加类等工艺无需验证。

(3) 对确定需要适航验证的工艺验证项目,编入材料与工艺验证计划,报适航批准。

(4) 组织工艺规范编制。

(5) 所有的工艺规范,工艺方法图,质量控制企业标准 Q/ARJ 文件递交适航审查批准。

同时,工艺规范作为新支线飞机工程文件体系中的一个重要组成部分,在研制生产过程中对工艺规范实施动态管理,根据构型更改、材料变更、工艺方法的改进等信息,及时、正确地修订现行工艺规范,从而保持工艺规范的先进性、适用性和有效性。对工艺规范所作的任何修改,都需提供详细的更改证据,包括引用国际国内先进规范的依据,试验数据,对最终产品的质量影响保证等,当需要时,则进行工艺试验。

2.3.2　工艺文件

新支线飞机工艺文件以具备成熟机型使用经验的工艺标准为基础,并遵循和参考国内外等同工艺过程控制、等同产品验收标准和等同的质量控制标准原则的前提编制而成。

新支线飞机工艺文件包括工艺规范、方法图、生产用材料及 Q/ARJ 标准。

其中,新支线飞机工艺规范共有 558 份,如表 2.3 所示,主要分为以下几类:

(1) 零件热加工工艺 210 份,包括黑色、有色金属的热表处理,焊接(导管钎焊),喷漆,粘接及相关的高温测量,硬度测试和无损检测。

(2) 零件冷加工工艺 68 份,包括铝合金成形、加工,螺纹和圆角滚制,钢零件的加工和塑料零件的机械加工等。

(3) 结构装配工艺 62 份,包括装配操作法,紧固件的安装和结构密封等。

(4) 总装和试飞工艺 114 份,包括电子电气,液压燃油导管和接头,软管及软管制造,隔音棉制造,燃油、氧气等各大系统和试飞。

(5) 复合材料和金属胶接工艺 58 份,包括复合材料零件成形及其无损检测等。

(6) 其他杂项 46 份,主要为零、组件标识、储存等。

表 2.3　新支线飞机工艺规范清单(示例)

序号	编　　号	名　　称
1	ZPS01040 - 00401	雷达罩毛坯成型
2	ZPS01040 - 01500	塑料层压件制造通用工艺
3	ZPS01050 - 00000	金属的硬度测试
4	ZPS01050 - 00300	铝合金硬度值
5	ZPS01070 - 00200	金属粘接
6	ZPS01079 - 00000	飞机内部清洗
7	ZPS01080 - 00000	地板覆盖物的安装
8	ZPS01330 - 00000	安装衬套、轴承、收缩安装装配件和通用的冲点收口
9	ZPS01330 - 00100	球面轴承和衬套的粘接连接

(续表)

序号	编　号	名　称
10	ZPS01434 - 00000	塑料零件的注射成型
11	ZPS01436 - 00000	聚碳酸酯的加工
12	ZPS01624 - 00100	177℃固化的层压板和蜂窝夹层结构先进复合材料零件制造
13	ZPS02401 - 00000	表面粗糙度控制
14	ZPS02500 - 00000	密封处理和方法
15	ZPS02590 - 00000	新支线飞机的密封技术要求
16	ZPS02590 - 00110	新支线飞机整体油箱的密封
17	ZPS02590 - 00200	新支线飞机充压区密封
18	ZPS02700 - 00200	装配车间操作法
19	ZPS02700 - 00300	液体垫片的使用
20	ZPS02700 - 01200	新支线飞机单层玻璃风挡装配方法
21	ZPS02700 - 01300	铝合金组件校形
22	ZPS03170 - 04900	新支线飞机的润滑
23	ZPS03400 - 02100	隔音绝热块的制造
24	ZPS03670 - 00300	埋头连接件的锪窝
25	ZPS03670 - 01800	高抗剪铆钉安装

新支线飞机工艺方法图共15份,主要为各类紧固件的制孔方法图,其规定了飞机结构上各类紧固件安装孔的几何尺寸及其公差,此外还对需进行锪窝的连接件的最小板厚做了规定。

Q/ARJ系列标准是根据支线飞机实际生产使用编制而成,主要是质量控制类文件。

2.3.3　工艺验证

新支线飞机项目以选用成熟的、常用的、可靠的工艺为原则,工艺验证试验应能代表预期的适用的制造工艺,验证试验的工艺参数应实际制造实相符,工艺验证试验是一个与审查方反复迭代、协商和交流的过程,如图2.4所示。

新支线飞机共进行了30项工艺验证试验:

(1) 金属类新材料(铝合金、钛合金、钢),冷热加工、表面涂装等工艺方法,参数验证后对原有工艺规范扩编(10项)。

(2) 非金属新材料(复合材料和其他非金属材料),热压罐成型、加工成型等工艺方法,参数验证后对原有工艺规范扩编(3项)。

(3) 新选用的工艺方法,经验证新编工艺规范(7项)。

(4) 新增复合材料无损检测方法,新增铝合金材料电导率、硬度检测方法验证(2项)。

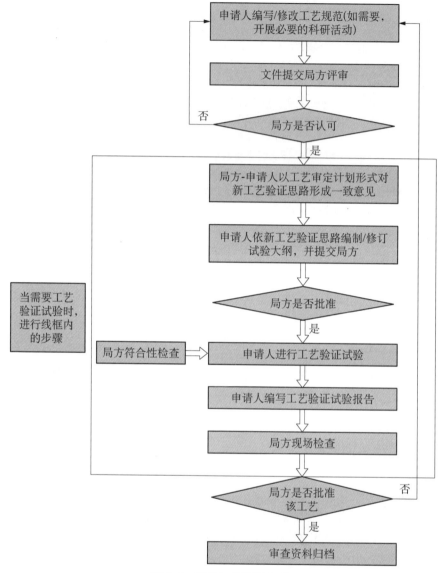

图 2.4　新增工艺验证流程

（5）新增标准管路件旋压方法验证（3 项）。

（6）项目研制过程中出现大的工艺偏差验证（2 项）。

（7）部分国产化标准件安装验证试验（3 项）。

3 结构部段设计

3.1 机身

新支线飞机机身为半硬壳式全金属结构,主要由化铣蒙皮、长桁、普通框、加强框、龙骨梁、横向地板梁和纵向座椅滑轨等组成。长桁采用中等桁距布置,为 Z 型钣弯件,蒙皮采用化铣工艺,框为钣弯剪切角片与框缘铆接的组合浮框形式,机身结构形式具有零件少、连接简洁、传力合理、结构效率高、疲劳性能好等特性。

新支线飞机机身共布置两个设计分离面和四个工艺分离面。雷达罩与机头间、尾椎与后机身间为两个设计分离面,四个工艺分离面将机身沿纵向分成五段,即机头、前机身、中机身、中后机身和后机身,如图 3.1 所示。

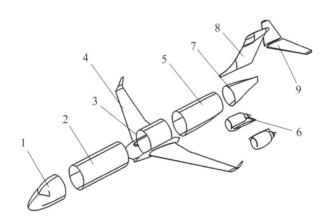

图 3.1 新支线飞机机体结构

1—机头;2—前机身;3—中机身;4—机翼;5—中后机身;6—吊挂;
7—后机身;8—垂尾;9—平尾

除机头雷达罩、前起舱、主起舱、中央翼舱以下及中后机身球面框以后的区域外都是增压舱,它包括驾驶舱、客舱、电子/电气设备舱、前货舱和后货舱,如图 3.2 所示。

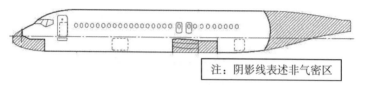

注:阴影线表述非气密区

图 3.2　机身增压舱布局

新支线飞机机身剖面采用倒"8 字"布局,可以有效增加客、货舱的高度,获取较大的机身容积。机身共布置 58 根长桁(左右对称),如图 3.3 所示,18 长桁为地板轴线,上部为客舱,下部为货舱。

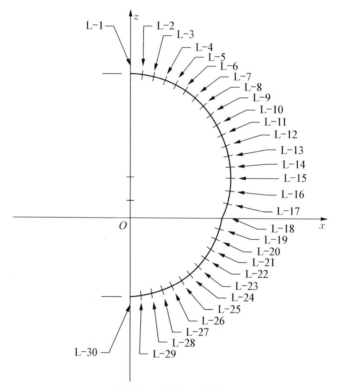

图 3.3　长桁布置图

长桁采用 Z 字形剖面,如图 3.4 所示。

机身壁板的连接主要采用纵向搭接和环向对接两种形式。蒙皮纵向对缝搭接时,原则上采用左搭右、上搭下,如图 3.5 所示;在 L1 左搭右、L11、L26 上搭下,在 L18 长桁采用对接形式。环向对缝一般都采用对接形式,蒙皮通过对接带板连接,

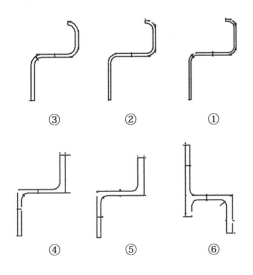

图 3.4 长 桁 剖 面 图

长桁通过对接接头连接,对接带板及长桁接头的厚度均与相应的连接件厚度相匹配,以满足强度要求,如图 3.6 所示。

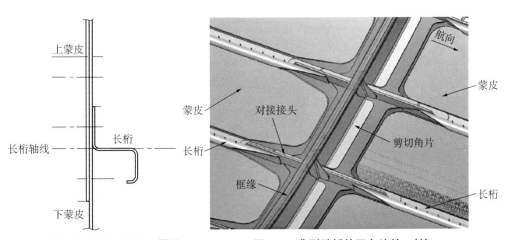

图 3.5 典型壁板的纵向连接-搭接   **图 3.6 典型壁板的环向连接-对接**

典型浮框主要由框缘和剪切角片组成,如图 3.7 所示,框缘通过剪切角片与蒙皮连接,机身增压载荷通过剪切角片传给框缘,框缘不直接与长桁连接,如图 3.8 所示,是通过剪切角片与长桁连接,避免了铆钉受拉,改善连接处的抗疲劳特性。

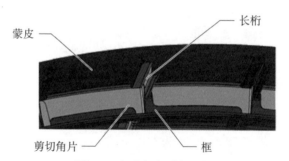

图 3.7 机身框与壁板连接

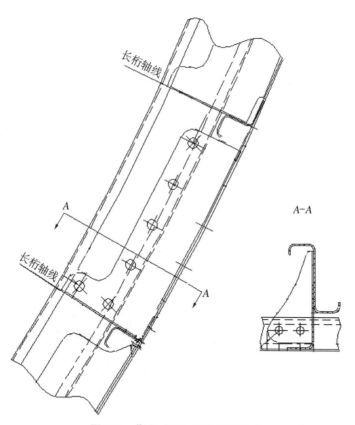

图 3.8 蒙皮、长桁、框的连接形式

普通框框缘为带翻边的 Z 字形铝合金制成的钣弯件,如图 3.9 所示。框分为上、下半框,在地板横梁处通过两个接头连接上、下半框,如图 3.10 所示。

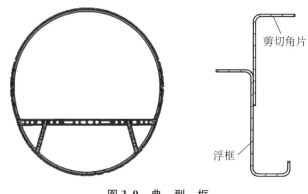

图 3.9　典　型　框

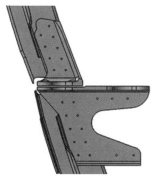

图 3.10　上、下框连接

图 3.11　框与地板梁连接

　　每个框有两根斜撑杆,其上端与地板梁相连,下端与框相连,起到支撑地板的作用,如图 3.11 所示。

　　机身在 L12~L14 长桁之间布置有旅客观察窗,从前到后、对称分布于整个客舱,除了有特殊要求的部位外,所有的旅客观察窗均位于相邻两个机身隔框站位的中间,左右各 26 个观察窗。所有观察窗的中心到机身水平基准面的距离考虑了人体工程效果,所有的旅客观察窗几乎都是采用一种构型,每个观察窗大体上由三个部分组成:①客舱观察窗组件,包括内外层玻璃和外密封件;②内密封组件;③夹持装置,主要包含弹簧夹和支架,分布在客舱观察窗组件的四周,将客舱观察窗组件和内密封组件固定在窗框上,如图 3.12 所示。

　　地板分为客舱地板和货舱地板,两者结构比较似,都是由地板面板和骨架等组成,如图 3.13 所示,

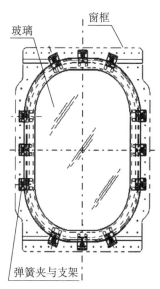

图 3.12　旅客观察窗

骨架由地板横梁、横向件和纵向件等组成,主要对地板面板起纵横向支撑的作用;地板横梁的两端通过框下接头与框连接;地板面板分为复合材料地板和金属地板两种。

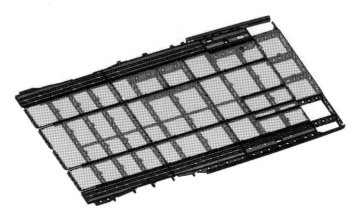

图 3.13　客 舱 地 板

客舱地板面板分为蜂窝夹层地板和金属地板两种,两外侧导轨之间为蜂窝夹层板,如图 3.14 所示。

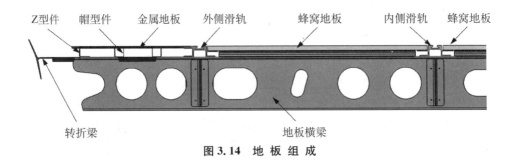

图 3.14　地 板 组 成

蜂窝夹层地板,通过螺栓和夹紧螺母与滑轨及横向支持件连接,如图 3.15 所示。

机身各部段对接分为框上对接和框间对接两类,机头与前机身、中后机身与后机身之间采用框间连接的形式,即将前后两段机身的蒙皮和长桁,分别用加强垫板和长桁接头进行连接,对接面位于两框之间;前机身与中机身、中机身与中后机身之间采用框上连接的形式,即前后两段机身的蒙皮和长桁在加强框上进行连接,对接面位于框上,如图 3.16 所示。

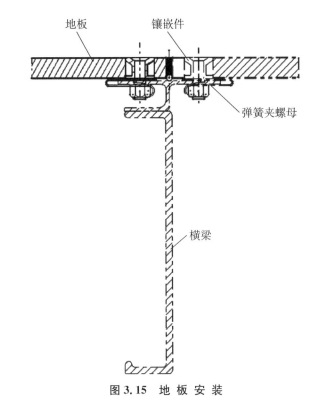

图 3.15 地 板 安 装

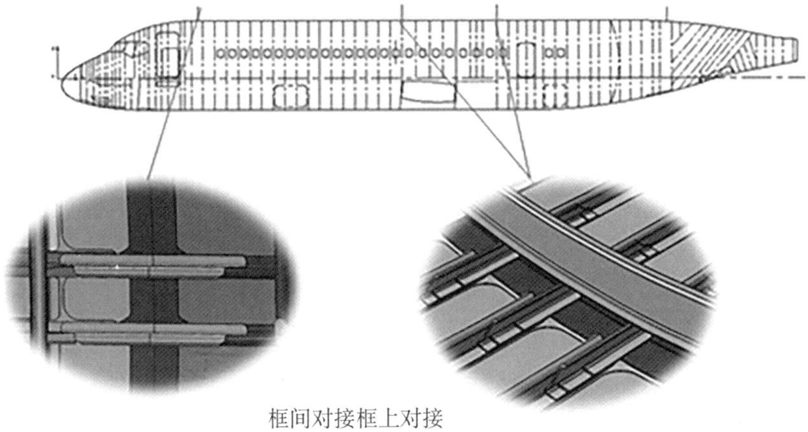

图 3.16 机身框段对接形式

框间对接 框上对接

新支线飞机机身装配顺序如下：机头与前机身对接，中后机身与后机身对接，最后两大桶段与中机身对接，形成机身桶段，如图 3.17 所示。

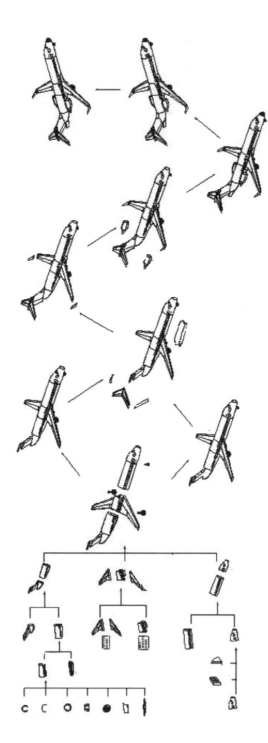

图 3.17　新支线飞机机体结构装配流程

3.1.1 机头

1) 设计要求

机头特殊设计要求如下：

(1) 驾驶员前侧应提供规定的防冰、防雾适用的视野区。

(2) 通风窗应能作为应急撤离口。

(3) 气象雷达罩透波、折射、能量损耗应满足规定的电气性能要求。

(4) 主风挡和通风窗应能耐飞鸟撞击。

(5) 按规范要求提供飞行机组工作人员的正常工作环境。

2) 结构布置

为了满足飞机的使用功能要求，机头主要布置为五个舱：驾驶舱、气象雷达舱、前起落架舱、电子/电气舱、客舱前服务舱，如图 3.18 所示。另外，在驾驶舱前部还分隔出前附件舱，电子/电气舱上部留有选装的随机登机梯安装位置，下部 SD218 站位至 SD229 站位属于前货舱。

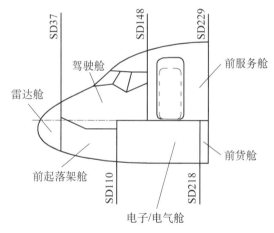

图 3.18 机头分舱图

机头共布置 24 个隔框，沿周边分布 58 根长桁，如图 3.19 所示。

3) 结构形式

新支线飞机机头主要包括风挡、座舱盖、登机门/服务门框、前起落架舱、驾驶舱等结构，主要有蒙皮、长桁、框、地板等零件形式，如图 3.20 所示。

(1) 座舱盖。

座舱盖区域的特点是有玻璃安装，形成连续开口。为保持有足够的刚度便于安装玻璃，玻璃安装开口的上、下边框、纵/横向加强梁、向前延伸的加强纵梁以及蒙皮和加强垫板共同组成了座舱盖空间承力结构，如图 3.21 所示。

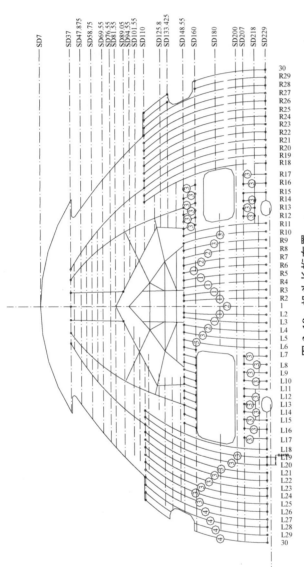

图 3. 19 机头长桁布置

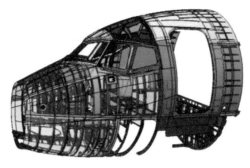 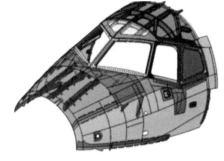

图 3.20　机头结构　　　　　　　　　　图 3.21　座舱盖

（2）透明件。

机头透明件有主风挡、通风窗、后观察窗。

主风挡是最重要的透明件，为满足 CCAR25 部规章的规定，主风挡由多层增强玻璃与透明夹层材料组合而成，满足视野清晰而不失真的要求，具有电加温防水、防雾功能和耐飞鸟撞击的能力。

主风挡和通风窗玻璃均由三层无机化学钢化玻璃和两层有机夹层（PVB 和PU）组成，主风挡在外层玻璃内侧、通风窗玻璃在内层玻璃外侧设计有加温层，以满足对驾驶员主视野区主风挡防冰/除雾、通风窗除雾的要求。

后观察窗玻璃采用双层定向拉伸有机玻璃中空的结构形式。

主风挡、通风窗和后观察窗玻璃的设计均满足第 25.775 条中鸟撞和压力环境等的要求。

相对其他结构，风挡更换频率相对高一些，为方便安装和更换，风挡采用由外向内安装，用压板压紧固定的型式，如图 3.22 所示。

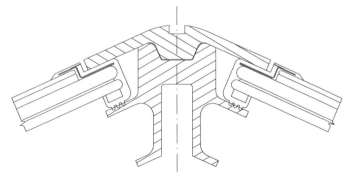

图 3.22　风挡玻璃安装

（3）开口加强设计。

机头区有登机门、服务门、电子/电气舱门以及驾驶舱玻璃的开口，这些开口位于气密区,为降低开口区的应力水平,提高其疲劳寿命,采用常规的井字形加强结构,一般开口边缘纵向前后布置有 2~3 个隔框以及数个纵向短梁、上下开口边缘布置 2~3 条边梁,外侧除蒙皮外,在适当范围布置 1~2 层加强垫板,内侧布置等厚的内蒙皮所形成的整体开口加强结构,如图 3.23 和图 3.24 所示。

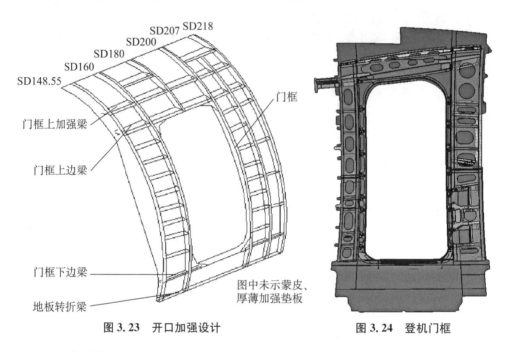

图 3.23　开口加强设计　　　　　　图 3.24　登机门框

（4）雷达罩。

机头雷达罩位于飞机的头部,保护雷达天线免受气流的影响,同时作为电磁窗,应符合电性能要求,尽量降低对雷达电波的影响。

雷达罩采用蜂窝夹芯结构形式,具体铺层根据位置曲率、电性能要求等采用不同材质的蜂窝和不同高度尺寸蜂窝,如图 3.25 所示。

图 3.25　雷 达 罩

为防止雷击对雷达天线的影响(甚至损坏),在雷达罩的外表面设置了防雷击系统,防雷击系统由防雷击分流条、加强环组件与搭接螺钉组成。

4) 材料选用

为满足新支线飞机长使用寿命的设计要求,针对以增压载荷为主的设计状态,机头结构主要选取 2024、2524 铝合金,局部缘条、框、长桁选用 7075 铝合金,并根据需要,选择了少量的钢件(如天窗骨架)和钛合金(如部分登机门框加强板)具体如表 3.1 所示。

表 3.1 机头结构选材统计

结 构	材 料
蒙皮	2524、2024 包铝板
长桁	7075 铝型材
框(板弯框、内外缘条、腹板、立柱)	7075 铝材,少部分采用 2024 铝材
接头	大部分为 7050 厚板(机加)
窗框骨架	4130 钢或 7075 铝棒(机加)
雷达罩	玻璃钢面板,夹芯用泡沫
透明件	板材:Solidion Glass 和有机玻璃;夹层:Urethane 和 PVB
密封胶	聚硫系密封剂
密封带	硅橡胶带加海绵充填物

5) 传力分析

2 倍使用最大正压力差(气密载荷)是机头临界设计工况,同时需考虑诸如着陆撞击及舱内所配置的系统、设备过载等局部载荷。

以蒙皮、长桁、隔框组成的半硬壳式结构能很好地承受机身气密载荷,座舱盖空间构架加上玻璃也能很好地承受气密载荷。

机头结构主要的局部载荷为前起落架着陆冲击载荷,这一载荷主要由带组合交点接头的前起落架舱加筋侧壁板结构来承受,并将此载荷传递给框、地板骨架、长桁和蒙皮,并向后传递给机身中段。

机头布置有较多的开口,如登机门、服务门、前起舱门、电子电器舱门以及各种窗户等,舱门上的气密载荷由舱门触点接头传递给门框止动块,再传给纵向加强件和蒙皮。

飞鸟撞击虽然偶然发生,但在飞机起飞和降落过程中是重大的安全因素。机头透明件和窗框结构应设计成能够迅速地将撞击载荷吸收并且向后传递。不仅不能发生伤害驾驶员的玻璃破损,也不能发生机体结构贯穿性破坏以及构件飞溅而伤害驾驶员。这些结构都必须通过鸟撞试验进行验证。

6) 工艺性

机头零件多数属于双曲面外形,存在一定加工和装配困难,如座舱盖上部的蒙皮,且机头零件与舱门等装配协调、定位关系复杂,对工装要求高。当前国内各主机制造厂金属加工和装配能力较强,能满足设计要求。机头装配流程如下:上、下两大部件对合而成,以驾驶舱骨架为中轴线,地板、下部框和门框并行装配,如图 3.26 所示。

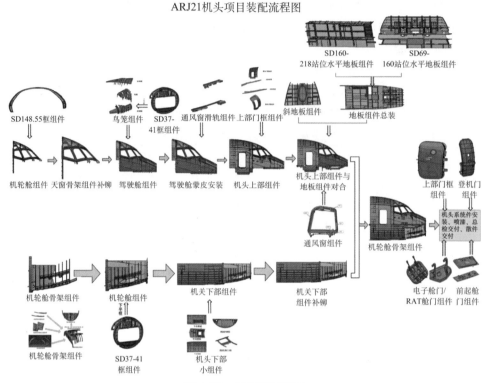

图 3.26　机头装配流程

3.1.2　前机身

1）结构布置

新支线飞机前机身为等直段，全长近 8.5 m，位于机头与中机身之间。

前机身结构由蒙皮、长桁、框构成的典型薄壁半硬壳式结构，由壁板、客舱地板、普通框、前货舱、前货舱门、前货舱门框、观察窗等主要部件组成，如图 3.27 所示。

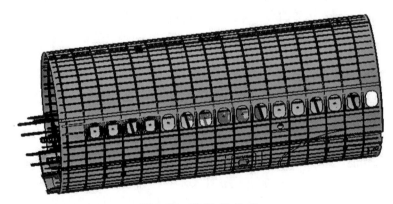

图 3.27　前机身结构

2）结构形式

（1）壁板和框。

前机身壁板和框采用全机通用的化铣和浮框形式。

（2）客舱地板。

客舱为气密舱，客舱采用单通道布局，结构形式为常规四滑轨-地板支撑-面板结构。客舱地板由地板面板、地板横梁、地板虚滑轨、座椅滑轨组成，如图3.28所示。

图3.28　地　板　结　构

前机身客舱地板面板由复合材料成品地板组成，地板面板划分为26块。地板骨架由地板横梁、横向件和纵向件组成，主要起纵横向支撑的作用。

地板骨架在客舱设置4根滑轨，它们起固定地板面板和座椅的作用，并将座椅及地板上的载荷传给地板横梁，同时为横梁提供支撑。

（3）货舱地板。

前货舱位于客舱地板以下，跨越16个框距，前货舱主要由天花板，左、右侧壁及货舱地板，前、后端框等几个部件组成，地板由地板面板、滑轨及支撑件构成，如图3.29所示。

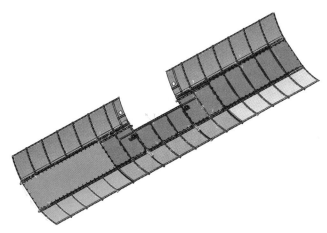

图3.29　前货舱地板

图 3.30　前货舱门框

（4）前货舱门框。

前货舱门开口位于前机身右侧,前货舱门框为变厚度加强蒙皮-"井"字形加强件的组合结构。前货舱门框主要由盆型件、前后腹板框、上纵梁、下纵梁等组成,如图 3.30 所示。

3）材料

前机身结构选材以成熟材料为主。兼顾考虑材料静强度和疲劳性能选材以铝合金材料为主。少量有特殊要求的零部件采用结构钢、不锈钢、钛合金或复合材料。

新支线飞机前机身主要零部件材料如表 3.2 所示。

表 3.2　前机身材料

部件名称	组件名称	零件名称	材料
前机身	壁板	蒙皮	2024
		长桁	7075
	框	角片	7075
		框缘	7075
	地板	面板	蜂窝夹层板
		地板骨架	7075/7050
	货舱门框	盆型件	2024、A286
		前后辅框	7050
		上纵梁	7050
		下纵梁	7050

4）传力分析

前机身有许多种受载状态、不同的载荷状态,其应力最大处出现在结构不同的部位,根据以往设计经验,前机身主要考虑下列几个载荷状态:

（1）增压舱气密载荷。

（2）飞行中的气动力、质量力过载情况。

（3）地面状况的载荷。

（4）空中机动载荷和气密增压载荷联合作用。

（5）地面载荷和气密增压载荷联合作用。

当机身增压时,增压舱各个部位均承受压差,就整个增压舱而言,它是一个自身平衡力系,在蒙皮纵向和环向产生拉应力。

机头传来的总体载荷（弯、剪、扭）通过前机身蒙皮长桁,向后传递,传至中机身,与后机身、机翼传来的载荷相平衡。

旅客及货物的重量(包括惯性载荷)即客舱载荷由座椅滑轨传给横梁,横梁再传给框,货舱载荷由货舱地板及系留环传给框。框通过剪切角片传给壁板,蒙皮以剪力形式向后传递至中机身,并与机翼载荷相平衡。

5)工艺性

机头与前机身对接的流程如图3.31所示。

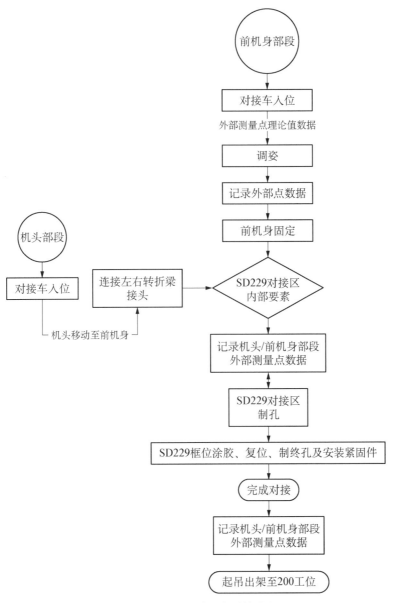

图3.31 机头/前机身对接流程

　　机头与前机身采用数字化定位、调姿，在 SD229 框位采用无间隙的框间对接，以实现无应力或低应力自动化装配。在调姿和对接过程中，通过三维力传感器实时监控部件对接干涉力，以判定对接是否正常。通过带抱闸的西门子伺服电机，实现在断电的情况下，能保持机身的既定状态，如图 3.32 所示。

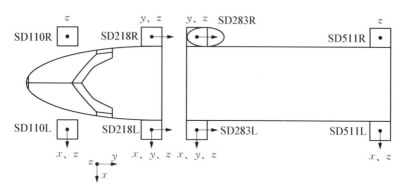

图 3.32　机头与前机身采用的驱动形式

整体效果图如图 3.33 所示。

图 3.33　机头与前机身对接整体效果图

3.1.3　中机身

1) 结构布置

中机身结构布置需要重点考虑受力特点和系统安装等因素。

　　中机身框布置首先要考虑与主要系统，部段连接的界面，在界面上布置相应的加强结构，例如中央翼前后梁框的位置，气密端框的布置，前机身、中机身对接段的布置，中机身、中后机身对接段的布置，其余的普通框的布置要满足旅客观察窗的布置要求。

　　中机身梁和长桁布置首先要考虑集中载荷的传递和扩散要求，如主起舱开口加强梁，地板转折梁，其余的普通长桁需要满足全机总体的长桁布置要求。

2）结构形式

新支线飞机中机身全段长为 3 893.26 mm，由 5 块壁板、5 个加强框、4 个普通框、左右各 7 个观察窗、龙骨梁、地板组件、气密地板翼身整流罩等主要部件组成，如图 3.34 所示。

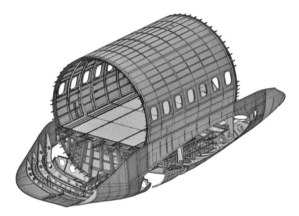

图 3.34　中机身结构

（1）上壁板。

中机身上壁板位于机身等直段，是增压客舱的一部分，主要由化铣蒙皮、Z 形长桁、长桁接头和自动定向仪系统天线加强件构成，通过连接带板及长桁连接接头分别与前机身及中后机身连接，如图 3.35 所示。

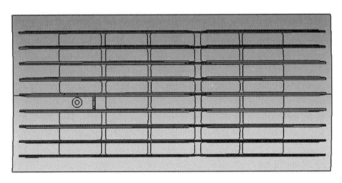

图 3.35　上　壁　板

（2）侧壁板。

中机身侧壁板位于 SD560.722～SD714 框、L - 6～L - 15 长桁之间，为左右对称组件，由蒙皮、长桁、长桁接头、客舱观察窗窗框等构成，客舱观察窗窗框与蒙皮和长桁连接，如图 3.36 所示。

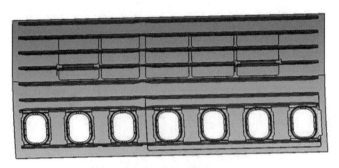

图 3.36 侧 壁 板

（3）加强框。

中机身加强框有前梁框、后梁框、主起侧撑杆加强框、上位锁加强框，如图 3.37 所示。

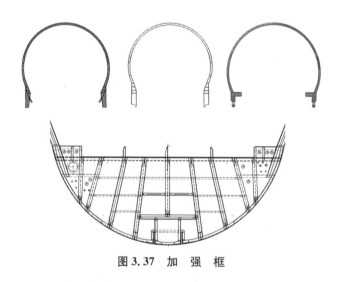

图 3.37 加 强 框

前梁框、后梁框是飞机机身上最重要的受力构件，机身上绝大部分的载荷都是通过这两个框与机翼上的升力平衡的。前梁框、后梁框和机翼对接部位为高应力区，采用锻件整体机加而成。

（4）龙骨梁。

龙骨梁位于机身中段下部，贯穿整个机身中段下部，是由位于中央翼下部的盒段和位于主起舱位置的盒段组成，整个龙骨梁与中央翼前梁框、后梁框相连，如图 3.38 所示。

（5）翼身整流罩。

翼身整流罩位于机身腹部，外形表面积为 42.004 m²，全长为 9.043 m，横向最大宽度为 3.657 m。整个翼身整流罩划分为前部整流罩、翼上整流罩、后部整流罩、

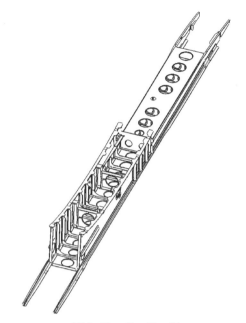

图 3.38 龙 骨 梁

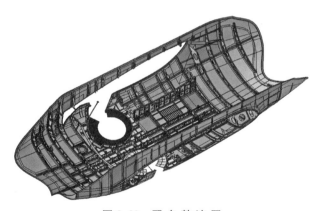

图 3.39 翼 身 整 流 罩

翼下整流罩、主起落架舱整流罩 5 个区域,如图 3.39 所示。

翼身整流罩与其他机体结构和系统的协调关系很复杂。一般地,飞机在整流罩内部都布置有大量的设备,尤其是中央翼下部和后部整流罩区域,设计时不仅要考虑与环控、液压、燃油、照明等系统的协调,还要考虑与机翼内襟翼运动机构、主起落架运动机构之间的协调。翼身整流罩与机体结构之间不仅涉及机身前段、中段、后段,还涉及机翼的外翼和中央翼,整流罩的结构不能影响机翼机身连接区的变形。

3）材料

新支线飞机中机身材料以金属材料为主，主要采用铝合金。

中机身壁板蒙皮属于主要承力构件，蒙皮选用抗疲劳裂纹扩展性能和断裂韧性好、抗腐蚀性能好的铝合金材料，蒙皮选用2524、2024铝合金，长桁主要承受拉伸载荷，因此选用屈服强度较高、综合性能较好的7000系材料，具体选用7075铝合金挤压型材。

中机身加强框主要承受集中载荷（机翼的升力、气密载荷、起落架载荷），因此框接头一般选用强度较高的锻件或合金钢，框本体主要选用7000系列的铝合金机加而成。

中机身龙骨梁考虑承受压缩载荷，故主要结构件采用高强度的7000系列铝合金。

中机身整流罩为了满足维护性，重量要求较高，因此骨架选用2000、7000系列铝合金，面板选用玻璃纤维复合材料。

4）载荷分析

在飞行中，机身可以看作支持在机翼上的梁，此时作用在机身上的载荷包括机身内部的质量力、机身表面气动力以及外部部件（尾翼、发动机等）作用于机身上的力，这些载荷都要通过中机身传到翼-身结合点处与机翼气动力平衡。

（1）飞行工况。

综合考虑各种飞行情况，前机身传给中机身弯矩 M_X、M_Z，剪力 Q_X、Q_Z；中后机身传给中机身弯矩 M_X、M_Z，剪力 Q_X、Q_Z，以及扭矩 M_Y。

弯矩 M_X、M_Z 以长桁、蒙皮和龙骨梁的拉压形式作用在前梁框和后梁框处，通过对接带板、长桁接头传给中机身的长桁、蒙皮和龙骨梁，这些轴力由机身自身平衡。

剪力 Q_X、Q_Z 以蒙皮剪流形式传给前梁框和后梁框，后梁框处的剪力通过蒙皮受剪向前传递，与机翼的气动力平衡。

扭矩 M_Y 从中后机身以反对称剪流的形式向前传递到后梁框，由于后梁框后为闭剖面，框前则为开剖面，框前框后扭转刚度发生突变，剪流重新分布。通过左、右壁板的参差弯曲传扭。剪流一部分扭矩以左、右侧剪力形式传给机翼后梁，其余部分则以蒙皮剪流形式继续向前传递，以左、右侧剪力形式传给机翼前梁。

中机身不布置贯通的地板横梁，以保证机翼的弯矩由上、下壁板的拉压自身平衡，而不传递给机身。

发动机推力以长桁和蒙皮的轴力由中后机身向前传递，一部分与机身惯性力和气动阻力平衡，其余部分则通过中机身侧壁与机翼1♯肋的连接传给机翼，并于机翼的惯性力和气动阻力平衡。

（2）地面工况。

飞机的地面情况包括起飞、着陆以及地面操纵等载荷情况。在各种地面载荷情况下,要保证地面传给起落架的载荷能够有效地传递到机体结构上,与机体惯性力和气动力平衡。

新支线飞机的主起落架大轴安装在机翼后梁上,斜撑杆上部与中机身 SD671 框下部连接。地面通过机轮传给起落架的力有垂直地面的力(如着陆撞击力)、航向力(如摩擦力、起转、回弹力等)以及垂直于机轮平面的力(如侧滑、转弯时地面给机轮的力)。主起落架支柱、斜撑杆以及推力梁组成了一个平面桁架结构。可见,垂直地面的力大部分通过起落架支柱传给大轴,进而传给机翼后梁;由于垂直于机轮平面的力绕主起落架大轴的力矩,使得斜撑杆上产生轴力,斜撑杆传给机身的力必沿摆杆方向,另一分力由推力梁传给机翼后梁。

(3)气密载荷。

气密载荷垂直作用于机身气密壁板、气密地板和气密框,对整个机身增压舱来说,气密载荷是一个自平衡力系。

气密载荷在壁板中产生纵向和环向的拉应力,其中环向拉应力是主要的。由于新支线飞机中机身气密舱为非圆截面,气密载荷在 18 长桁处形成向外的合力,这个力由布置在 18 长桁处的转折梁腹板的张力传给纵梁,由纵梁间的横向连接构件互相平衡,如图 3.40 所示。

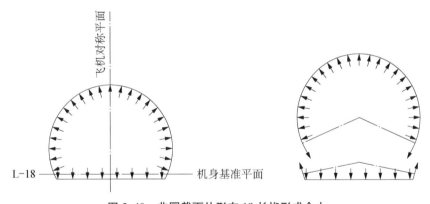

图 3.40 非圆截面外形在 18 长桁形成合力

中机身气密地板支撑在五根纵梁上,纵梁前段的下缘条与中央翼上壁板连接,后段则与后梁框的立柱连接,并向后延伸到地板横梁。作用在气密地板上的气密载荷由板的弯曲和张力传递到五根纵梁上,纵梁发生弯曲,一部分载荷传给与纵梁连接的立柱,立柱通过框腹板的剪流把力传给蒙皮;另一部分载荷由与纵梁连接的短梁传递到侧壁蒙皮,与作用在壁板上的气密载荷平衡。

5)工艺性

翼身对接是飞机装配中最为关键和复杂的过程,新支线飞机翼身对接程序如下:

（1）中机身与机翼分别通过 SD695 和 4♯肋处的定位器支撑中机身/机翼部段。将 8 个测量点的测量值和理论值进行比较，通过 SD695 和 4♯肋下面的定位器对中机身/机翼部段进行调姿，调整完成后，将中机身/机翼部段对应的 4 个定位器锁定。

（2）在中机身、机翼部段对接工作完成后，在 212 工位建立全机坐标系，同步撤离左右外翼 6♯肋、16♯肋位置上共 4 个定位器（或对接车千斤顶，下同），外翼部段仅保留 4♯肋 1 个定位器，测量并记录中机身/机翼部段在对接型架上的 8 个测量点的坐标值。该实测数据为全机对接工作中中机身/机翼部段调姿的理论数据。

3.1.4　中后机身

1）结构布置

中后机身位于机翼后方的机身部段、介于中机身和后机身之间，新支线飞机中后机身全段长约为 7 m，前面与中机身连接的一段为等直段，后面与后机身连接的一段为收缩段。中后机身主要结构包含蒙皮、长桁、隔框、地板、客舱观察窗、应急出口、后货舱、后设备舱、后储藏室等，如图 3.41 所示。

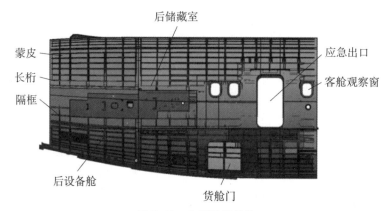

图 3.41　中后机身结构

应急门位于前部、左右对称各有一个，球面框（也称后压力框）将中后机身一分为二，球面框之前为气密（增压）区，球面框之后为非气密区。气密区、客舱地板以下设计有后货舱，且在后货舱右侧设计有相应的后货舱门；球面框后部的非气密区设计有后附件舱和后附件舱门，为液压、环控等设备的安装和维护提供位置和通路。

2）结构形式

（1）壁板。

中后机身的蒙皮上的协调关系比较多，其中侧壁板后段为发动机吊挂连接区域，有吊挂开口、空调管开口、引气管开口、液压管开口、燃油供油管开口、电缆通过孔等，开口部位均有加强，该段蒙皮要承受来自发动机的推力且温度要求较高，因此该部位的蒙皮及蒙皮加强件均使用了钛合金材料；下壁板与中机身的龙骨梁连接，后面的载荷需传递给龙骨梁，为此在此处机身外部另外布置了一块化铣蒙皮作为加强件，与原蒙皮铆接形成双蒙皮结构，共同承受此处的载荷。

（2）加强框。

新支线飞机中后机身加强框有吊挂前梁框和后梁框，这两个框需传递发动机在框平面内的载荷，而且前梁框又是卫生间的端框、后梁框又为飞机主顶框起。

吊挂前梁框主要承受发动机吊挂梁传来的载荷，吊挂前梁的竖直方向的载荷由吊挂梁与靠近框外缘的一个铝制加强板传递，机身横向的载荷由吊挂梁上下缘条传给框腹板；所有的载荷通过支柱、腹板加强件等结构扩散并传递，在飞机对称中心线处左右载荷达到平衡状态，如图 3.42 所示。吊挂后梁框的结构布置和载荷传递设计与前梁框大致相同，与前梁框相比，后梁框位于非气密区，不承受气密载荷，结构相对较弱，且该部位无须设计地板横梁结构，后梁框的下部是飞机地面主顶起点和系留点位置，如图 3.43 所示。

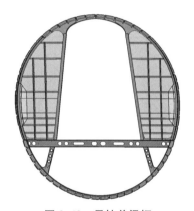

图 3.42　吊挂前梁框

图 3.43　吊挂后梁框

（3）球面框。

球面框也称后压力框，因其框面类似于球形的一部分，故一般称为球面框，它是气密区的后端框，主要由球皮、辐条、主框缘条、副框、顶盖、齿形加强板、地板梁支撑件、止裂带等构件组合而成，并借助气密铆接和局部涂胶密封而达到可靠的气密效果，如图 3.44 所示。

（4）后货舱门框。

后货舱由天花板、侧壁板、货舱地板、前端板、后端板、开口区加强、货舱门等组成。在开口处蒙皮的内侧设计有两层垫板，在开口四周设计有井字形组合梁作为

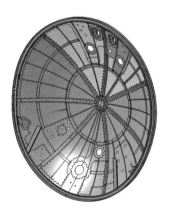

图 3.44　球面框

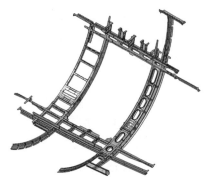

图 3.45　后货舱门框

开口的加强围框,井字形组合梁分别位于开口区的前、后、上、下位置,形成后货舱门框,后货舱门框如图 3.45 所示。前组合梁在客舱地板转折梁处与应急门框区的后组合梁对接,上组合梁在开口边框处与应急门框的下组合梁对接,梁自开口边缘向前、后延伸段约为开口宽度的 1 倍,上下延伸段约为开口高度的一半。

(5) 应急出口。

因受到后货舱门开口的影响,新支线飞机左右应急门开口加强结构在客舱地板以下位置有所不同,右应急门开口加强因为受后货舱门开口的影响,受力环境比左应急门开口加强复杂;右应急门开口加强与后行李舱结构较近,设计时均做了综合考虑。此处门框加强结构为井字形,纵向件主要由上副梁、上主梁、下主梁、下副梁、短梁及长桁等构成;横向件主要由前副框、前边框、后边框、后副框及短框等构成;框架与壁板之间布置有加强垫板,角部危险区增加角部加强垫板。

开口加强区的横向结构主要由横向件和垫板等组成,通过 T 形接头与机身的框相连,纵向结构主要由前后副框、上下副梁、长桁、垫板等通过接头或其他的连接件与机身长桁相连。前后边框、上下主梁上均安装有与应急舱门密封带相匹配的零部件,此外,还设计有门销座、门铰链支座、平衡杆支座等舱门安装点,下主梁上还安装有踏板等构件,下主梁以下的部位还布置有地板横梁接头,给客舱地板的安装提供支持,如图 3.46 所示。

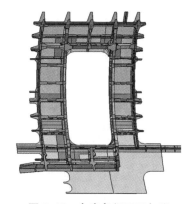

图 3.46　右应急门开口加强

3) 载荷分析

新支线飞机中后机身位于中机身和后机身(含垂尾、平尾)之间,而且飞机的引擎(发动机)悬挂于中后机身机体的左右侧,特殊的部位决定了它必须承受及传递种类繁多的载荷。

中后机身机体上的主要载荷有以下几类:

(1) 机身后部传来的载荷,主要为垂尾和平尾的载荷。

(2) 发动机通过吊挂主梁(机体上设计有悬挂发动机吊挂的吊挂主梁)传来的发动机载荷。

(3) 后压力框(球面框)承受的气密增压舱的气密载荷。

(4) 飞机的商载及质量载荷。

中后机身与后机身(含垂尾、平尾)通过对接结构相连,载荷由后机身(含垂尾、平尾)向中后机身传递;发动机的载荷通过吊挂主梁及吊挂与机身的其他连接件传给机身隔框及机身侧部的钛合金壁板;后压力框(球面框)承受气密载荷并将气密载荷分解传递给壁板及隔框;货舱内的地板结构要承受货舱内的货物载荷;后设备舱内的结构要承受设备舱的设备过载。

中后机身载荷传递至中机身与机翼对接区时,与机翼传来的载荷平衡,如图 3.47 所示。

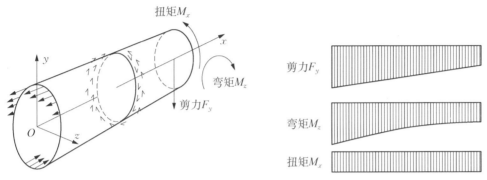

图 3.47　中后机身载荷

4) 工艺性

中后机身部段装配顺序为上壁板以组件交付、下壁板在部装型架上散装,后与吊挂对接,如图 3.48 所示。

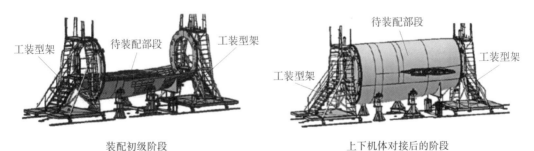

装配初级阶段　　　　　　　　　　　上下机体对接后的阶段

图 3.48　中后机身装配

3.1.5　后机身

1) 设计要求

后机身特殊设计要求如下:

(1) APU 防火墙必须满足防火要求。

(2) 尾锥必须满足耐高温要求。

(3) APU 舱段必须满足转子爆破的要求。

2）结构布置

后机身分别与中后机身、尾翼对接，为飞机的尾段结构，如图 3.49 所示。

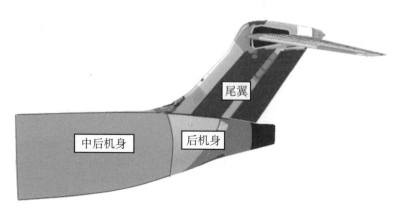

图 3.49　后机身位置

后机身布置需要考虑后机身的受力特点、与垂尾的连接接口、与中后机身的连接接口、系统开口及安装、APU 舱的防火要求等因素。

后机身框的布置首先应考虑集中载荷的传递和扩散，如垂尾传递过来的载荷；后机身部分加强框的站位与垂尾梁对应，将来自垂尾的载荷传递扩散至机身壁板上；同时框对机身壁板提供支撑作用。

后机身壁板的布置既要考虑到与中后机身的对接，又要考虑将垂尾载荷向前传递。在对接框上，后机身壁板上的长桁与中后机身的长桁一一对应，随着后机身外形的收缩，长桁间距及长桁数量逐渐减少，直至次承力区的壁板上没有布置长桁。

APU 舱需将 APU 系统与机身其他区域隔离，APU 防火墙不参与全机传力，其主要功能为满足防火要求，同时需满足 APU 系统的安装要求。

尾锥处于后机身末端，是整个飞机整流外形的一部分，为非气密区，通常尾锥内部布置有 APU 排气系统。由于受设备安装、气动布局等要求，尾锥外形较为复杂，具有双曲特性。

3）结构形式

新支线飞机后机身全长约为 6.6 m，是机身结构的最后一段，垂尾连接在后机身的上部。后机身布置有大小开口共 19 个，其中 APU 舱门开口较大，位于后机身的中下部。由于 APU 及 AMS 空调设备安装在后机身内，使后机身的框距布置、蒙皮分块、长桁布置等风格独特，如图 3.50 所示。

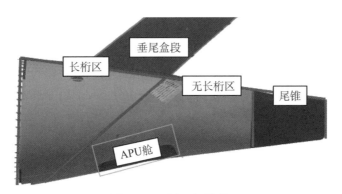

图 3.50　后机身结构

新支线飞机后机身结构可分为如下几个区域。

（1）长桁区：垂尾在此区域通过 6 个连接面与后机身连接，框和壁板需传递扩散垂尾载荷。

（2）无长桁区：布置有向前和向后斜两种框形式，壁板上没有布置长桁，APU 安装在此区域。

（3）尾锥区：也是 APU 排气管的高温区。

后机身壁板结构有两种形式：一种为长桁与蒙皮的组合形式，一种为只有蒙皮而无长桁的形式。壁板上长桁由 Z 字形型材拉伸成型，蒙皮为钣金拉伸成型。

后机身共设计有 22 个框，其中斜框 14 个，直框 8 个，如图 3.51 所示。

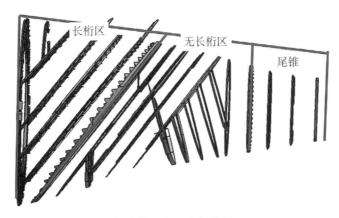

图 3.51　后机身框骨架

尾锥位于后机身的最末端，无纵向件，仅由蒙皮和框铆接而成。蒙皮分为上、下、左、右 4 块，蒙皮采用拉伸成型，隔框为 Z 形框，如图 3.52 所示。

图 3.52　尾　锥

图 3.53　防火墙

APU 防火墙结构由防火板和骨架结构铆接而成,其中防火板为钛合金钣金件,骨架结构由不锈钢焊接而成,骨架的横截面为 V 字形,如图 3.53 所示。

4) 材料

后机身是由壁板、隔框组成的全金属半硬壳结构,结构选材以铝合金为主,部分高温区和防火区选择钛合金材料。主要考虑材料的静强度、疲劳强度、裂纹扩展速率、加工性、成型性等因素。

后机身纵向受力构件主要由蒙皮、长桁、纵梁等组成,横向受力构件主要是隔框。机身蒙皮主要采用疲劳性能、断裂韧性值高、裂纹扩展速率低的 2000 系列铝合金材料制成,中下壁板由于受到发动机喷口高温气体的影响,选用的是耐高温的钛合金材料;长桁、纵梁和隔框采用高强度的 7000 系列铝合金板材或挤压型材制成。

后机身布置有 APU 系统,APU 系统工作时导致 APU 舱内的环境温度较高,所以 APU 舱及尾锥选用的是高温合金材料,包括钛合金以及不锈钢材料。

新支线飞机后机身主要零部件材料如表 3.3 所示。

表 3.3　后 机 身 材 料

部件名称	组件名称	零件名称	材料
后机身	上侧壁板	蒙皮	2024
		长桁	7075
	侧壁板	蒙皮	2024
		长桁	7075
	下侧壁板	蒙皮	2024
		长桁	7075

(续表)

部件名称	组件名称	零件名称	材料
	下壁板	蒙皮	2024
		长桁	7075
	中下壁板	蒙皮	Ti-6Al-4V
		长桁	7075
	框	角片	7075
		缘条	7075
	纵向加强件	纵向件	7075
	APU防火墙	防火墙	Ti-6Al-4V
	尾锥	蒙皮、框	Ti-6Al-4V

5）传力分析

新支线飞机尾翼为 T 字形尾翼，即高平尾布局，尾翼安装在后机身上壁板处。后机身主要传递垂尾、平尾机动载荷，垂尾、平尾的载荷都通过垂尾的梁传递至后机身对应的加强框上。

新支线飞机后机身与垂尾之间为不可拆卸的一体化斜框结构，如图 3.54 所示，各斜框与垂尾各梁方向一致，这样使尾翼上的力直接传至斜框上，然后由斜框通过后机身蒙皮、长桁及纵向构件向前扩散传递，如图 3.55 所示。

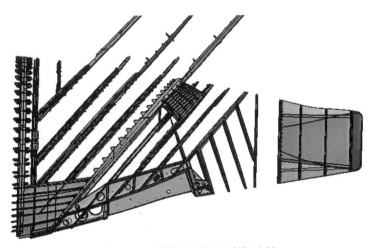

图 3.54 垂尾梁与后机身斜框连接

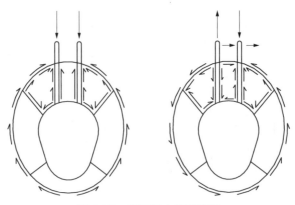

图 3.55　斜框受力模型简图

6) 工艺性

新支线飞机后机身零组件通过常规制造工艺可以实现。

后机身与中后机身的对接在总装车间完成,分别在对接车上进行姿态调整,对接装配工艺流程如图 3.56 和图 3.57 所示。

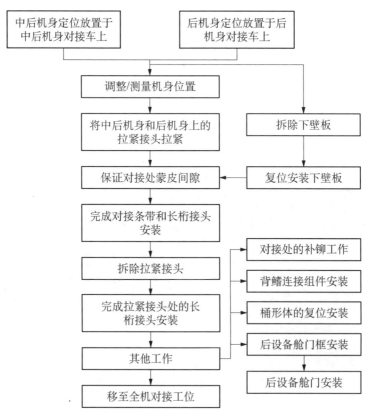

图 3.56　后机身与中后机身对接装配工艺流程

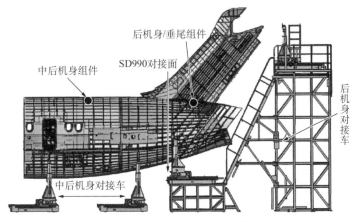

图 3.57　中后机身与后机身对接示意

3.2　机翼

新支线飞机机翼为悬臂半硬壳式后掠翼,机翼采用新一代的超临界翼型,左右机翼连成一个整体穿过机身下部,为双梁式下单翼布局。

机翼结构由外翼、中央翼和翼梢小翼组成,外翼由主翼面和活动面两部分组成,主翼面包括外翼盒段和固定前、后缘,活动面包括副翼、后缘襟翼、前缘缝翼和扰流板,如图 3.58 所示。

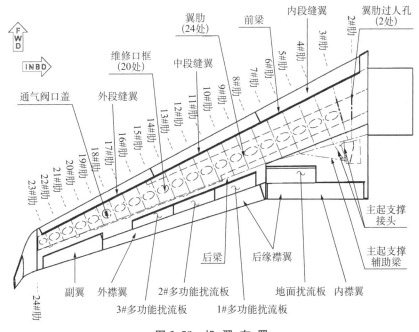

图 3.58　机　翼　布　置

机翼的设计分离面和工艺分离面分别有两个：机身侧壁处的 1♯翼肋为工艺分离面，外翼与中央翼在此对接；机翼 24♯肋处为设计分离面，外翼与翼梢小翼在此对接。

以机翼盒段结构为边界，机翼结构内部设置成飞机整体油箱，用于存储燃油。新支线飞机整体油箱以中央翼 0♯肋为界，全机翼分为左、右两个油箱，17♯肋是油箱端肋，17♯～19♯肋为通气油箱，如图 3.59 所示。

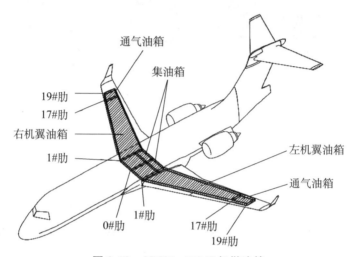

图 3.59　ARJ21‑700 飞机燃油箱

3.2.1　外翼盒段

1) 结构布置

新支线飞机外翼盒段为全金属双梁常规结构，由前、后梁，上、下壁板，翼肋及主起连接结构组成，如图 3.60 所示。

上下壁板为机加蒙皮与长桁组合而成，上壁板分为两块，下壁板分为三块。

外翼翼盒的结构布置需要考虑受力特点、油箱要求、活动面及其操纵系统连接、主起连接及系统安装等因素。

翼肋的布置首先是考虑较大集中载荷的传递和扩散要求，如主起连接、活动面连接位置，这些部位都设计成加强肋。在确定了加强肋的位置后，主要考虑上壁板的稳定性支持要求和下壁板的维修开口要求。

外翼长桁布置考虑结构承载要求，同时考虑下壁板施工及维护口盖的布置，以及蒙皮的分块布置和国内喷丸成型设备对蒙皮尺寸的限制等。

2) 结构形式

外翼主体为由上、下壁板，前、后梁及内部肋形成的盒形结构，如图 3.61 和图 3.62所示。

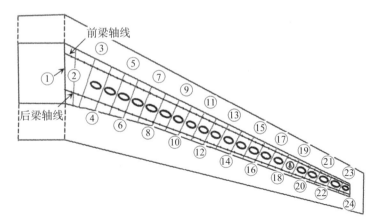

图 3.60　外翼盒段布置

图 3.61　外翼盒段结构

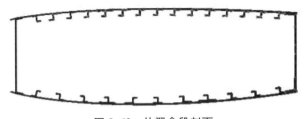

图 3.62　外翼盒段剖面

外翼前、后梁为槽形整体加筋梁，由 7050 预拉伸厚板数控机加而成。后梁在 8 肋处转折对接，分为内、外两段。前、后梁均进行喷丸强化处理。梁缘条朝向翼盒内方向，以便与翼肋相连，同时增大了前、后缘舱的空间，有利于高升力系统及飞控系统的安装协调，如图 3.63 和图 3.64 所示。

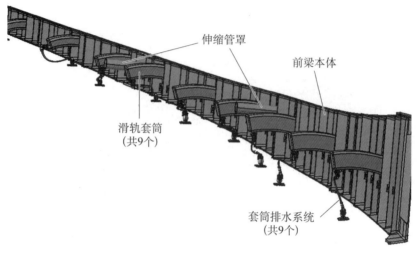

图 3.63 外翼前梁

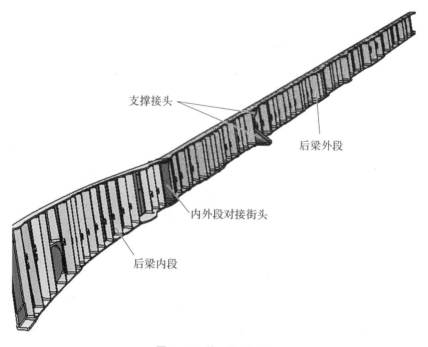

图 3.64 外翼后梁

新支线飞机上壁板在 11 长桁处分成前、后两块,由长桁和蒙皮铆接而成,如图 3.65 所示,长桁按壁板的中线平行布置,普通长桁为 Z 字形挤压型材,蒙皮对缝长桁 T 字形型材,长桁由 7055 挤压型材数控机加而成,蒙皮采用 7055 预拉伸板经数

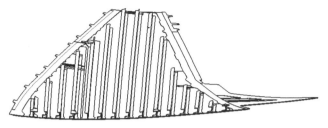

图 3.65 外翼上壁板结构

控机加后再喷丸成型。

新支线飞机机翼下壁板在 4、8 长桁处分为前、中、后三块,如图 3.66 所示,由机加蒙皮和机加长桁铆接组成,普通长桁为 Z 字形机加长桁,5、7 长桁为工字形型材,长桁由 2026 挤压型材数控加工而成。中间一块蒙皮布置有维修及装配使用的椭圆形开口,口盖为非受力口盖。相对受力口盖来说,非受力口盖避免了钻制紧固件孔,密封效果好,拆卸方便。下蒙皮由 2324 预拉伸板数控机加后再喷丸成型。

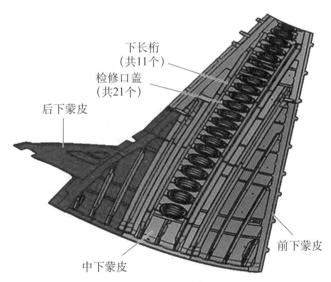

图 3.66 外翼下壁板结构

新支线飞机翼肋垂直于壁板中线布置,肋间距在 500～600 mm 之间,如图 3.67 所示。翼肋的布置主要考虑对壁板的支撑,同时还要兼顾对主起连接结构、前缘缝翼、后缘襟翼、副翼及扰流板的支持以及对机翼整体油箱燃油阻晃作用。17♯肋为整体机加油箱密封端肋,17♯～19♯肋为通气油箱。根据燃油系统的阻晃要求,1♯肋、9♯肋为半密封肋,在此两肋下方布置有向翼根方向开启的单向阀门,并在下壁板位置最低处开有放沉淀阀。在燃油管路及液压管路通过处,翼肋上均设计有开孔,如图 3.68 所示。

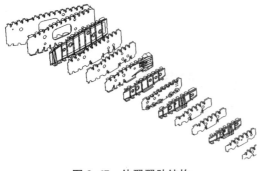

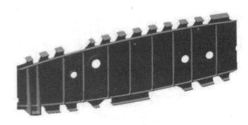

图 3.67　外翼翼肋结构

图 3.68　典型肋

新支线飞机主起落架(简称主起)连接结构设计主要考虑以下因素:机翼机身结构布局、起落架收放位置及接地点位置、主起收放形式、主起连接结构形式、机翼翼型高度等,主起连接结构的确定是以上因素综合协调的结果。根据新支线飞机的总体布局及起落架结构和收放形式,确定主起连接结构采用构架式结构,即采用悬臂于翼盒后部的一组构架来连接主起,如图 3.69 所示。

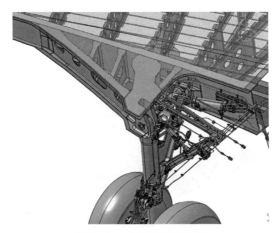

图 3.69　主起与机翼连接

3) 材料

机翼外翼盒段为主要承力结构,根据结构形式和受力特点选择合适的材料。结构选材过程中充分继承航空工业的发展经验,兼顾成熟性和先进性的原则。材料选择以高成熟度、高性能材料为主要选择对象,兼顾新材料、新工艺的应用,在满足飞机使用要求、飞机适航要求基础上尽量降低成本,提高经济性。

新支线飞机为金属机翼,外翼盒段材料以金属材料为主,其中以铝合金为主,部分重要连接部件选择钛合金材料。

机翼上壁板主要承受压缩载荷,选用成熟度高、压缩屈服强度高、抗腐蚀性能强的铝合金材料,一般选用 7000 系列铝合金。新支线飞机蒙皮选用 7055 铝合金,长桁可选用 7055 铝合金挤压型材。

机翼下壁板主要承受拉载荷,选用成熟、机械加工性能好、抗疲劳裂纹扩展性能和断裂韧性好、抗腐蚀性能好的材料,一般选用 2000 系列铝合金。新支线飞机蒙皮选用 2324 铝合金,长桁可选用 2026 铝合金挤压型材。

机翼梁结构形式分为组合梁和整体梁结构。组合梁缘条材料的选择应与连接壁板材料的选择基本一致,主要考虑材料的静强度、疲劳强度、裂纹扩展速率、加工性、成型性等因素。对于上翼面缘条主要受压,因此选择屈服强度较高、综合性能较好的 7000 系材料。对于下翼面缘条主要受拉,因此应选择疲劳强度高,裂纹扩展慢的 2000 系材料。而整体梁的上下缘条、腹板、支柱制成一体,只能选择一种材料。设计时应根据结构特点综合分析进行选材,新支线飞机整体梁为 7050、7085 等高强度材料。

新支线飞机机翼翼肋为整体机加肋,选择成熟、机加工艺性好,毛料厚度尺寸满足要求的高强度铝合金,新支线飞机翼肋选用 7050 铝合金。

主起落架连接接头需要承受起落架传递的集中载荷并传递给机翼盒段扩散,需要选择高强度高性能的材料,因此选择高强度铝合金,甚至钛合金或特种钢材。

新支线飞机机翼主要零部件材料如表 3.4 所示。

表 3.4 外翼盒段材料

部件名称	组件名称	零件名称	材料
外翼盒段	上壁板	蒙皮	7055
		长桁	7055
	下壁板	蒙皮	2324
		长桁	2026
	翼肋		7050
	前梁		7050
	后梁		7050
	主起连接接头	主起前接头	7050
		主起主接头	7050 锻件
		主起辅助梁	7050
		固定侧撑杆	300M 锻件

4）传力分析

外翼上作用的载荷包括前、后缘传到翼盒的载荷，汇聚起来，以剪力、弯矩和扭矩三种载荷形式，由翼尖向翼根传递。作用在翼盒上的剪力通过翼肋分配到前后梁，再加上前后缘传给翼梁的剪力一起向翼根传递。扭矩以前后梁和上下壁板形成的闭室向根部传递，直到1♯肋处；弯矩由壁板和翼梁共同承受并向根部传递，壁板承受大部分弯矩，其余弯矩由翼梁承受。前梁和上下壁板承受的弯矩直接传到根部1♯肋处；后梁在8♯肋处发生转拆，后梁轴力大部分传给内段后梁，少量分力由壁板承受。

主起落架的垂直载荷、剪力通过转轴前后交点传给前接头和支撑接头，并通过它们传给翼盒后梁腹板，还有很小一部分通过辅助梁传给翼盒后梁；弯矩通过支撑接头传给翼盒上下壁板。主起的航向载荷由主起支撑接头的前耳片承受，再通过与支撑接头连接的结构传给翼盒的上下壁板上。主起的侧向载荷由侧撑杆承受，侧向载荷的垂直分力通过侧撑杆梁传给机身框，使机身只承担垂直载荷；侧向载荷的水平分力由侧撑杆梁又传回到支撑接头，水平分力传给支撑接头后，通过三角区结构再传给翼盒。

外翼和中央翼在机身侧边的1♯肋处对接，1♯肋由上、下缘条，腹板，前、后三叉接头组成。外翼壁板传给1♯肋腹的剪力，通过1♯肋腹板分配到前后三叉接头的筋板，然后传给机身对接框；外翼前、后翼梁腹板的剪力传到三叉接头上与前后对接框连接的筋板，然后传给机身前后对接框。外翼翼盒的弯矩、扭矩传到翼根后，由于机翼后掠原因，两者进行重新组合，外翼的弯矩一部分转化为中央翼的弯矩，另一部分转化为中央翼的扭矩。外翼的扭矩一部分转化为中央翼的扭矩，另一部分转化为中央翼的弯矩。传到中央翼的弯矩由壁板和翼梁缘条承受，传到中央翼的扭矩通过三叉接头、1♯肋上缘条和中央翼下壁板传给机身。外翼前后梁上、下缘条在1♯肋处都发生转折，弯矩产生的轴力分力由1♯肋上、下缘条承受，上、下轴力形成扭矩直接传给机身。

5）工艺性

新支线飞机机翼翼盒零件主要为金属零件，一般采用数控加工方法生产制造。由于机翼整体壁板外形复杂且尺寸很大，难以直接通过数控加工的方法生产出带复杂外形的整体壁板零件。因此，大型机翼整体壁板的成形技术一直以来都是飞机制造的关键技术之一，也是国外垄断和封锁的核心技术。新支线飞机也同样面临着这一关键技术难题。

喷丸成形技术由于准备周期短、无需模具、工艺稳定性好以及疲劳寿命长等优点，被空客、波音等公司普遍采用为机翼整体壁板成形技术。新支线飞机机翼壁板也采用喷丸成形技术。新支线飞机机翼壁板具有如下特点：

（1）外形复杂，曲率半径小。新支线飞机机翼壁板外形包含马鞍形、双曲面、展向扭转等复杂曲面特征，展向最小曲率半径约 15 m，弦向最小曲率半径约 2 m。这些曲面特征超出了当时国内喷丸设备的极限成形能力。

（2）结构特征复杂，壁板尺寸大。新支线飞机机翼壁板上设计有维修孔、口框加强区、连接加强区等复杂的结构特征，壁板厚度变化大。壁板长度达 13 m，为当时国内成形尺寸最大的壁板。

对于新支线飞机这种外形复杂、结构特征复杂的大尺寸机翼壁板，如何实现喷丸成形，国内尚无成功经验可供借鉴。中国商飞及供应商、研究院所组建了大型壁板喷丸成形联合攻关团队，开展了关键技术联合攻关。攻关团队分阶段开展技术攻关工作，逐步通过零件设计及工艺评估、基础研究和分析、局部成形试验件研制和模拟件研制（见图 3.70），最终实现了装机件的成功研制，其中喷丸成形的下中蒙皮如图 3.71 所示。

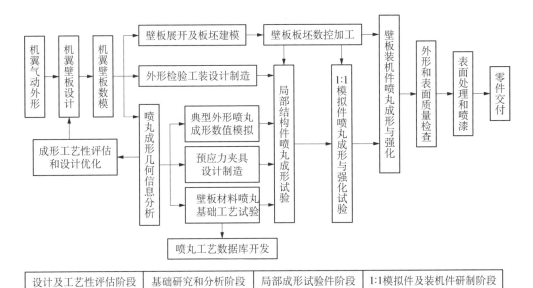

图 3.70 新支线飞机机翼壁板喷丸成形研制过程

通过联合攻关工作，攻关团队发展和解决了喷丸成形工艺的多项关键技术，突破了国外对大型壁板喷丸成形技术的技术封锁，使中国成为少数几个掌握大型复杂整体壁板喷丸成形技术的国家之一。这些关键技术如下：

（1）大型复杂双曲整体壁板喷丸路径设计技术及应用。喷丸路径是喷丸成形工艺的关键技术，对于复杂双曲外形的壁板而言尤其重要。通过机理分析和试验研究，攻关团队确定了喷丸路径设计方法，完成了整体壁板喷丸路径的规划。

（2）数值模拟技术在喷丸成形工艺中的应用。数值模拟技术可以有效地节省工艺研发时间和成本，得到了攻关团队的重视。攻关团队发展了喷丸成形数值模拟技术，通过数值模拟研究了喷丸工艺参数对曲面曲率的影响规律，研究了预应力对喷丸成形的影响，为实际工艺参数和预应力夹具设计提供了参考和依据。

图 3.71　喷丸成形的下中蒙皮

（3）预应力喷丸成形技术及应用。对于大型复杂双曲整体壁板，自由喷丸技术难以达到理想的效果。攻关团队研究和发展了预应力喷丸成形技术，通过设计制造一套柔性预应力夹具，给整体壁板预先施加变形和应力，从而达到了提高喷丸成形极限和控制喷丸变形过程中材料流动方向的效果。

3.2.2　中央翼

1）概述

新支线飞机中央翼贯穿中机身下部，左、右分别与外翼盒段相连接，如图 3.72 所示。

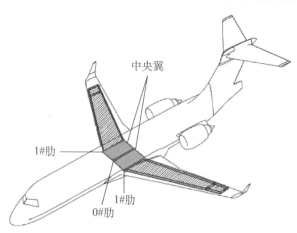

图 3.72　中央翼位置

从全机载荷传递角度分析,中央翼位于机翼与机身连接的"十字"交叉区,是全机载荷传递的"枢纽",受力状况复杂。

中央翼盒段也是机翼整体油箱的一部分,同时大量的系统设备和管路布置在中央翼结构上,中央翼的结构设计也兼顾了系统布置的需求。

2) 结构布置

当前,民机主流干线机型中央翼布置形式多样,如图 3.73 所示。

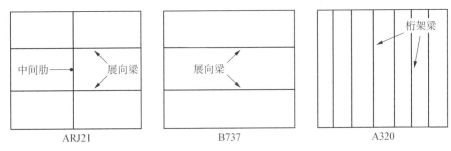

图 3.73　各机型中央翼布置

B737 系列机型中央翼为典型的"两展向梁"布置形式,无中间肋设计;而 A320 系列机型中央翼则采用"桁架肋"布置形式,无展向梁及中间肋设计。这种结构布置的差异一方面可归结于机翼油箱布局以及结构设计思想的不同,另一方面也有各飞机制造商考虑机型发展继承性的因素,B737 和 A320 系列飞机均继承了此前已有型号的结构布置形式,采用已被验证过的机体结构形式可节省大量研发资源,缩短研制周期。

新支线飞机中央翼的结构布置受周边结构布置以及油箱布局等诸因素的直接影响,考虑与现有机身结构的匹配,以及机翼油箱采用两油箱的总体布局,中央翼最终确定为"两展向梁-中间肋"结构,由上壁板、下壁板、前梁、后梁、展向梁、0#肋组成,如图 3.74 所示。

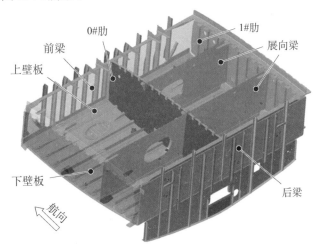

图 3.74　中央翼结构布置

中央翼与外翼在 1♯肋对接,中央翼上壁板与中机身地板纵梁相连,下壁板与中机身龙骨梁相连,前梁、后梁分别与机身框连接,如图 3.75 所示。

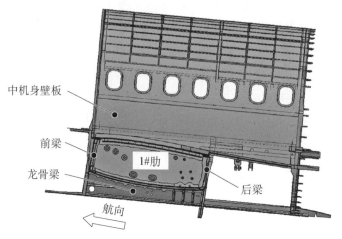

图 3.75　中央翼周边结构

3）结构形式

（1）壁板。

中央翼上、下壁板为铆接壁板,如图 3.76 所示。

上壁板有 15 根长桁,蒙皮分两块,下壁板有 11 根长桁,蒙皮分三块。普通长桁采用 Z 形剖面,既具有较高的弯曲刚度,又便于铆钉的开敞连接和自动铆接,对缝长桁采用 J 形剖面,如图 3.77 所示。

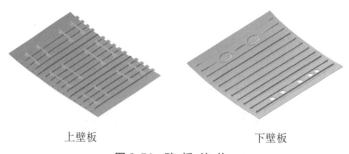

上壁板　　　　　　　　　　　　　　下壁板

图 3.76　壁　板　结　构

（2）前、后梁。

前、后梁为组合结构,由缘条、腹板和支柱组成,如图 3.78 所示。

前、后梁缘条与壁板一起承受机翼的总体弯矩,腹板主要承受由气密压力、机翼非对称载荷等引起的剪力和油压载荷（其中前梁有垂直于腹板面的气密压力）,立柱的布置按保证腹板的稳定性和结构、系统的连接协调要求而定。

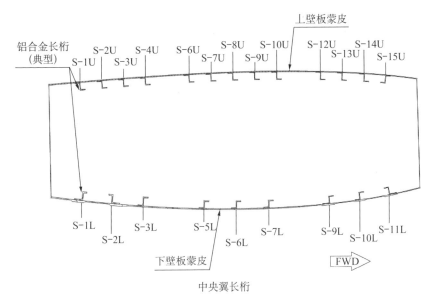

图 3.77　壁板长桁布置

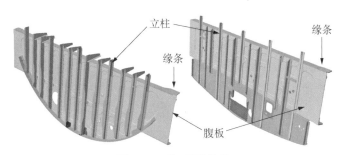

图 3.78　前、后梁结构

（3）展向梁。

两个展向梁采用缘条和腹板螺接的组合结构,展向梁腹板为带纵横加筋的整体机加件,在 0♯肋处断开,分为左、右两半,为便于总装对接和检修时操作者能顺利通过,展向梁的腹板上在 0♯肋左右分别开有人孔,如图 3.79 所示。

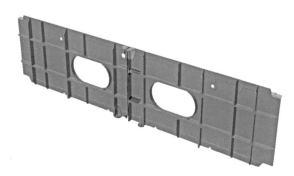

图 3.79　展　向　梁

（4）0♯肋。

0♯肋由厚板机加而成，为增加结构刚度，布置有纵横筋条，0♯肋是机翼左右油箱的分解端肋，是密封肋，不分块，如图3.80所示。

图3.80　0♯肋

4）材料

中央翼结构选材充分考虑了结构环境和结构件的受力特点，上壁板主要承受压缩载荷，设计主要按稳定性控制，因此蒙皮选用具有较高的压缩强度和一定防腐蚀性能的7000系列铝合金。而下壁板主要承受拉伸载荷，设计主要按疲劳性能及损伤容限控制，因此选用疲劳强度高、裂纹扩展速率低、抗应力腐蚀性能好的2000系列铝合金，详细清单如表3.5所示。

表3.5　中央翼选材

结构	材料	加工
上壁板	7055（蒙皮）	喷丸成形
	7055（长桁）	挤压型材机加
下壁板	2324（蒙皮）	喷丸成形
	2026（长桁）	挤压型材机加
前梁、后梁	7055（上缘条） 2026（下缘条）	挤压型材机加
	2024（腹板）	板材机加
展向梁	7050	板材机加
0♯肋		
对接	7055（上长桁接头）	机加
	7050（下长桁接头）	锻件

5）载荷分析

中央翼承受的载荷包括左、右外翼传来的载荷，中机身气密区的气密压力、地板纵梁传来的载荷、油箱内的燃油压力、中央翼油箱燃油重量及系统支架传来的系统载荷，如图 3.81 所示。

（1）外翼载荷。

单侧外翼对中央翼作用的载荷有弯矩、扭矩和剪力：

a. 外翼对中央翼产生的弯矩主要通过 1♯肋上下缘条，以轴向载荷的形式传递到中央翼上下壁板，通过中央翼上下壁板平衡。一部分弯矩从外翼的前后梁缘条传递到中央翼的前后梁缘条，通过中央翼前后梁缘条平衡。

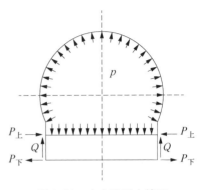

图 3.81 中央翼受力简图

b. 外翼对中央翼产生的扭矩通过 1♯肋的上缘条，以剪切载荷的形式传递到中机身蒙皮，通过 1♯肋的下缘条经下壁板蒙皮传到机身的龙骨梁，外翼对中央翼产生的扭矩对于前后梁的作用和外翼前后梁对中央翼的剪力叠加，通过 1♯肋的三叉接头传到机身前后梁框上。

c. 外翼前、后梁腹板的剪力主要通过 1♯肋传给机身框。

（2）机身载荷。

中央翼和中机身直接相连，中机身对中央翼提供支持，平衡外翼对中央翼的剪力和扭矩，同时中央翼对中机身的地板纵梁提供支持，中央翼上壁板和前梁是客舱气密线的一部分。

中机身共有 5 根地板纵梁连接在中央翼的上壁板上，地板纵梁的载荷通过中央翼上壁板传递到中央翼的前、后梁和展向梁，并通过中央翼展向梁传递到中央翼下壁板和 1♯肋。最终通过机身蒙皮、机身框和外翼下壁板对中央翼下壁板的轴向拉伸载荷平衡。而中央翼前梁和上壁板属于机身气密线的一部分，气密载荷通过上壁板传给前后梁和展向梁，展向梁再通过 1♯肋传给机身框。

6）工艺性

中央翼盒段装配考虑了结构形式特点和工艺实现的难易，装配流程如图 3.82 所示。

中央翼盒段的装配质量控制通过在零件级、组件级和盒段装配级的容差控制实现：零件级通过各零件的尺寸公差、外形容差等控制，组件级通过装配型架对各组件的定位公差、外形容差进行控制，最后的盒段装配则通过总装型架对各组件的定位公差、盒段装配后的外形容差进行控制。

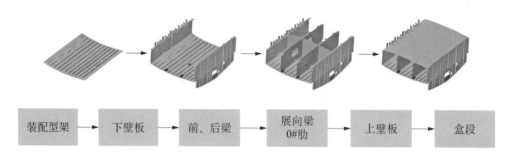

图 3.82　中央翼盒段装配流程

3.2.3　活动翼面

1) 概述

活动翼面结构布置在机翼前、后缘,主要是为增加升力,提高飞机的机动性,减少大迎角下失速速度,改善起飞降落性能。

活动翼面包含前缘缝翼、后缘襟翼、副翼、扰流板等。

新支线飞机机翼前缘布置内、中、外段共 3 段缝翼,后缘翼尖布置副翼,后缘内侧自翼尖至翼根布置外襟翼、内襟翼,外襟翼上方布置 3 块多功能扰流板,内襟翼上方布置地面扰流板,如图 3.83 所示。

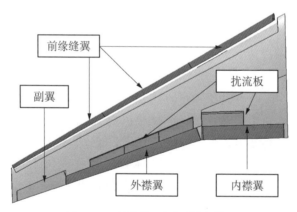

图 3.83　新支线飞机机翼活动面

2) 结构布置

一般地,前缘增升装置布置在机翼弦线 10%～15% 的弦长位置,后缘增升装置则布置在弦线 65%～75% 的弦长位置,如图 3.84 所示。

机翼前缘缝翼和后缘襟翼有多种不同形式,各种形式各具优缺点,如表 3.6 所示。

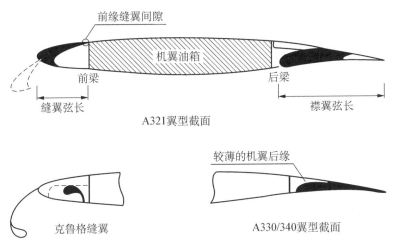

图 3.84　典型前缘、后缘布置

表 3.6　5 种前后缘组合形式的比较

机翼前缘和后缘的组合形式		优点	缺点
	前缘缝翼	后缘襟翼		

	前缘缝翼	后缘襟翼	优点	缺点
A	2 卡位 (收起与着陆)	双缝	前缘较克鲁格缝翼简单	双缝襟翼起飞升阻比未提高
B	3 卡位 (起飞、收起与着陆)	双缝	高海拔机场提高升阻比	双缝襟翼复杂程度降低有限
C	3 卡位 (起飞、收起与着陆)	单缝	明显提高升阻比 后缘襟翼更简单	由于缝翼及机翼表面设计限制很难达到最大升力
D	开缝变弯度克鲁格	单缝	提供足够的升力系数,后缘结构形式简单	起飞升阻比未提高,着陆时襟翼的开缝较大,克鲁格缝翼较为复杂
E	封闭变弯度克鲁格	简单铰链	提供足够最大升阻比,在海平面和高海拔机场,提高飞机升阻比	保留了复杂的克鲁格缝翼

3) 设计要求

活动翼面既是结构传力件,又与机构、飞控系统紧密相连,具有自身的设计特点,特殊设计要求如下:

(1) 活动翼面的部件一般为交点互换即替换,只需进行少量的加垫及打磨即可完成互换。

（2）分段的缝翼、扰流板因维护需要经常检查及拆卸，部件上设计具体标识标牌，进行防差错设计，提高维修性。

（3）不能稳定手持的部件考虑维护及安装替换应设计吊装点，吊装点至少为3个，部件重心应在起吊点的界面之内。吊装点使用可拆卸紧固件，并在实物及手册上明确起吊点位置坐标。

（4）活动翼面部件考虑结构遭遇损伤问题，在重要部位设计备份结构，避免结构功能丧失，提高飞行安全性。活动面部件多采用多个接头，一般不少于2个接头连接至机翼盒段及机身结构上，保证安全。

（5）受力较小的活动面铰链连接部位应尽量使用经过验证的自润滑轴承或滚轮。

（6）定轴旋转的结构件应结合飞控作动系统达到自身的平衡，部件的转轴一般都靠近前缘、后缘布置，与部件的重心并不重合，部件绕转轴的转动惯量应与飞控系统驱动能力相匹配。

（7）作为独立的部件，机翼活动翼面需要与机翼的主体进行电搭接设计以保护相关部件结构。

（8）活动面的部件多为封闭结构，在飞机的起落循环中经历温度的循环变化，容易产生冷凝水汽，积聚在低洼部位，时间长之后易腐蚀基础结构。部件在零件机加及装配中应合理规划底漆、面漆等防护涂层，避免装配导致的损伤。

4）机构设计

新支线飞机活动翼面各部件通过运动机构与周边支撑结构连接，副翼、扰流板结构部件简单、尺寸适中，采用简单定轴旋转机构，襟翼、缝翼等部件长度较长、自身挠度较大，采用调整机构。

缝翼通过滑轨连接至机翼前缘隔板上，隔板上布置上、下滚轮，上、下滚轮可以调整与滑轨的间隙，如图3.85所示。

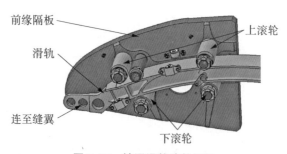

图 3.85　缝翼滑轨滚轮机构

内襟翼采用伸出式滑轨,滑轨通过前后支点安装至内襟翼端肋,滑轨与滑轮架套合,滑轮架通过接头连接至机身结构。滑轨前接头位置为驱动点,传递驱动载荷,使滑轨及内襟翼翼面绕内襟翼轴线实现后退旋转,满足起飞降落巡航要求,如图 3.86所示。

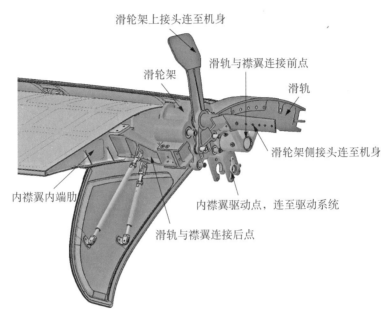

图 3.86 内 襟 翼 机 构

外襟翼为典型铰链式连接,铰链点布置轴承,铰链两端的支臂、摇臂分别连接至机翼下壁板及襟翼下壁板,如图 3.87 所示。

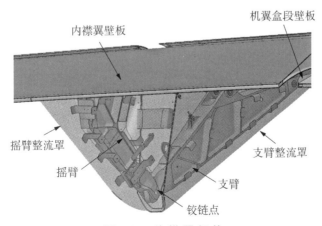

图 3.87 外 襟 翼 机 构

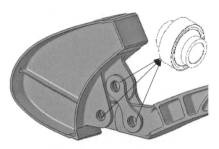

图 3.88　关节轴承应用

活动翼面机构设计要求如下：

（1）缝翼与滑轨铰链处采用关节轴承连接，释放连接的自由度，避免翼面变形导致的卡阻，如图 3.88 所示。

（2）各部件之间应设计足够间隙，动动间隙、动静间隙、静静间隙分别满足特定数值。

（3）各部件应设计调节锁紧机构，保证最终满足总体及系统安装要求。

（4）各部件应设计相应的标牌，便于维护大修时识别。

（5）因为空气动力与结构自身结构形式的限制，前缘缝翼及后缘襟翼及扰流板的刚度需足够高，在一定的飞行条件所规定的设计载荷下不能变形太大。

（6）缝翼尾缘相对于机翼前缘，扰流板尾缘相对于襟翼上表面，由于其位于飞机的上表面，对飞机巡航阶段的气动性能影响较大，要保证良好的密封。

（7）运动部件与周边结构安装公差导致的间隙应通过橡胶类密封件进行密封，结构件上经常与密封件或周边结构间隙较小部位应敷设防磨漆减少主结构磨损的概率。

（8）操纵面和系统中的间隙应尽可能小。

（9）操纵面及其口盖的变形控制，操纵面的变形考虑到气动载荷，其相对于机翼的展向变形必须满足避免干涉的要求。

3.2.3.1　前缘缝翼

1）概述

前缘缝翼的主要作用是将机翼下表面的高能气流引导至机翼上表面，从而延迟大迎角飞行时机翼上翼面的气流分离，通常和后缘襟翼共同使用，能够显著提高飞机的升力。

前缘缝翼按形式可以分为前伸缝翼、克鲁格缝翼、下垂前缘、固定缝翼等，如图 3.89 所示。

| 1 | 2 | 3 | 4 |

图 3.89　前缘缝翼类型

1—前伸缝翼；2—克鲁格缝翼；3—下垂前缘；4—固定缝翼

2）结构形式

新支线飞机机翼前缘布置内、中、外 3 段缝翼。

缝翼为金属多肋单梁结构，由上、下蒙皮、翼梁、翼肋和尾缘垫块组成，每段缝翼设置 2 根主滑轨和 1 根辅助滑轨,滑轨前端与缝翼相连,滑轨后段支持在机翼前缘舱内的滑轮支架上,如图 3.90 所示。

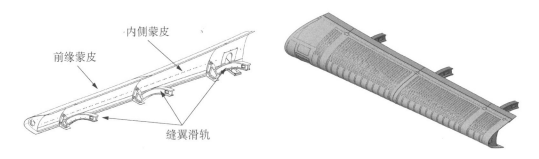

图 3.90 缝 翼 结 构

（1）缝翼蒙皮。

前缘缝翼蒙皮分为上蒙皮和下蒙皮。

上蒙皮由外蒙皮和内层蒙皮组成,外蒙皮与内层蒙皮铆接形成空腔,为防冰系统的热空气流提供流动通道,并在与滑轨相连的加强肋处布置有扩散载荷的加强垫板,如图 3.91 和图 3.92 所示。下蒙皮由 2024 包铝板冲压而成。由于外段缝翼下蒙皮的应力水平较高,因此进行了局部加强。

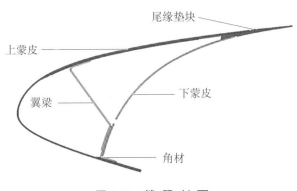

图 3.91 缝 翼 剖 面

（2）翼梁。

缝翼前部的空腔内安装有除冰管,为了使热量能集中在前缘,以提高除冰效果,故翼梁的布置尽量靠前,缝翼梁截面为"Z"字形,由铝合金板材制造。

（3）翼肋。

翼肋分为普通肋和加强肋。

普通隔板主要用于结构维形和承受局部气动载荷,增加蒙皮的弦向刚度,提高

图 3.92　缝翼上蒙皮

蒙皮临界应力,普通肋由 2024 铝合金板制成,肋间距约为 100～120 mm。

　　加强肋主要用于传递集中载荷。加强肋与滑轨相连的翼肋均为加强肋,加强肋由 7050 铝合金厚板机加而成,如图 3.93 所示。

图 3.93　加　强　肋

（4）滑轨结构。

　　缝翼机构原理如下:操纵作动器驱动齿轮转动,使齿轮带动安装在主滑轨上的齿条运动,从而实现缝翼的收放。主滑轨的剖面设计为"Π"形,辅助滑轨只起导向作用,没有驱动装置,剖面设计为"工"字形,如图 3.94 所示。

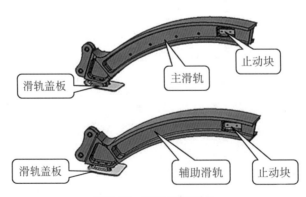

图 3.94　滑轨结构形式

滑轨与缝翼均通过2个螺栓连接,在滑轨与加强肋上安装有衬套,如图3.95所示。

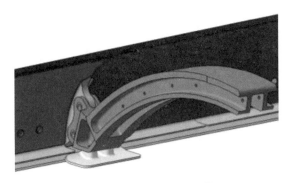

图 3.95　滑轨与缝翼连接

3) 材料

缝翼选用常规铝合金为主,其中滑轨由于考虑运动磨损因素,因此选用钛合金,如表3.7所示。

表 3.7　缝 翼 选 材

序号	零件名称	零件材料	序号	零件名称	零件材料
1	蒙皮和翼梁	2024	5	加强肋	7050
2	普通隔板	2024	6	端肋	7050
3	尾缘垫块	2024	7	滑轨	Ti - 6Al - 4V
4	对接角材	2024	8	滚轮	4340

3.2.3.2　后缘襟翼

1) 概述

后缘襟翼顺气流布置,常规形式有双缝襟翼和三缝襟翼,如图3.96和图3.97所示。

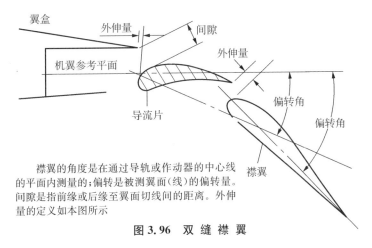

　　　襟翼的角度是在通过导轨或作动器的中心线的平面内测量的;偏转是被测翼面(线)的偏转量。间隙是指前缘或后缘至翼面切线间的距离。外伸量的定义如本图所示

图 3.96　双 缝 襟 翼

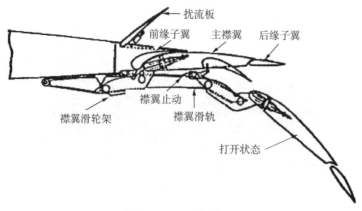

图 3.97　三 缝 襟 翼

双缝襟翼和三缝襟翼的优缺点如下。

（1）双缝襟翼。

a. 使用机型：广泛使用于现代中、近程飞机，如 DC-8 和 MD82。

b. 优点：大偏角时，可延迟气流分离；偏角小时，导流板或子翼在巡航位置附近，飞行阻力小。

c. 缺点：结构空间小，布置及连接困难，起飞构型飞行阻力大，襟翼支撑结构需布置整流罩，增加结构重量和阻力。

（2）三缝襟翼。

a. 使用机型：高翼载荷运输机和客机，如波音公司的 B737/747。

b. 优点：增升效果极好，可在各种偏转角下使用，结构协调技术水平高，飞行阻力小。

c. 缺点：操纵装置比较复杂，结构复杂，特别是支持机构，重量代价较大。

2）结构形式

新支线飞机内、外襟翼为定轴转动双缝襟翼。

内、外襟翼为金属双梁式密肋结构，内襟翼上翼面以及外襟翼上、下翼面各布置1 根长桁，内襟翼下翼面布置有 3 根长桁，如图 3.98 和图 3.99 所示。

图 3.98　内 襟 翼

图 3.99　外襟翼

图 3.100　子翼与襟翼连接

襟翼子翼为碳纤维织物层板-塑料泡沫夹芯结构,夹芯结构在与主襟翼连接处布置"日"形剖面的碳纤维层压板复合材料翼肋。子翼通过双耳与固定于主襟翼前部的支臂连接,内子翼沿展向分为 2 块,外子翼沿展向分为 4 块,如图 3.100所示。

内襟翼内侧通过滑轨及滑轮架的过渡结构连接到机身框上,滑轮架通过连接接头固定在机身框上,滑轨通过前后接头固定在内襟翼上,如图 3.101 和图 3.102 所示,滑轨在滑轮架内运动。

机身框
连接接头
滑轨

滑轮架

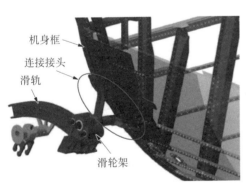

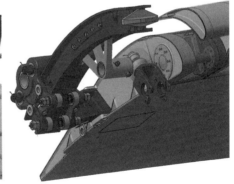

图 3.101　滑轨、滑轮架及其与机身连接

图 3.102　滑轨与襟翼连接

外襟翼通过 3 副襟翼摇臂与固定在机翼后缘的襟翼支臂铰接,铰链点所在的直线即为外襟翼收放的转动轴线。内、外襟翼摇臂通过单耳与襟翼加强肋上的双耳连接。

3）材料

襟翼主结构以铝合金为主,子翼采用碳纤维和蜂窝夹芯结构,如表 3.8 所示。

表 3.8　襟翼材料清单

序号	零件名称	零件材料	序号	零件名称	零件材料
1	蒙皮	2024	8	滑轮架	Ti‐6Al‐4V(铸件)
2	梁	2024	9	滑轨接头	4340
3	后墙	2024	10	长桁	铝合金型材
4	普通肋	2024	11	子翼接头	Ti‐6Al‐4V‐退火(板材)
5	加强肋	7050	12	复材蒙皮	CYCOM970/PWC T300
6	铰链接头	4340	13	子翼泡沫芯	闭孔泡沫塑料芯材
7	支臂摇臂接头	7050‐T7651(板材)	14	复材蜂窝	Nomex 纸蜂窝

3.2.3.3　副翼

1) 结构形式

新支线飞机副翼布置在外襟翼外侧,小翼内侧,对应的机翼后缘为副翼舱。

新支线飞机副翼采用多肋式金属结构,结构主要由蒙皮、肋、梁和接头等部件组成,头部布置前梁,前梁布置 3 个悬挂接头,及相关传感器接头。前梁部位靠内侧布置驱动接头,连接至驱动作动器,如图 3.103 所示。

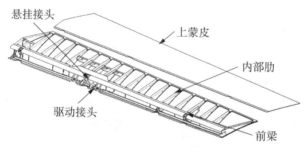

图 3.103　新支线飞机副翼结构

副翼通过内、中、外 3 个悬挂接头连接至副翼舱,副翼前缘与副翼舱通过密封件保持气动密封,3 个悬挂接头处均布置与后缘连接的搭接线,保证电流导通,进行闪电防护和静电防护。

新支线飞机左、右副翼在飞行机动中是差动的,即如果一个副翼上偏某个角度,则另一个副翼将下偏同样的角度。

副翼转动通过固定在机翼后梁上的作动筒来实现,作动筒固定在机翼后梁上,作动筒沿其轴线做一维伸缩运动,与操纵杆组成曲柄滑块结构,带动副翼结构绕3 个悬挂接头的轴线做上下偏转,如图 3.104 所示。

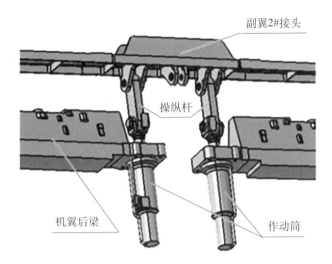

副翼2#接头

操纵杆

机翼后梁　　　　　　　　　　　　　　　作动筒

图 3.104　单个副翼操纵结构

2) 材料

前缘蒙皮、隔板由于形状曲率大,使用便于成型及热处理的铝合金 2024(包铝)薄板。副翼蒙皮及尾缘结构选用 2024 系列铝合金。

梁组件尺寸厚度较大,主要使用 7050(板材)制作梁零件和小接头及连接件。

衬套材料使用 4140 圆棒。副翼内部布置钣金肋及机加板,钣金肋用于普通连接部位,材料使用 2024 薄板,并使用材料为 2024 带板连接梁组件。

3.2.3.4　扰流板

1) 概述

扰流板安装在襟翼的前上方,其作用主要是飞机高速横侧操纵,飞机减速以及减少飞机在着陆和快速下降的情况下的机翼上的升力,协调其他操纵面以实现特定功能。

扰流板一般通过 3 个或 4 个接头或 2 个破损-安全设计的铰链支撑,以保证任何一个铰链的破坏不会造成扰流板的丢失。

内外扰流板一般分开使用,外侧扰流板在高速减速时,作为多功能扰流板,内侧扰流板中立,可避免扰动气流引起的尾翼抖振,内侧扰流板也称为地面扰流板。

2) 结构形式

新支线飞机左、右机翼上各有地面扰流板一块,仅在降落时使用,布置在内襟翼的外侧上方。多功能扰流板有 3 块(为 1♯、2♯ 和 3♯ 多功能扰流板),在空中使用也可以在降落时,作为减速用,如图 3.105 所示。

地面扰流板是单梁式结构,主要由蒙皮、蜂窝芯、前梁、后缘条、端肋和铰链接头、作动筒接头等组成。地面扰流板上、下蒙皮之间布置蜂窝芯子,同时紧贴上下蒙

图 3.105　ARJ 扰流板布置

皮布置有加强板,它们在空间上由上至下的顺序如下:上蒙皮、上加强板、蜂窝芯、下蒙皮、下加强板,相互间都采用胶接连接,如图 3.106 所示。

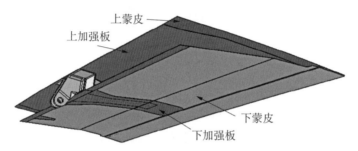

图 3.106　地面扰流板蒙皮与加强板

地面扰流板结构的两端边布置有端肋,在结构后缘布置有实心的后缘条。后缘条和上下蒙皮之间采用胶铆方式进行连接。地面扰流板的前梁由两段拼接而成,两段之间通过操纵接头拼接过渡,过渡区采用螺栓连接,如图 3.107 所示。

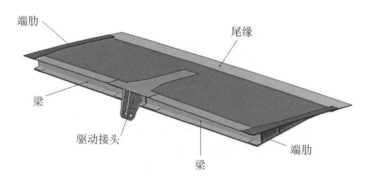

图 3.107　地面扰流板内部布置

地面扰流板的操纵接头是一个整体机加件,如图 3.108 所示纵接头两侧的 C 形延伸段,分别与两侧的梁连接;操纵接头后方的工字形结构与上、下蒙皮及蜂窝连接,起支撑蒙皮的作用。

除操纵接头外,地面扰流板的前梁上布置有 4 个悬挂接头,如图 3.109 所示内

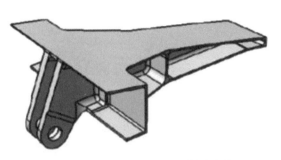

图 3.108　地面扰流板操纵接头本体

侧的 2 个悬挂接头为主受力悬挂接头,外侧 2 个悬挂接头为辅助受力悬挂接头。外侧悬挂接头耳片的螺栓连接孔采用长椭圆孔形式。

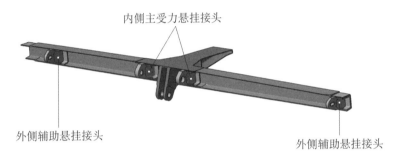

图 3.109　地面扰流板悬挂接头

新支线飞机多功能扰流板与地面扰流板结构形式相似,扰流板结构主体采用金属结构及金属铝蜂窝,扰流板前缘布置 4 个悬挂接头,两侧悬挂接头布置长圆孔便于协调扰流板与后缘的变形,中间悬挂接头上布置关节轴承,中间布置 1 个驱动接头连接至固定后缘的驱动作动器,如图 3.110 和图 3.111 所示。

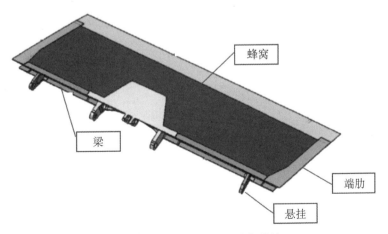

图 3.110　多功能扰流板内部结构

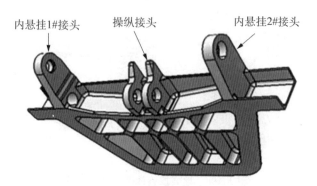

内悬挂1#接头　　操纵接头　　内悬挂2#接头

图 3.111　多功能扰流板盆形传力结构

3）材料

扰流板上、下蒙皮,上、下蒙皮加强版型面较为平直,使用钣金件,材料采用2024板材。

蜂窝芯使用铝制 3/16 in 规格六角蜂窝芯与蒙皮面板粘接。

扰流板端肋及梁本体使用机加成型,材料使用 7050 铝合金。

扰流板驱动及悬挂接头使用机加成型,材料使用 7050 铝合金。

驱动悬挂等接头衬套材料使用 4140 -圆棒。

4）工艺性

每块扰流板布置 4 处悬挂接头,两端接头布置长圆孔,用来调整扰流板安装及装机使用时的结构变形;中间悬挂接头上布置关节轴承,用以保证与机翼后缘安装的同轴度,如图 3.112 所示。

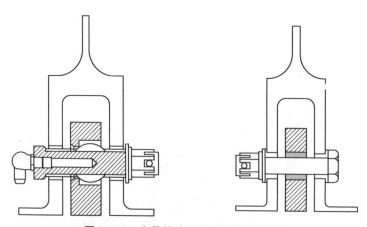

图 3.112　中段接头、两端接头连接形式

两端接头,接头与梁的内型面,梁与扰流板端肋之间均设计结构垫片,以调整接头的位置,保证安装,如图 3.113 所示。

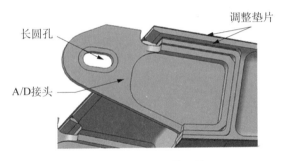

图 3.113　接头加垫调整

3.3　尾翼

　　新支线飞机尾翼为"T"尾形式,如图 3.114 所示。一般地,平尾布置不能在发动机喷流锥形扩散区内,对于尾吊发动机布局,平尾最优位置是在垂尾顶端,可以起到垂尾端板的作用,减小垂尾面积,又因垂尾后掠增大了平尾的力臂,从而降低平尾面积。尾翼结构分为水平尾翼和垂直尾翼两大部分,水平尾翼包含水平安定面和升降舵,垂直尾翼由垂直安定面和方向舵构成。垂直安定面和水平安定面结构均为全旋臂式。

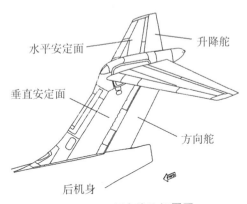

图 3.114　新支线飞机尾翼

3.3.1　水平安定面

　　1) 概述

　　水平安定面为可操纵安定面,由中央盒段和左右外伸段组成。中央盒段通过 3 个点铰接在垂直安定面上,后两点为带轴承的连接点,构成平尾转轴,前一点为螺旋驱动器连接点,升降舵悬挂在水平安定面后梁的支臂上。水平安定面中央盒段与外伸段的连接采用平面对接形式。水平安定面由中央盒段和左右外伸段组成,水平安定面外伸段可以与中央段一起整体吊装,外伸段与中央段采用平面对接,左右升降舵铰接在外伸段悬挂支臂上,如图 3.115 所示。

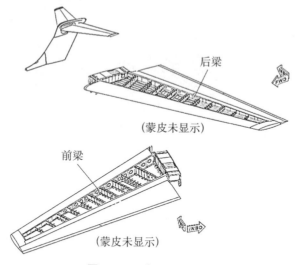

图 3.115　水平尾翼结构

2) 结构形式

中央盒段是水平尾翼的主要承力部件。平尾中央盒段为全金属结构,由前梁组件、肋组件、上前壁板、上中壁板、上后壁板、下前壁板、下中壁板、下后壁板及后梁转轴接头组件构成。前梁为缘条、腹板组合式结构,轴承接头和后梁因受力较大,采用锻件。上下壁板的侧肋采用整体加筋板结构,这些构件均用高强度铝合金制成。

平尾外伸段由前后梁、上下壁板、翼肋、前缘、翼尖和悬挂支臂等组成。前梁由上下缘条、腹板和支柱,加强支柱组成,是铆接结构。后梁由上下缘条、腹板和加强角材组成,是普通铆接结构。上下壁板各三块,第 3、第 6 长桁为壁板分界面,采用搭接,前壁板搭在中壁板上,中壁板搭在后壁板上,前壁板与前梁缘条凸缘连接,后壁板与后梁缘条凸缘连接。壁板为机加的整体加筋厚板,"匚"形长桁与壁板组成一个整体。长桁采用变截面设计。为满足等强度设计壁板需要有十几种不同厚度,分布在不同区域中。壁板在对接平面(于中央盒段对接)的端部区域有较高精度配合的对接螺栓孔和桶形螺帽孔。每块下壁板外端开有三个漏水孔,内端部各有两个漏水孔。下部后壁板有两个大开口,作为升降舵作动筒的施工通路和维护检查开口,如图 3.116 所示。翼肋共有六个加强肋,五个普通肋。加强肋与升降舵铰链支架相连,加强肋通过"T"字形角盒与长桁连接,在长桁通过处开有缺口。肋与后梁和铰链支架用螺栓固定。肋与壁板连接采用工艺补偿的角盖式连接,以确保平尾外形要求。普通肋为钣弯件,材料为 7075 包铝板,肋上固定有"十"字角材,与长桁留有一定的间隙,通过"十"字角材与长桁连接。在肋腹板上制有圆形加强鼓包(圆形凸梗)和带有卷边凸缘的减轻孔,如图 3.117 所示。

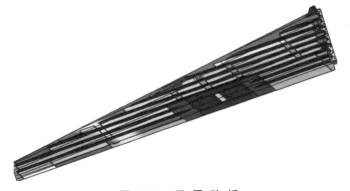

图 3.116 平尾壁板

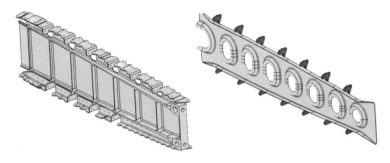

图 3.117 平尾加强肋(左)和普通肋(右)

前缘分成可卸前缘和固定前缘两部分。固定前缘位于前梁之前,共有 11 个前缘翼肋和前缘蒙皮。除两端的前缘翼肋由上下缘条和肋腹板组成外,其余翼肋只有上下缘条而无腹板。所有翼肋(侧肋除外)垂直平尾弦平面和前梁平面。两端前缘翼肋与前梁支柱固定连接,前缘蒙皮与前梁上下缘条连接,其他 9 个前缘肋与前梁无连接关系。为了传递侧向载荷,固定前缘侧肋上装有侧向载荷传递支架,支架上装有滚轮,垂尾翼尖上相对应部位装有不锈钢板制成的滑轨,以传递来自水平安定面的侧向载荷。前缘侧肋上同时装有整流片支柱,安装航徽灯要求的开口。可卸前缘为无长桁密肋结构,共有 27 个前缘肋,其中 8 个肋为整体肋,由钣弯制成,其余 19 个翼肋仅有钣弯上下缘条,无翼肋腹板。

3) 材料与工艺

平尾结构中除升降舵悬挂接头选用 Ti - 6Al - 4V 外,其余零部件都选用高强度的铝合金。设计、制造中充分利用已有成熟的机加、钣金和化铣等工艺。平尾外伸段前、后梁上下缘条由整根材料为 7075 大头挤压型材经机加制成,腹板材料为 7075 铝板。支柱为 7075 包铝钣弯件,加强支柱为帽形标准型材。平尾外伸段上壁板为 7475 的整体加筋板,下壁板为 7449 整体加筋板。加强肋由 7075 - T651 厚板经机加成整体加强筋板结构,普通肋为钣弯件,材料为 7075 包铝板。固定前缘和可卸前缘所有零件材料为 7075 包铝,采用化铣加工、拉伸弯曲成形。

4) 传力分析

平尾外伸盒段是平尾主要的承力结构部件。主要情况下产生负升力,弯矩使下翼面受压,上翼面受拉。平尾中央盒段平衡左右外伸段传来的载荷,侧肋将平尾的载荷传给垂尾后梁接头和操纵螺杆接头。后梁转轴接头与侧肋耳片组成双路传力结构,将平尾的平衡载荷、侧向载荷传给垂尾。侧肋前缘板传递操纵螺杆载荷。

3.3.2　升降舵

1) 概述

升降舵位于水平安定面的后方,左右各有一个。升降舵是半展长约为 5.5 m,平均弦长不足 1 m,为翼形高度很小的密肋无长桁薄壳结构。

2) 结构形式

升降舵结构主要包含以下零部件:上胶接壁板、下胶接壁板、前梁、后墙、前缘肋(13 个)、翼肋(44 个)、铰链接头(6 个)、作动器复合接头、前缘面板及口盖、后缘。胶接壁板由面板和加强板胶接而成。加强板有 2 块,一块在梁缘条区域从梢部直至根部,一块在 2 号至 4 号铰链接头区域的后缘处。胶接壁板前后分别搭接到前梁和后墙上,并与 44 个翼肋铆接。前梁用厚板机加而成,截面为“工”字形,铰链接头和作动器接头装在梁腹板前,44 个翼肋的缘条在梁腹板后与梁缘条相连。前缘肋与梁上隔板相连。梁上开了 4 个工艺孔供装配以及更换接头时用。后墙是钣弯型材,翼肋后部缘条与后墙相连。13 个前缘肋用来保持前缘面板和口盖的外形,由板材压制而成。44 个翼肋用来保持胶接板的外形,由板材压制而成。翼肋腹板前端开口供装配以及更换接头时使用。升降舵上有 6 个铰链接头和 2 个作动器接头,其中 3 号铰链接头与 2 个作动器接头融合成一体做成了一个复合接头,如图 3.118 所示。

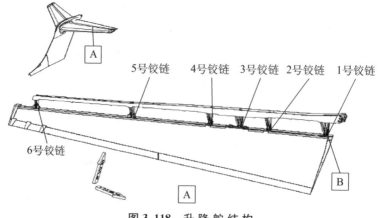

图 3.118　升 降 舵 结 构

3) 材料与工艺

升降舵的关键部位如机加前梁、机加铰链接头以及作动器复合接头上,采用了性能优良尤其是淬透性极好的 7050 - T7451 材料替代传统的 7075 - T6 材料,使承载能力大幅度提高。

升降舵壁板材料采用 2024 - T3 包铝板,使用金属胶接工艺粘接加强板。

4) 传力分析

作用在升降舵上的载荷主要包括:气动载荷、结构惯性载荷、作动器载荷等。对应于以上各种类型的载荷,升降舵结构需具备相应的强度和刚度性能。

升降舵上气动载荷的合力形成弯矩和剪力,通过蒙皮和梁传递至铰链接头。同时,升降舵前梁、肋、壁板形成多闭室盒段以剪流的形式传递扭矩至铰链接头。载荷最终在铰链接头处叠加,通过六个铰链点以集中力的形式传递至水平安定面。因此,在各铰链接头对应区域进行补强,以降低该区域的应力水平。对于局部而言,气动力在升降舵表面产生吸力。此时,前梁和肋支撑蒙皮,维持气动外形。

升降舵需要承受自重产生的平行于其铰链轴线的惯性载荷。此载荷大小为升降舵自重的 18 倍,通过位于升降舵中部的 3 号铰链接头将其传递、扩散至升降舵盒段。

作动器发出的集中载荷通过升降舵作动器接头传递扩散至前梁、上、下壁板及肋。因此,在作动器接头对应区域进行补强,以降低该区域的应力水平。

3.3.3　垂直安定面

1) 概述

垂直安定面结构为典型的全金属单块式悬臂梁结构,主要由主承力翼盒、前缘组件、后缘舱、翼尖前缘和翼尖整流罩 5 部分组成,如图 3.119 所示。翼盒前梁在 20%、后梁在 55%的等百分线上。壁板由蒙皮和长桁组成,8 根长桁平行于后梁布置。在垂直安定面根部前、中、后梁插入机身与机身尾段斜框固定连接。

2) 结构形式

主承力翼盒是垂直安定面中按损伤容限准则设计的单块式盒形梁用以传递由全动平尾、方向舵、飞行气动力和惯性力等在垂直安定面上引起的全部弯矩、剪力、扭矩。主承力翼盒主要由左右壁板、前、中、后梁、平尾转轴叉式接头、平尾驱动器螺杆下支点"Y"形接头和包括端斜肋在内的共 11 个翼肋组成。

垂直安定面壁板由蒙皮、长桁与局部加强垫板组成。长桁、中梁缘条、内前梁、内后梁为带凸缘的 Z 字形挤压型材,平行于后梁布置。因为垂直安定面处于发动机的喷流锥形扩散区内,属于声疲劳区,为了提高壁板抗声疲劳的能力,蒙皮、加强垫板之间采用胶接连接,加强垫板也设计成齿形板。在上部有两个开口,供平尾操纵螺杆的安装和维修用。同时,在顶部还有一个开口,是盒段装配的施工通道,如图 3.120 所示。

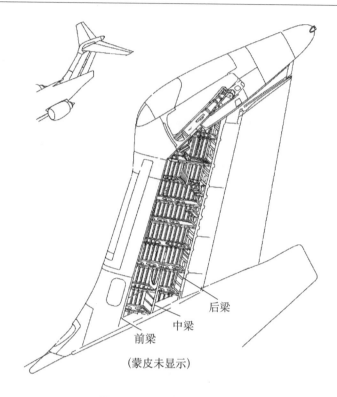

图 3.119　垂 直 安 定 面

图 3.120　垂 直 安 定 面 壁 板

　　前、中、后梁均为缘条、腹板和加强支柱组成的铆接结构,它们的下部伸入机身尾段,缘条和机身的斜框相连接。前梁缘条由"T"字形挤压型材机加而成,下端伸入机身与机身斜框相连,上端与端斜肋和加强肋交汇并连接到一起,组成翼箱的骨架。后梁缘条由截面较大的挤压型材机加而成,下端伸入机身,与斜框相连。在上端为"工"字形,与双叉耳相连,往下是类似于"T"字形截面。腹板在应力偏大的部位局部加强。后梁缘条顶部"工"字形的部位,两侧为双层钢板组成的双耳叉,与平尾接头的单耳片相连。双层钢板结构是根据破损安全原则而设计,双层钢板的下端逐渐削薄,是因为结构件传递集中力有一个逐渐参与的过程,这样的设计对提高疲劳寿命贡献较大,如图3.121所示。

图3.121 垂直安定面盒段内部结构

整个翼盒共布置11个肋。除端斜肋外,1♯～10♯肋垂直于后梁布置,由于后掠影响,第1♯、9♯、10♯肋为半肋,其余肋为完整翼肋,其中第4、7、9♯肋为普通翼肋,包括端斜肋在内的其余8个肋为加强翼肋,8♯肋带有平尾螺杆支撑接头,如图3.122所示。

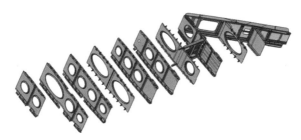

图3.122 垂直安定面盒段肋

翼尖前缘为固定结构,该区域结构的功能不仅要维持外形,还要起到防鸟撞和传递平尾侧向载荷的作用。主要构件由辅助梁、转折前梁、斜肋和翼尖顶组成。转折前梁的缘条为"T"字形的挤压型材,腹板为机加件,辅助梁缘条用挤压型材经机加制成,蒙皮为化学铣切蒙皮,在此蒙皮的外表面装有不锈钢滑轨,与水平安定面前缘上的滑轮装置相接触,传递水平尾翼的侧向载荷,如图3.123所示。

翼尖整流罩为可拆卸结构,前部支承在翼尖前缘上,后部连接在后梁顶部。拆装平尾和操纵螺杆时可以卸下。它的纵向构件有上、中、下纵梁和长桁,横向用隔板维持整流罩外形。翼尖整流罩的尾部呈双曲度并收缩的截面,其中有11个垂直安装的隔板。蒙皮和隔板之间采用锯齿形加强垫板,以减少蒙皮上的应力。在翼尖整流罩的尾部装有频闪灯,如图3.124所示。

图 3.123　垂尾翼尖前缘

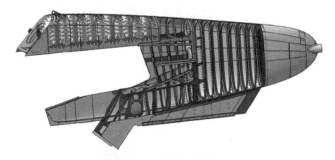

图 3.124　垂尾翼尖整流罩

　　垂直安定面前缘组件由背鳍和可卸前缘组成。背鳍分为上部背鳍和下部背鳍。上部背鳍由蒙皮、前缘梁和隔板组成。后部与前梁相连,下部通过前缘梁下端的接头和机身框相连。前缘梁位于 1.045 5% 等百分线上,接头为机加件,缘条为钣弯件,腹板上的大开口是冲压空气管的通道。上部背鳍左侧设有开口和口盖,用于安装维护高频天线耦合器。高频天线耦合器通过支座连接在垂直安定面前梁腹板上,并与背鳍隔板相连。下部背鳍的正前方设有供空调设备引气用的冲压空气进气口,内设有冲压空气管安装管组件,与冲压空气管系统相连,如图 3.125 所示。可卸前

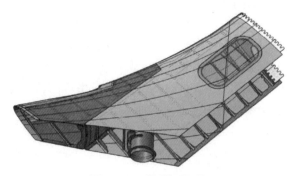

图 3.125　背　鳍　结　构

缘由玻璃纤维复合材料制造的 L 形高频天线、玻璃纤维复合材料隔板及三块铝合金蒙皮组成。上与翼尖前缘，下与背鳍，后与前梁缘条用托板螺母相连。在可卸前缘下前方设有开口和口盖，供安装和维修高频天线馈电点用。

在垂直安定面后梁之后布置了后缘舱结构。垂直安定面后缘舱是铝合金铆接结构。它是由蒙皮、可卸盖板、15 个肋以及 3 个过渡接头组成，如图 3.126 所示。

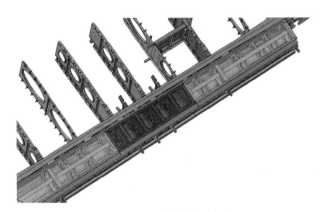

图 3.126　垂尾后缘舱

3) 材料与工艺

垂直安定面主承力零件的材料选用，避免单独追求高静强度许用应力的思想，以确保安全、可靠、高寿命为准则，努力选用已经实际飞行验证具有高断裂韧性、高抗应力腐蚀性和低裂纹扩展速率的材料。

垂直安定面壁板采用 7475 - T761 包铝板，蒙皮、加强垫板之间采用胶接连接。前、中梁采用 7150 - T77511 铝合金型材机加，腹板采用 7075 包铝板。后梁缘条使用 7050 - T7451 厚板机加，腹板使用 2024 包铝板。肋主要采用 7075 铝合金制造。

4) 传力分析

垂直安定面承受水平安定面传来的集中力及各载荷工况下垂尾自身的受力。在主承力翼盒顶端，由后梁、端斜肋、8♯肋和左右壁板等组件组成的盒形三角梁固持在主承力翼盒的顶端。飞行时，由平尾引起的载荷以集中力的方式通过接头 1 和接头 2 施加到盒形三角梁上，并为反力 R_1、R_2、R_3 和 R_4 所平衡。通常 80%～90% 的平尾载荷作用在垂尾后梁的两个叉耳上，通过尖部的三角形梁架传至垂直安定面。10%～20% 的平尾载荷作用在垂尾和螺杆作动器连接的叉耳上，该力分成两个方向：一个沿展向，通过三角区蒙皮传至壁板上，产生正应力，另一个沿弦向，使垂直安定面产生弯矩。平尾作用到盒形三角梁上的集中载荷经盒形三角梁转换为弯矩、剪力和扭矩，直接作用到主承力翼盒上，并会同方向舵，翼尖整流罩和垂直安定面等引起的铰链力、气动力和惯性力等载荷，一起被主承力翼盒以悬臂梁弯曲、剪切、扭转和拉压的方式传至机身,获得平衡。垂尾安定面根部的前、后梁插入后机身斜框。为提高垂直安定面根部壁板效率,增加了中梁。尽可能将正应力分散传至后机身斜框,如图 3.127 和图 3.128 所示。

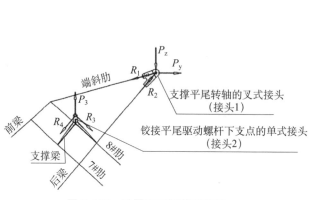

图 3.127　垂尾和平尾载荷传递

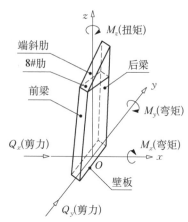

图 3.128　垂尾盒段受力分析

3.3.4　方向舵

1）概述

方向舵通过安装在梁上的 3 个铰链接头和 3 个组合接头与垂直安定面连接。主要结构由壁板、梁、端肋、铰链接头和操纵接头、后边条等组成,如图 3.129 所示。

2）结构形式

方向舵结构主要由左右壁板、梁、上下端肋、铰链接头和操纵接头等组成,采用了夹层结构壁板、单梁、中间无肋的整体化的结构布局。左右壁板与梁及下端肋通过高锁螺栓连接。左右壁板在后缘通过灌封点进行连接。在方向舵后缘共有两排紧固件。第一排位于左右壁板蜂窝区,通过蜂窝灌封处理并使用内置后缘衬套和螺栓的形式连接左右壁板。第二排位于方向舵最后端,使用铆钉连接左右壁板及铝合金后边条。除接头、后边条等少数零件的材料为金属材料外,其余零组件均为复合材料构件。梁、上下端肋为碳纤维层压结构,左右壁板为碳纤维面板和 NOMEX 蜂窝芯组成的蜂窝夹层结构。梁是纵向受力构件,在梁腹板上有 5 个工艺孔供装配及维修接头用,在工艺孔的一侧布置支柱起加强作用,在梁上装有 4 个供方向舵安装及维护用的起吊角片以及 3 个铰链接头和 3 个电控作动器组合接头。如图 3.130 所示。

3）材料与工艺

方向舵主要结构如壁板、梁、端肋采用 T300 级碳纤维复合材料制造。梁、肋均为碳纤维单向带/环氧层压结构。壁板为碳纤维织物/环氧面板和 Nomex 蜂窝芯组成的蜂窝夹层结构。复合材料构件采用热压罐高温固化。

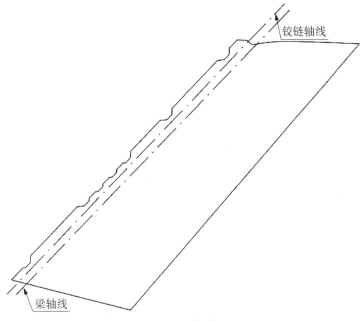

图 3.129 方向舵结构布置

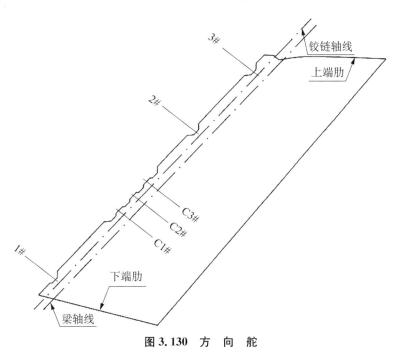

图 3.130 方 向 舵

4) 传力分析

方向舵需要承受气动力和作动器发出的集中力。壁板是气动载荷的受体及传导者。左右壁板在前缘受梁的支撑,上下端受端肋的支撑,在后缘相互支撑,每块壁板可视为受分布气动载荷四边简支的板。操纵力来自作动器,作动器在力学上可视为二力杆,操纵力的方向沿作动器轴线方向,操纵力的大小可根据操纵力矩与铰链力矩平衡这一关系中确定。找出这两个力作用线的交点,由力的矢量三角形可得到第三个即铰链接头上的支反力的大小与方向。操纵力与铰链反力都通过各自耳片孔中心。作用在每个操纵接头上的集中载荷,按平行力系的分解方法分解到梁轴线与左右壁板平面的两个交点上,然后再按汇交力系的分解方法把载荷传给梁腹板和左右壁板。用同样的方法也可把铰链接头上的力传给梁腹板和左右壁板。所有接头上的载荷都是通过高锁螺栓传给梁腹板与壁板的,由于壁板上来自操纵接头和铰链接头上的载荷方向相反,沿弦向很快就互相抵消了。铰链接头离操纵接头越近,所需扩散力的抵消区域就越小,壁板上相应增强的区域也就越小。此外,方向舵、升降舵及其支承结构设计除考虑气动载荷、操纵载荷外,还要考虑平行于铰链轴作用的惯性载荷,此惯性载荷考虑为单独作用而不与其他状态的载荷相组合。当可能有几个铰链来承受上述载荷时,应将载荷均分给各个铰链。

3.4　吊挂

1) 综述

吊挂部段特殊设计要求如下:

(1) 处于高温环境下的吊挂材料应当能耐高温和耐腐蚀。

(2) 与吊挂相连接的发动机安装架也应设计成能经受火焰和发动机产生的高温。

(3) 吊挂结构中应设置纵向、横向防火墙和系统穿墙密封件或分离接头,将发动机火区与机身隔离,并且使吊挂与短舱之间也相互隔开。防火墙应不漏光、不漏气,并能经受 1 094℃火焰 15 min 仍能维持其结构功能。

(4) 吊挂结构中应有卸压措施,以在规定的整个飞行包线内,当最严重的引气管爆裂和外部气动载荷组合作用的情况下,可防止结构产生永久变形。当发生上述爆裂后,除卸压口盖外,吊挂的其他零组件不应脱离飞机。

(5) 吊挂中应有排水通路和密封措施,使水排出机外而不流入发动机。

(6) 吊挂内部应通风,能排除任何可能易燃的烟雾。

(7) 吊挂下壁板上应为系统设置维护口盖。

(8) 发动机与吊挂的连接部位需考虑热膨胀和位移变形。

(9) 发动机短舱与吊挂之间不可固定连接,要允许相互间可相对滑动。

2) 结构布置

尾吊飞机吊挂为与机身固定相连的盒形梁结构形式,用来悬挂安装发动机,并将发动机的载荷向机身传递。

　　吊挂结构由前缘、中央承力段和后缘三大部分组成。前、后缘主要功能是气动维形和考虑系统安装确定的,中央盒段为主要承力结构,一般是前梁、后梁、封闭肋、普通(开口)肋以及上、下壁板构成的盒形梁结构。与动力装置的连接主要由吊挂前、后梁外侧接头与发动机安装系统接头之间通过抗拉螺栓和剪切销,实现了吊挂与动力装置的连接,也为动力装置向吊挂的载荷传递提供了条件,与机身连接通过前、后梁分别插入机身对应的加强框位置,与框腹板固定连接。

　　典型飞机吊挂中央盒段主要是由前、后梁和前、后梁之间的一个中间墙以及上、下蒙皮组成的一个盒形梁式结构。它通过前、后梁以及上、下壁板上的角材固接在机身上。发动机连接在前梁和后梁的接头上,如图 3.131 所示。

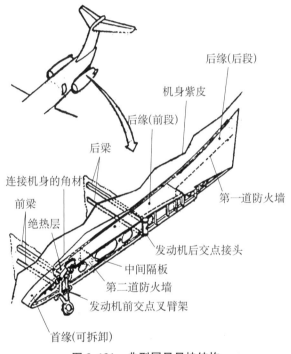

图 3.131　典型尾吊吊挂结构

　　吊挂前梁是一钢质叉形接头,内侧插入机身,连接在加强框腹板上,若安装隔振器,则在前梁外侧端部连接一个叉臂架,以连接发动机的前安装点。若不安装隔振器,则由吊挂前梁外侧的耳片接头与发动机前安装架耳片之间用两个螺栓相连接。后梁可由上、下两根钛合金缘条和钛合金的腹板组成,梁缘条的内侧插入机身,连接在机身加强框的腹板上。与前安装点相类似,外侧作为发动机一个后安装点也有软、硬两种连接形式。钛合金的中间墙也是发动机吊挂的主要受力骨架之一,它通过柔韧的隔板与机身相连。另外,吊挂前、后梁之间的上、下壁板连接于吊挂的主要结构的骨架上，并通过安装在机身侧壁上的钛合金角材与机身相连。这就形成了吊挂的主要受力结构系统。

短舱理论外形、短舱（包括进气道、风扇段舱门、反推力装置）形式以及短舱和发动机在飞机上安装位置。

（1）吊挂理论外形（包括与短舱、机身相互位置关系）。

（2）发动机安装系统与吊挂前梁、后梁连接点（A点、B点）以及连接形式。

（3）发动机短舱与吊挂的安装形式、铰接点/固定点位置。

（4）吊挂载荷状态（其中包括载荷系数与受载情况）、传力路径及与机身连接方式，并按此作为吊挂强度分析的依据。

新支线飞机吊挂结构前缘位于前梁站位之前，后缘位于辅助梁之后，中央承力段位于前梁与辅助梁之间。吊挂的前、后缘为辅助结构，由蒙皮、肋、隔板等构成；前缘由前、后两段组成。中央承力段为主要结构，它是由前梁、后梁、辅助梁和封闭肋、V型件、普通（开口）肋以及上、下壁板构成的盒形梁结构，如图3.132所示。

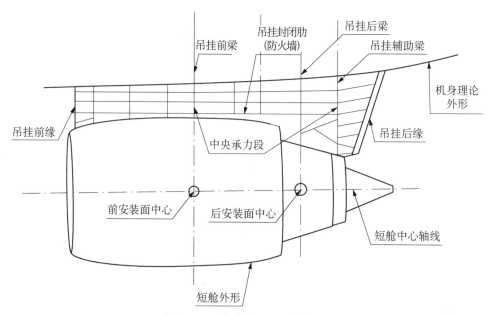

图3.132　新支线飞机吊挂布置

吊挂与中后机身的连接是通过如下两条途径实现的：

（1）前梁、后梁、辅助梁及6号铰链加强件分别插入机身对应的加强框位置，与框腹板固定连接。

（2）用上、下钛合金角材分别与吊挂上、下蒙皮壁板和机身蒙皮相连接。

吊挂与动力装置的连接主要由吊挂前、后梁外侧接头与发动机安装系统接头之间通过抗拉螺栓和剪切销,实现了吊挂与动力装置的连接,也为动力装置向吊挂的载荷传递提供了条件,如图 3.133 所示。

短舱通过安装于吊挂封闭肋的铰链座 H1、H2、H5、H6 悬挂在封闭肋上,如图 3.134 所示。

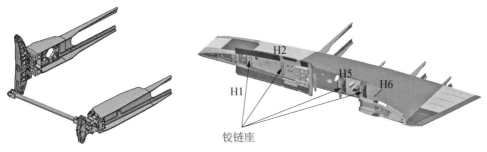

图 3.133　吊挂与发动机连接　　　　　　图 3.134　短舱与吊挂的连接

3) 结构形式

新支线飞机吊挂结构由前缘、中央承力段、后缘组成,结构形式如图 3.135 所示。

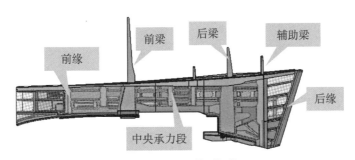

图 3.135　吊　挂　结　构

前缘基本结构由纵向骨架与横向隔板通过角材连接而成,蒙皮分为多块,上蒙皮基本为固定,下蒙皮大部分为可卸,以便内部系统安装、拆卸与维修。

前缘结构内部通过的系统管路有发动机防火系统灭火导管、电缆、燃油系统管路、液压能源系统导管、发动机起动导管、反推力液压系统导管。

中央承力段是吊挂的主要结构,由前梁、后梁、辅助梁、封闭肋、普通肋、x 向的隔板、V 型件及其上、下蒙皮组成。吊挂前、后梁通过其外侧的接头,与同发动机机匣连接的安装架用抗拉螺栓与剪切销连接,实现了 CF34 - 10A 涡扇发动机动力装置产生的载荷向吊挂传递,是吊挂的主传力结构,如果失效将会对飞机的安全产生严重影响,所以为全机的关键件。

前梁、6 号铰链加强件、后梁和辅助梁分别与机身四个加强框腹板固定连接。

封闭肋除了是中央承力段的主要承力结构外,还起着防火墙的作用,将吊挂与动力装置隔离开。固定在封闭肋上的 H5 和 H6 铰链座在风扇叶片破裂 FBO 工况时,会有较大的载荷传入,因此在铰链座对应处设置两个 T 型件,如图 3.136 所示。

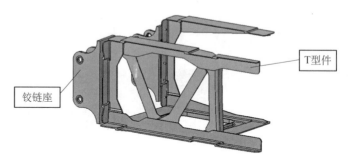

图 3.136　H5 及 H6 加强件

考虑到系统安装、拆卸、维护以及工艺的需要,在中央承力段下蒙皮上开设了4 个口盖。1 号口盖不仅用于系统管路和附件的安装和维护而且还作为卸压口盖;2 号口盖为空气管理系统预冷器的排气口,为了避免飞机在大迎角飞行时排气口排气效率不高,在此处设置了排气隔栅;3 号和 4 号口盖考虑到处于高应力区而且拆卸次数有限,所以设计成承力口盖,如图 3.137 和图 3.138 所示。

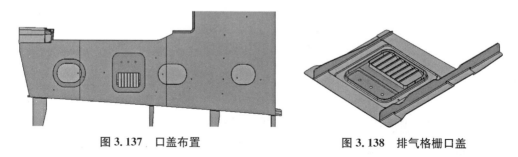

图 3.137　口盖布置　　　　　　　图 3.138　排气格栅口盖

后缘为吊挂的辅助结构,主要功能是与前缘、中央承力段一起共同形成完整的纵向空气动力翼型。后缘结构主要由上、下蒙皮,纵向 7 根肋以及后边缘处槽形件等主要结构件组成,如图 3.139 所示。

4) 材料

前缘前段靠机身一侧的结构主要采用铝合金材料,靠短舱一侧的结构采用钛合金材料,在与机身和短舱密封处的内外挡板和通风口组件采用的是不锈钢材料,后段主要采用钛合金材料,与风扇段舱门密封的金属密封组件、卸压口组件和通风口组件采用的是不锈钢材料,卸压口组件采用钛合金材料。

吊挂上、下蒙皮,前、后梁选用 Ti-6Al-4V 退火状态。

图 3.139 后 缘

封闭肋上、下缘条采用疲劳性能良好的 17 - 4PH 耐蚀钢制成。

后缘边缘处的槽形件和整流蒙皮材料均为钛合金 Ti - 6Al - 4V,内部肋以铝合金为主。

新支线飞机吊挂主要零部件材料状态如表 3.9 所示。

表 3.9 吊挂材料

部件名称	组件名称	主要零件名称	材料
吊挂前缘	吊挂前缘前段	蒙皮(靠近机身)	2024
		隔板	2024
		蒙皮(靠近短舱)	Ti - 6Al - 4V
		骨架	Ti - 6Al - 4V
		挡板	302
	吊挂前缘后段	蒙皮	Ti - 6Al - 4V
		卸压口盖	Ti - 6Al - 4V
		航向肋	Ti - 6Al - 4V
		通风口	Ti - 6Al - 4V
		封闭肋	17 - 4PH 固溶
吊挂中央盒段		前梁	Ti - 6Al - 4V
		后梁	Ti - 6Al - 4V
		辅助梁	Ti - 6Al - 4V
		V 型件	Ti - 6Al - 4V
		加强件	Ti - 6Al - 4V
		封闭肋	17 - 4PH

（续表）

部件名称	组件名称	主要零件名称	材料
吊挂后缘		蒙皮（靠近机身）	2024
		蒙皮（靠近短舱）	Ti-6Al-4V
		肋（靠近机身）	2024
		肋（靠近短舱）	Ti-6Al-4V

5）传力分析

新支线飞机发动机安装系统由前、后安装架及推力杆组成，它们与吊挂前、后梁外侧接头用螺栓及剪切销连接，以实现动力装置向吊挂的载荷传递。

为了提高发动机安装系统的安全可靠程度，安装系统采用损伤容限准则设计，另外发动机前、后安装节还设计成破损安全结构，即每条主传力路径上备有破损安全传力路径，在正常使用情况下，主传力路径和破损安全传力路径共同传递载荷，当主传力路径失效的情况下破损安全传力路径还可以传递载荷。

发动机的前安装接头传递垂直载荷、横向载荷和扭矩；发动机后安装接头传递推力、垂直载荷和横向载荷。

吊挂前梁仅传递垂直载荷、横向载荷和扭矩，不传递推力；发动机推力通过推力杆传至发动机的后安装接头，再传至后梁。后安装接头至后梁与封闭肋交点之间有很大的力臂，因推力作用，在此交汇处会产生一很大的弯矩，使该部位在结构布置上会发生困难，传力十分不利。为此，在原吊挂结构布置方案中曾布置了一根从后梁安装接头处至前梁与机身侧面相交处的斜肋，以传递推力。后来发现，该斜肋会"打断"布置在中央承力段内的肋、隔板之类的加强构件，使之结构不连续，并且妨碍了中央承力段内系统管路的安装。为此，现行方案中，取消了该斜肋，而是布置了一根同机身加强框腹板相连接的辅助梁，另外还布置了与后梁、辅助梁均相连接的V型件。吊挂前梁、后梁、辅助梁、V型件以及上下蒙皮使得其间的吊挂中央承力段部分构成了盒形梁结构。从发动机推力杆传递到吊挂后梁的推力载荷在V型件与辅助梁连接处分解，一部分通过封闭肋传递到吊挂的其他蒙皮以及吊挂的前梁，通过盒形梁以剪流形式传递到机身，另一部分通过辅助梁及连接在其周边的蒙皮将载荷传入机身，如图 3.140 所示。

吊挂主要设计工况如下：

（1）FBO 工况。

FBO 载荷是指发动机风扇叶片因鸟撞、冰雹或者是疲劳等原因发生断裂而脱落所引起的载荷。

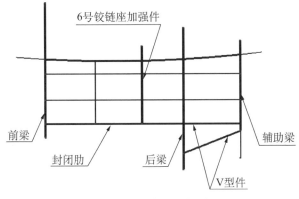

图 3.140 传 力 路 线

（2）规定载荷。

规定载荷是指一组动力装置重心处的载荷系数及相应的发动机推力要求作为正常情况设计载荷包线。该规定载荷包括一套限制载荷和一套极限载荷。

（3）意外工况。

意外工况主要是指包括管道爆裂等情况在内的意外载荷。

（4）飞行包线内的动载荷、静载荷和地面载荷。

动载荷有动态突风载荷、动态着陆载荷、动态滑行载荷；静载荷主要有各种飞行载荷；地面载荷包括三点起飞滑跑、两点滑行刹车、三点滑行刹车、急刹车、左转弯、右转弯、前轮侧偏、绕左主起落架的回转情况、绕右主起落架的回转情况、倒行刹车、起飞滑跑的组合载荷。

（5）发动机的垂向 $1g$ 惯性载荷。

（6）吊挂局部气动载荷。

6）工艺性

前梁和后梁是吊挂的重要传力构件，用锻件毛坯机加制成。由于它们的内侧分别插入机身的两个加强框位置，与框腹板平面用高锁螺栓连接，外侧与发动机安装架之间采用抗拉螺栓与剪切销连接接头形式，其尺寸及位置精度要求很高。

机身、吊挂、发动机短舱这三个独立部件分别有各自的坐标系，而且吊挂又有前缘向上 3°的安装角，短舱轴线则有向上偏转 3°、向外偏转 1°的安装要求。此外，前、后安装接头螺栓、剪切销呈多点安装、协调形式。这些都给保证发动机与吊挂前、后梁的正确安装带来困难。此外，在封闭肋邻近前、后梁位置处有防火墙、密封件及多种系统管路通过，又有为安装风扇段舱门和反推力装置的铰链座等，保证这些构件、部件之间的协调也将是装配工艺方面的难点。

在设计时，需要考虑如下工艺问题：

（1）吊挂前梁与后梁上的孔是在零件状态下加工到最终尺寸还是在总装配时

加工到最终尺寸。

（2）采用硬（实体）标工还是软（数字化）标工，以保证前、后梁与发动机安装架之间的多孔高精度协调问题。

（3）数控机床的加工能力，能达到的尺寸及形位公差量值。

3.5　舱门

舱门是民用飞机机身中重要且特殊的运动部件，为人员、货物进出以及设备维护、维修提供通道，因此舱门不仅要实现可靠的开启关闭，保证密封，维持机身外形及结构的完整性，在飞行中不会意外打开，甚至需要参与机身传力；客舱舱门在应急时刻还要能够快速可靠的开启，为乘客提供应急撤离通道。在飞机上布置满足如此多功能要求的舱门就需要复杂的机构和先进的机构设计，同时飞机舱门作为人机交互的重要界面，还需要满足空乘，机组人员及地面维护人员对于舱门的使用性能要求，这是飞机舱门设计在顶层需求定义方面有别于机体其他结构的重要区别，也对于舱门设计提出了更高的要求。

新支线飞机舱门的设计依据主要包括：总体要求、舱门设计技术要求和适航要求。其中总体功能要求是针对用户的最低功能要求，来自新支线飞机的总体设计技术要求，总体功能要求规定了新支线飞机所有舱门的布置区域，舱门开口大小及功能需求等基本要求；舱门设计技术要求是行业及企业的设计规范，是飞机设计改进与运营问题反馈互相迭代前进所积累的舱门设计经验，对于指导舱门的细节设计至关重要；适航条款要求是舱门设计的最低安全性要求，来自适航文件规定。

针对大型商用客机舱门的适航要求，美国适航局颁布的 FAR25 与欧洲的 CS25 以及中国的 CCAR25 部要求相近，但存在细微差异性，其中 CS25 的要求更为严格，其针对舱门主条款的咨询通报 AC25.783 规定最详细、最严格，建议选用 AC25.783 作为符合标准进行舱门的设计，新支线飞机舱门的适航性介绍可以参见本书相关章节。

有关舱门的设计规范，行业内普遍遵循美国汽车工程师协会（SAE）发布的航空器设计规范中针对应急出口以及操作的要求，该文件的要求分为两种：一种是强制性要求，不满足该要求被认为是不适航的；另一种是非强制性要求，该要求为建议条款，满足这些条款可使舱门的使用性能更佳，航线运营使用更具竞争力。

新支线飞机全机舱门中，属于增压区承受增压机身内部载荷的舱门有登机门，服务门、左/右后应急门和前、后货舱门；驾驶舱左右侧的通风窗因属于飞行机组的应急撤离通道，也列入增压区舱门；驾驶舱门作为飞行机组所在的驾驶舱与乘客所在的客舱之间的通道门，虽位置处于增压区，但并不承受增压载荷。非增压区的舱门有 RAT 舱门，前起落架舱门，电子/电气设备舱门，主起落架舱门，后设备舱门和

APU 舱门,如图 3.141 所示。

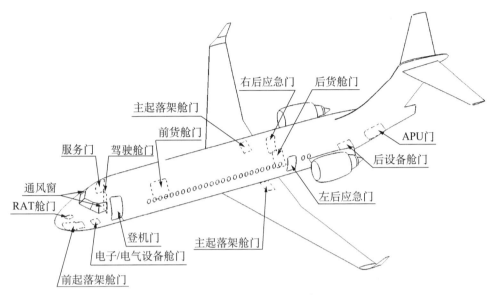

图 3.141 新支线飞机舱门布置

登机门、服务门和左/右后应急门作为应急出口,设计要求高于其他舱门。飞机单侧应急出口的大小及数量决定了应急情况下整个飞机客舱的撤离能力,因此飞机的最大载客数决定了应该在客舱设置几个应急出口以及每个应急出口的大小。适航文件中,对于应急出口的大小及对应的应急撤离能力有严格定义,从大到小,共定义了 A>B>C>Ⅰ>Ⅱ>Ⅲ 六种不同大小的应急出口。新支线飞机的登机门、服务门和左/右后应急门均属于Ⅰ型开口,为与客舱地板齐平的开口,具有宽不小于610 mm、高不小于1 220 mm、圆角半径不大于203 mm的矩形开口,该型应急出口附近的最大许可乘客座椅数为45,新支线飞机单侧两个Ⅰ型应急出口,最大载荷数为90人。

满足应急撤离需求仅是应急出口大小的最低要求,新支线飞机的登机门为乘客正常登机的主要通道,为了保证登机过程的舒适性,对于登机门的宽度和高度都进行了加大设计,宽度增大到接近 800 mm,高度增大到接近 1 900 mm,可以保证大部分乘客无须弯腰即可进出客舱。这也从侧面印证了适航规定仅是飞机设计的最低要求,要设计乘客愿意坐的飞机,必须不断纳入对于舒适性的顶层设计要求。

3.5.1 登机门

大型民用客机客舱登机舱门不仅是飞机中功能复杂,安全性高,适航约束多的部件,而且作为飞机中经常使用的,且机组人员经常操作的部件,其设计好坏直接影响运营人和旅客对于飞机的体验。

与飞机上其他结构部件不同,登机舱门的开启形式几经更迭。目前,主流大型商用客机的登机舱门主要有三种运动形式的开启方式。

(1) 内收外翻式:波音公司在 B707、B717、B727、B747 和 B757 上均采用了内收外翻式的登机舱门,该类登机舱门的打开过程如下:舱门初始运动为向内并扭转一定角度,之后向外翻转打开约 180°,舱门完全打开后,舱门外蒙皮与机身蒙皮相近,如图 3.142 所示。

图 3.142   内收外翻式登机舱门打开过程

(2) 提升平移外开式:从 B777 开始,包括最新的 B787 飞机,波音公司采用提升平移外开式的设计,如图 3.143 所示。

图 3.143   平移外开式登机舱门打开过程

平移外开式开启方式如下:舱门初始运动向上提升,然后向航向前方平移打开。空客家族的所有飞机登机舱门均采用了此类提升加平移外开的开启形式。

(3) 向上收缩形式:B767 飞机采用向上收缩形式的登机门,如图 3.144 所示。舱门的打开过程为向上划入客舱天花板,留出净开口空间。该型舱门占用客舱空间,并且滑梯包布置在机身上,占用机身空间,因此波音公司仅在 B767 飞机上采用此型舱门。

以上三种类型的舱门因其装备的波音公司和空客公司各型商用飞机的成功,均

图 3.144　B767 登机舱门打开过程

在其服役期间被证明是满足适航和客户双向需求的优异设计。

新支线飞机登机舱门是类似于 B737 登机门的开启形式,登机门为先向内再向外开启的"堵塞式"舱门,即舱门完全关闭状态,舱门在机身上的投影面积大于门框开口,因此舱门外开过程需要首先向内内收扭转,减小舱门在机身上的投影面积,随后才能从门框开口转出。

登机门的结构部分由盆型件、横梁、纵向隔板、内外蒙皮组成,如图 3.145 所示。盆型件是登机门整体受力的框架结构,由 4 块铝板制成的钣金件拼合而成。在盆型件内布置有 8 根横梁和 2 排纵向加强隔板,其中横梁由铝板钣弯制成,纵向隔板也由铝板钣弯制成。各钣金件之间采用铝钣弯角材互相连接。横梁的两侧装有连接止动块的接头,由不锈钢机加制成;横梁承受的气密载荷通过止动块传给门框结构。外蒙皮是整张铝板;内蒙皮由 4 块不等的铝板拼接而成。

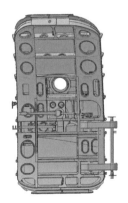

图 3.145　登机门结构

登机门的运动机构布置在机构框架内。舱门关闭时,门结构通过机构驱动由内向外推出,使位于密封线上的门利用舱内外的压力差牢靠地压在门框结构上,通过一组止动块将舱门上的气密载荷传至门框上,然后再传到周围的加强结构及蒙皮上。密封组件安装在舱门结构四周边缘部位。铰链一端铰接在门框结构上,另一端铰接在舱门结构上。上下合页结构在舱门关闭位置时打开,封闭舱门上、下空间,实现上、下部位的气密;在舱门开启时向内翻折,降低舱门上下高度,使之小于门框开口高度,舱门可进出门框开口,如图 3.146 所示。手柄机构用于操纵舱门的开启和关闭操作。锁闩导轨机构在开启舱门完成侧身运动时,维持舱门向内扭转的轨迹。在舱门关闭状态,锁闩机构将舱门锁定在关闭位置。舱门处于完全打开位置时,阵风锁机构将舱门锁定在最大打开位置,防止地面突风载荷使舱门晃动,对进出人员产生伤害。

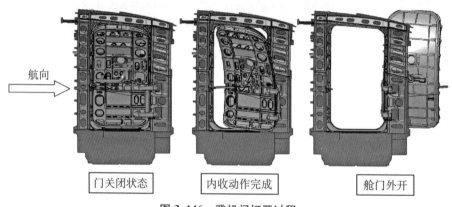

航向

| 门关闭状态 | 内收动作完成 | 舱门外开 |

图 3.146 登机门打开过程

3.5.2 服务门

新支线飞机服务门位于登机门的对侧,正常情况下用作客舱服务通道,为客舱服务(垃圾清除、配餐等)提供人员和物品进出通道,应急情况下兼做 I 型应急出口,为乘客及机组人员快速撤离飞机提供应急撤离通道。

通用的惯例为将服务门设计成与登机门关于飞机中面完全对称,这样可最大限度提高两扇舱门的零组件共通性,降低设计、制造及后期航线维护的成本。新支线飞机的服务门与登机门同为堵塞式舱门,开启形式类似,但舱门大小不相同,虽然同为适航规定的 I 型应急开口,但登机门开口尺寸为 780 mm×1 828 mm,服务门则为692 mm×1 226 mm。新支线飞机服务门未设计成与登机门对称,是考虑新支线飞机机身直径小,两侧均设置登机门大小的应急开口,对于机身强度影响较大,补强的重量会大幅增加,所以在共通性和人员及配餐进出的舒适性上做出了牺牲,使服务门仅满足 I 型应急出口的大小要求。

服务门能够从飞机内、外部分别通过内、外手柄打开,在打开到最大开启位置后,有机构可以将舱门锁定在最大打开位置,该机构是为了防止地面突风载荷将打开的舱门重新关闭,对进出人员及配餐等造成损伤,如图 3.147 所示。服务门关闭到位后可通过闩机构锁定在关闭位,承受飞行过程中机舱内部的最大压差。

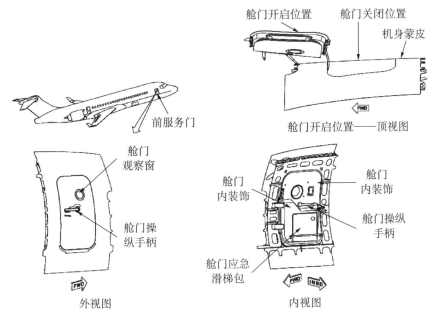

图 3.147　服 务 门

服务门主要由舱门结构、机构、观察窗和密封组件等组成,如图 3.148 所示。

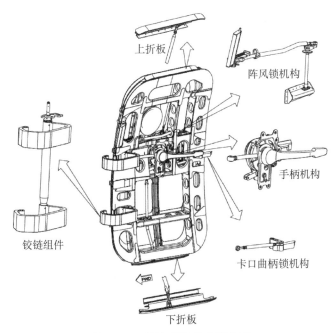

图 3.148　服务门机构主要组成

　　舱门结构是由内外蒙皮、盆型件、横纵梁,外手柄盒以及密封挡件等铆接而成的铝合金结构。外蒙皮为一整块铝合金薄板;内蒙皮分为 5 块,未构成舱门内部封闭,便于结构铆接和机构安装、拆卸。舱门内蒙皮及横、纵梁组件上预留了舱门内装饰及滑梯包安装的紧固件位置。这些由铝合金钣弯铆接而成的横、纵梁组件与内、外蒙皮,盆型件等构成了坚固的半封闭结构,可有效地承受气密载荷,通过前后各 4 个止动块将舱门上的气密载荷传至机身门框结构,铰链臂将舱门悬挂在门框结构上,并为操作机构提供了安装支持。

　　服务门的主要组成及各部分的对应功能如表 3.10 所示。

表 3.10　服务门组成和功能

机构名称	功　能　描　述
铰链组件	将舱门悬挂在门框结构上,使舱门绕门框转轴转动,并可绕门上的转轴转动,完成舱门的打开和关闭
手柄机构	用于开启、关闭舱门,将上、下折板机构、铰链组件的运动关联协调,共同完成舱门的开启、关闭动作
上、下折板机构	用于舱门的上下部密封。当舱门关闭后,上、下折板展开顶起密封带保证舱门上下部密封。当开门时上、下折板先收缩,使上、下密封带远离门框密封挡件,并降低舱门上下高度,使舱门能顺利由门框开口转出
阵风锁机构	将门锁定在最大打开位置
卡口曲柄锁机构	共同确保舱门内收扭转运动的轨迹,并确保舱门关闭后上闩

3.5.3　应急门

　　目前主流的干线和支线飞机都将应急出口设置在机翼上,新支线飞机在球面框之前左、右侧,地板以上对称布置两个 610 mm×1 220 mm,转角半径 150 mm 的 I型应急门。该出口在应急情况下可以撤离乘客,并且后舱布置厨房的情况下,可以作为后厨房餐车及服务人员进出的通道。

　　后应急门主要由舱门结构、舱门机构、观察窗和密封件以及安装在门框上的铰链、锁窝及止动块等零部件组成,如图 3.149 所示。

　　舱门结构是由 5 根横梁、2 根纵梁、组合围框及内、外蒙皮铆接而成的铝合金封闭盒式承力结构。围框的前、后边布置有舱门 5 组止动块接头组件,每组止动块接头组件与 1 根横梁相连。后应急门在飞机飞行过程中仅承受气密载荷,不参与机身总体传力,舱门结构将分布气密载荷转化为舱门止动接头组件的集中力传给机身结构。另外,布置有两处短梁进行局部加强,设置有外手柄盒及机构安装支座。

　　后应急门设计为铰链铰接外开式舱门,设置内外操纵手柄,可单独在飞机内部或外部进行开启和关闭。应急门的打开过程分为两步,首先为垂直于地板方向的提

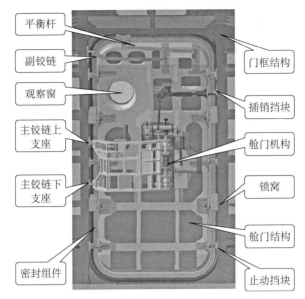

图 3.149 应 急 门 组 成

升过程,主要为使门上的止动块避开门框上的止动块,然后逆航向平移外开,关闭过程相反。

3.5.4 货舱门

货舱门为货物进出货舱提供进出通道,新支线飞机有两个货舱,以主起舱为分界,分为前货舱和后货舱,如图 3.150 所示。

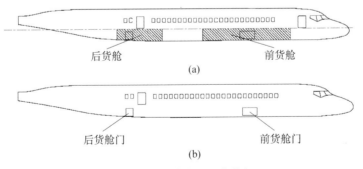

图 3.150 新支线飞机货舱门

前后货舱分别布置有前后两个货舱门,均为堵塞式舱门,舱门向内部开启,结构及机构方案类似,主要区别为开口尺寸及后货舱门外蒙皮上有翼身整流鼓包延伸过来的整流蒙皮。

一般地,民用飞机采用外开式货舱门,如图 3.151 所示,先手动操作手柄对舱门进行解闩和解锁,然后手动向外向上或操作助力机构将舱门打开至最大位置。货舱门外开的优势非常明显,货舱门外开可以最大限度让出开口空间,允许较大的货物进出货舱,提高了飞机货舱的使用效率及装卸货物的效率。

图 3.151　外开式货舱门开启方式

尽管外开式货舱门优势明显,但其对于舱门机构的设计提出了很高的要求,需要防止舱门在各种飞行工况下都能始终保持在关闭位置,而不会在空中发生意外打开的故障。

内开的堵塞式货舱门机构设计简单,并且增压载荷下意外打开的可能性非常低,所以在机型上也有不少运用,新支线飞机前、后货舱门为内开堵塞式舱门。

新支线飞机前、后货舱门由舱门结构组件、机构组件、接近开关支架、收放阻尼器、密封组件和上位锁接头等组成,货舱门通过上部铰链臂悬挂安装在货舱结构上,开启时向内打开,有收放阻尼器提供助力作用,最大打开位置时由上位锁机构将舱门锁定在最大打开位置,关闭舱门前先通过转动舱门外手柄解开上位锁,关闭后有闩机构将舱门固定在关闭位置,货舱增压后,内外压差将货舱门牢固地压在门框上,前、后货舱门三维结构如图 3.152 和图 3.153 所示。

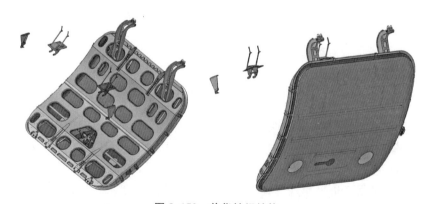

图 3.152　前货舱门结构

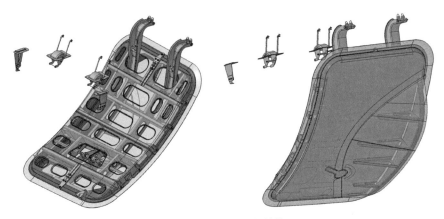

图 3.153 后货舱门结构

前、后货舱门不参与机体总体传力,除满足强度要求外,主要满足刚度要求。客舱及货舱增压时,货舱门上将承受增压载荷。在货舱门内布置了横纵梁组件,与内外盆型件一起形成门的骨架,骨架内外表面覆盖舱门的内外蒙皮,保证货舱门具有足够的刚度承受气密载荷。在门和门框一周圈布置了相应的止动钉和止动块,将门上分散的气密载荷通过止动钉与止动块以集中载荷的形式传到门框结构上。

3.5.5 通风窗

新支线飞机机头两侧各布置一个通风窗,该扇可以活动的窗户主要为驾驶舱机组人员提供应急情况下的撤离通道。应急情况下通过操作手柄解锁通风窗,通风窗可延航向后侧滑动让出出口,逃生绳储藏在通风窗上部,可以使用逃生绳从通风窗下到地面上,如图 3.154 所示。

新支线飞机通风窗开口尺寸为 483 mm×508 mm,具有防鸟撞能力等适航性要求。通风窗可从内部打开和关闭,并能锁定在最大打开位置,及满足强度、刚度和密封性等要求。

新支线飞机通风窗由通风窗组件、滑轨、机外开锁机构等组成,如图3.155所示。上部为短的上滑轨,下部为长的下滑轨,三个滚轮和一个导块镶在滑轨内,四把钩子锁锁在窗框的锁柱上,关闭位置由手柄锁锁住,由打开位置锁锁住在完全打开位置。

通风窗主要承受气动力、气密载荷以及飞鸟撞击等载荷作用;气密载荷和鸟撞载荷是通风窗的主要载荷工况。通风窗关闭位置由内部压紧在窗框上,通过窗与窗框结构的一周接触将通风窗的增压载荷传递至窗框结构上。鸟撞载荷作用在通风窗上,由通风窗机构上的四把钩子锁与锁柱的配合通过集中力传递至窗框机身结构。

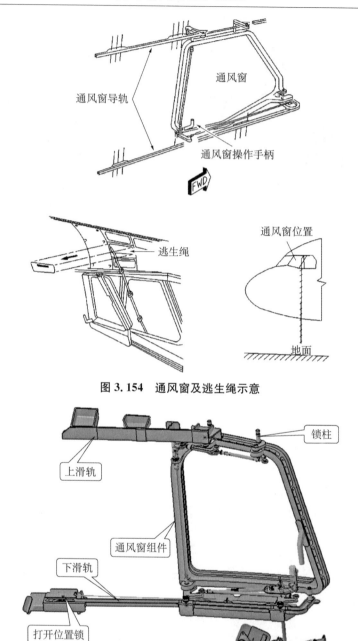

图 3.154　通风窗及逃生绳示意

图 3.155　通风窗结构和机构

3.5.6　RAT 舱门

新支线飞机 RAT 舱门及位于机头右侧下壁板处,如图 3.156 所示,为 RAT 系统提供保护,维持飞机机头外形的完整性。

新支线飞机 RAT 舱门为金属蜂窝夹层结构,由铝合金的
内外蒙皮、铝蜂窝芯以及加强垫板构成,如图 3.157 所示。
RAT 舱门分别通过前、后鹅颈接头安装于机身壁板上,可绕
在门框上的转轴旋转,RAT 舱门的运动受连接于 RAT 上的
连杆控制。连杆由钢制成,上端通过 U 型接头与 RAT 连接,
下端通过关节轴承与 RAT 舱门连接。正常情况下,上位锁将

图 3.156　RAT 舱门

RAT 锁住,RAT 通过连杆使 RAT 舱门保持关闭状态;紧急情况下上位锁释放,作
动筒向外推动 RAT,驱动连杆将 RAT 舱门顶出,当 RAT 向外转出至完全放下位置
时,RAT 被锁住,RAT 舱门也由连杆固定。

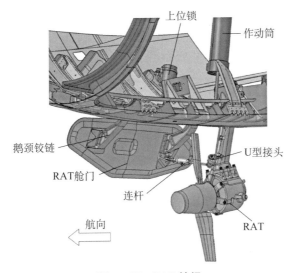

图 3.157　RAT 舱门

RAT 舱门是预变形结构,目的是为了缓解舱门在气动载荷作用下向外变形。
舱门的设计外形不同程度地陷入机身理论外形,越靠航向前方预变形程度越大,这
与舱门在气动吸力作用下的变形有关。

3.5.7　电子/电气设备舱门

新支线飞机电子/电气设备舱门(以下简称 E/E 舱门)是电气/电气设备舱的维
护通道,位于机头正下方腹部,在前起落架舱门后侧,如图 3.158 所示。

E/E 舱门结构主要由盆型件、内蒙皮、外蒙皮、框板、铰链接头和舱门密封组件
组成,如图 3.159 所示,机构主要由内手柄、外手柄、舱门轴、锁销和限位机构组成。
通过操作内外手柄使锁销缩回,然后即可打开舱门,舱门向内打开,并可由限位机构
锁定在最大打开位置。E/E 舱门主要承受气密载荷,不参与机身总体传力。气密载

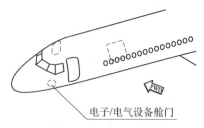

图 3.158　E/E 舱门

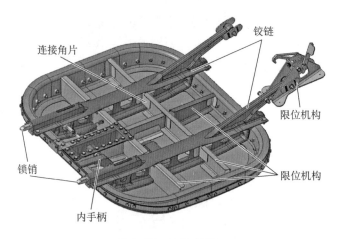

图 3.159　E/E 舱门

荷通过止动块和止动钉之间的集中载荷传递至门框机构。

3.5.8　后设备舱门

新支线飞机后设备舱门设置在后机身球面框之后的机腹位置,净开口尺寸为 900 mm×700 mm,处于机身非气密区。

后设备舱门为后部设备舱维护提供通道,用于安装、维护后部设备舱的设备。为了满足使用维护要求,舱门通过快卸锁固定在关闭位置。舱门向外向前开启,打开后通过舱门铰链臂和撑杆固定在最大打开位置。后设备舱门结构主要有外蒙皮、横纵长桁、铰链臂和撑杆组成,舱门通过快卸锁锁定,如图 3.160 所示。

3.5.9　APU 舱门

新支线飞机 APU 舱门位于后机身的左下侧,如图 3.161 所示,主要用来维护和安装 APU,当 APU 系统发生可燃液体泄漏时,APU 舱门的设计必须能将可燃液体安全排出飞机;在发生最严重的可燃液体着火情况下,APU 舱门还必须具备防火的功能。

APU 舱门主要有单扇和双扇两种设计,单扇舱门开启扫掠空间大,站在维修平台上的舱门操作者需要进行躲避操作,而且单扇布置的 APU 舱门对撑杆提出了更高的要求,因此单扇舱门重量较大;双扇对开的 APU 舱门对于对接区域的锁定和密封提出

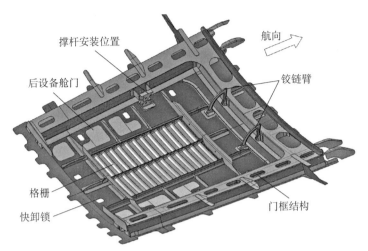

图 3.160 后设备舱门

了更高的要求,新支线飞机采用单扇开启形式。

新支线飞机 APU 舱门结构主要由内外蒙皮、边框、肋、连接板等组成,如图 3.162 所示。APU 舱门不参与机身总体受力,主要承受气动和应急着陆的载荷,通过两个鹅颈铰链及四处插销锁将门所受惯性、气动等载荷传递至门框结构。APU 舱

图 3.161 APU 舱门

门前后分别设计有折叠式撑杆,打开 APU 舱门后可自动锁定长度,将舱门保持在最大打开位置,并能承受地面突风作用在舱门上的载荷;同时 APU 舱门设计有排液通路,可以将 APU 系统泄漏的可燃液体排出至飞机外部;并且针对 APU 舱的防火要求,APU 舱门内蒙皮为钛合金成型钣金件,可以防止火焰烧穿。

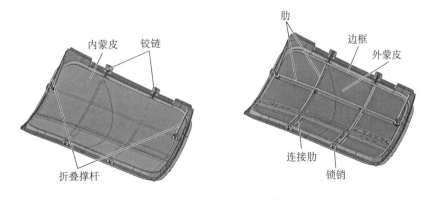

图 3.162 APU 舱门结构

3.5.10　驾驶舱舱门

自 9·11 事件之后,美国航空管理当局对于适航文件进行了修订,要求所有大型民用客机必须配备驾驶舱门,该舱门具备防子弹穿透的能力,并有严格的控制开启逻辑,可以防止未经许可的人员进入驾驶舱。

新支线飞机驾驶舱舱门位于机头区域,在厨房和电源中心之间,如图 3.163 所示,主要为驾驶舱人员提供保护,防止未经许可人员进入驾驶舱。

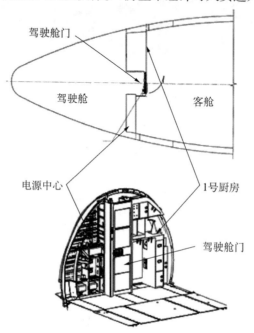

图 3.163　驾驶舱舱门

新支线飞机驾驶舱舱门组件由门组件、锁定系统、门支撑结构等组成,如图 3.164 所示。

驾驶舱舱门的结构框架采用高强度蜂窝夹层板组成,内含防弹纤维,可以抵御 300 J 能量的冲击或子弹撞击。门组件上设计有卸压板和卸压板锁,当快速失压导致客舱压力大于驾驶舱压力时,将启动压力传感机构释放锁,打开卸压板。也可手动按下释放按钮,用于卸压板锁的维护,或按下按钮并且拆除板轴销可以打开卸压板并用作紧急出口。驾驶舱舱门设计有电磁锁和密码板,通过电路逻辑控制可以使许可人员进入驾驶舱,并能防止非许可人员暴力强行进入驾驶舱。

3.5.11　起落架舱门

新支线飞机的前起落架舱门位于机头下方,如图 3.165 所示。

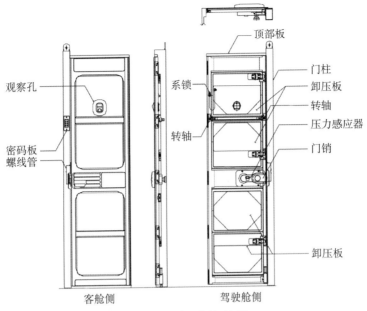

图 3.164 驾 驶 舱 舱 门

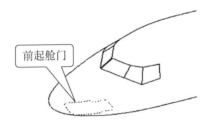

图 3.165 前起落架舱门

　　前起落架舱门由前舱门、后舱门组成,而前、后舱门又分别由左右对称的两个舱门组成,即共有四个舱门,如图 3.166 所示。前、后舱门均通过琴键铰链连接在机身壁板结构的铰链支座上。前起落架舱门不参与机身总体受力。又由于前起落架舱为非气密区,因此前起落架舱门不承受增压载荷,而主要承受飞行中的气动载荷以及前起落架放下时的侧风载荷。

　　新支线飞机主起落架舱门布置在主起落架舱,如图 3.167 所示,主要由上舱门、中舱门和下舱门三部分组成。主起落架舱门主要在空中承受下翼面气动载荷,同时在起飞降落时承受主起落架附近的气动载荷。

3.6 起落架

1) 设计要求

起落架是民用飞机与地面接触的唯一部件,为飞机地面运行和着陆时提供缓冲

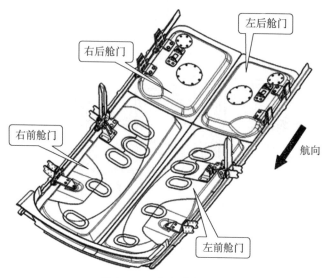

图 3.166　前起落架舱门

图 3.167　主起落架舱门

和吸收冲击能量,并且能够控制飞机的地面运动方向和刹停飞机。

新支线飞机起落架的设计要求总体要求、起落架功能和系统完整性等 3 个方面的要求。其中总体要求来自新支线飞机的总体设计技术要求,规定了新支线飞机起落架的接地点位置、总体布局、使用寿命、重量、与机体的安装接口、收放形式、起落架舱包线、系统架构、驱动能源形式、系统功能接口等要求。起落架功能要求主要是指起落架顶层功能的要求,如支持飞机起飞/滑行、地面运动、着陆、刹车、转弯、收放驱动、稳定性、控制与指示、维护维修等功能。起落架的功能要求与适航要求相关的,在功能要求中考虑适航要求并在型号认证时予以验证。起落架系统完整性要求主要涉及起落架子系统关键性、功能失效危害性、闪电防护、高强度辐射场防护、安全性分析等方面的要求。根据总体要求、功能要求和系统完整性要求,最终形成起落架系统设计规范和起落架结构设计规范。

2) 结构布置

新支线飞机起落架采用常规前三点式布局,前起落架为单支柱双轮起落架,向前收入前起落架舱内。主起落架为单侧撑杆单支柱双轮起落架,向内收入主起落架舱内。前起落架和主起落架都是支柱式,收放机构采用二维收放形式,起落架舱门与起落架随动。如图 3.168 所示。

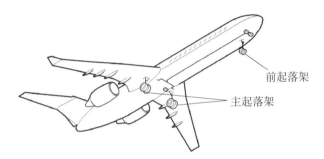

图 3.168　起落架结构布置

前起落架安装在机头下方前起落架舱内,其中支柱主接头、阻力杆和舱门连杆机构通过轴销安装在前起舱两侧的侧壁上,如图 3.169 所示。主起落架安装在机翼下方,其中支柱通过前、后交点转轴安装在主起落架安装接头上,侧撑杆安装在侧撑杆梁下方,如图 3.170 所示。

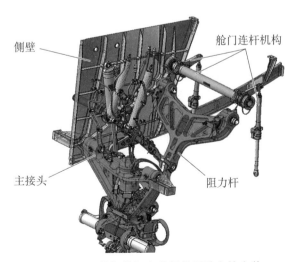

图 3.169　前起落架在前起舱侧壁上的安装

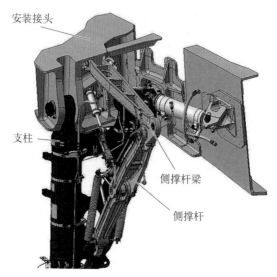

安装接头

支柱

侧撑杆梁

侧撑杆

图 3.170　主起落架在机翼上的安装

3）材料

新支线飞机起落架结构上使用的材料均符合国际现行有效的标准，材料性能参数符合相应材料标准。材料都是经过航线飞机长期使用或经过试验证明在各种不同载荷情况和环境下适用性和耐久性好的成熟材料。如主起支柱外筒与内筒均选用 4340 钢，轮轴材料为 300M 超高强度钢，前起外筒、阻力杆、主起侧撑杆均选用 7175 铝合金。此外刹车碳盘为碳碳复合材料，轮胎则使用了橡胶、尼龙、钢等材料。

4）传力分析

新支线飞机起落架在停放、滑行和着陆时承受飞机地面载荷，载荷通过机轮和轮轴传递至起落架支柱，再通过起落架安装接头处的轴销将载荷传递至机体结构。起落架缓冲器为单腔油气式缓冲器，能够吸收大部分着陆瞬间的冲击能量，利用气弹簧和阻尼油孔将动能转化为热能。

起落架的收放机构需要克服气动载荷和重力收放起落架，起落架的收放作动筒使用液压油驱动，工作压力为 3 000 psi，能够输出数吨的推拉力，通过推拉起落架支柱，将起落架收起和放下。舱门上的气动载荷较大，通过一套连杆机构传递到起落架支柱上，作动筒在驱动起落架结构的同时，不仅要克服起落架本身的气动载荷和重力，也需要克服起落架舱门上的气动载荷。

5）工艺性

起落架零组件制造需要用到一些常规的工艺过程，如起落架支柱内筒、外筒、轮轴、撑杆、机轮等通过模锻方式得到锻件，再通过机加和热处理等工序完成。对表面要求耐磨、配合精度要求较高的零件如内筒、作动筒活塞杆等表面镀硬铬处理。使用铝合金制造的高承载零件表面还需要做喷丸强化处理。为了防腐，使用高强度钢制造的零件表面使用镀镉或钝化等表面处理工艺,使用铝合金制造的零件表面使用铬酸阳极化工艺。

起落架在供应商组装成成品件形式,通过接受检验测试合格之后由飞机主制造商接受,完成机上安装。在起落架机上安装阶段,需要使用起落架安装小车夹持起落架支柱,将其与机体结构对接,之后安装轴销、紧固件等。起落架支柱安装完成之后,需要测量其垂直度、倾斜、侧偏等角度,确保起落架安装符合技术要求。

3.6.1　主起落架

主起落架分为左右主起落架,主要承受来自地面的载荷,用于飞机起飞滑跑、着陆滑跑和支撑飞机,同时还具有缓冲着陆撞击、地面刹车以及主起落架的防摆功能等。

主起落架为双轮、支柱式起落架,安装于机翼根部后缘区的主起支撑接头上,可向内侧收入机翼机身的主起落架舱内。每个主起落架各有两个碳刹车主轮,起落架放下时,侧撑杆和锁撑杆伸直使起落架处于完全放下位置,侧撑杆和锁撑杆均有一个过中心的挠度,使起落架锁住在放下位置。起飞后,当起落架收到收起信号时,主起落架向内、向上收起到主起落架舱内,同时侧撑杆折叠,随即三个舱门关闭。为了避免机务维护时误操作使起落架收起,起落架安装了地面锁销进行保护。

主起落架包括如下部件,如图 3.171 所示。

（1）缓冲支柱。

（2）侧撑杆。

（3）锁撑杆。

（4）下位锁弹簧。

（5）收放作动筒。

（6）下位锁开锁作动筒。

（7）舱门连杆。

主起落架缓冲支柱是主起落架的主要承力构件和重要的连接件,主要承受地面传来的三个方向的载荷,并通过缓冲支柱和机轮轮胎组件来吸收飞机起飞滑跑和着陆的冲击能量。缓冲支柱和机轮轮胎一起

图 3.171　主起落架部件组成

组成主起落架的缓冲系统。主起落架缓冲支柱由外筒、活塞杆(也称内筒)、轮轴组件、扭力臂和减摆器等组成,如图3.172 所示。活塞杆和轮轴组件均采用高抗拉强度的合金钢制造,轮轴由螺栓固定于活塞杆下端。扭力臂由 4340 钢模锻制成,由上、下扭力臂组成,在上、下扭力臂之间装有减摆器。外筒由钢料模锻机加而成,其

上设有与机翼上主起接头相连的前、后主转轴，与侧撑杆和上扭力臂的连接接头，以及两个轮载传感器。外筒是构成缓冲支柱的主要组件之一。缓冲支柱上还设有用于顶起、牵引、吊起、三角测量和接地等接口结构。

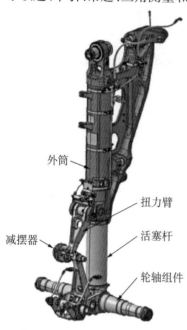

外筒

扭力臂

减摆器

活塞杆

轮轴组件

图 3.172　主起缓冲支柱构成

起落架缓冲器为常规单腔油气分离式缓冲器，上腔为油腔，充填 MIL－PRF－5606 液压油（MIL－H－5606）；下腔为气腔，充填标准氮气。由于飞机航线运营的需要，起落架的工作环境温度差异较大，一般要求在－40～55℃，起落架都能够正常发挥功能。新支线飞机缓冲支柱能够在－40～55℃环境下工作，在高寒和高热环境温度下，起落架缓冲支柱的氮气腔弹性是不同的：寒冷环境下氮气腔偏软，而炎热环境下氮气腔偏硬。在飞机重量和重心相同的情况下，缓冲支柱镜面高度会差异很大，但只要在设计许用限制范围之内，飞机都可以正常起飞、着陆。

缓冲支柱内外筒之间设有密封装置，主要是为了防止水进入缓冲支柱和活塞杆内部，并使缓冲支柱内部压力保持在高压状态。缓冲支柱采用了主封圈和备用封圈，安装在外筒的卡槽内，与活塞杆表面相接触并存在相对运动。封圈材料为丁腈橡胶，具有密封性、耐磨性和良好的抗老化能力。当主封圈失效导致缓冲器外泄漏时，通过切换阀将备用封圈切换至工作状态。备用封圈和主封圈构型、材料、性能完全相同，使用备用封圈不会导致缓冲器密封性能下降。在缓冲器密封圈下方是下轴承，作用是提供为内外筒相对滑动运动提供支撑，轴承部位需要注入油脂润滑，以降低内筒镀铬面与下轴承内表面的相对摩擦。在对减震支柱外筒注油嘴加注润滑脂时，会观察到绿色油脂从外筒与内筒镜面接缝处挤出。

减摆器安装在上、下扭力臂的交点处，结构如图 3.173 所示。减摆器的主要用途是为了减缓在高速滑行和重刹车时外筒和活塞杆之间的振动，防止主起落架摆振。减摆器上有用于检查减摆器内部油量的观察窗。

侧撑杆是主起落架的重要受力构件，也是收放机构的运动构件之一，如图 3.174 所示。在起落架放下时，侧撑杆伸

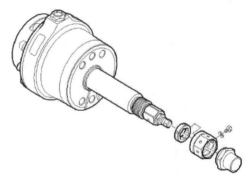

图 3.173　主起落架减摆器

直使缓冲支柱保持在放下位置。在起落架放下位置,侧撑杆主要承受侧向载荷。侧撑杆上端与机身相连,下端与支柱相连。侧撑杆由上、下侧撑杆组成,上侧撑杆和下侧撑杆之间由螺栓相连。锁连杆也连接在此螺栓上。

图 3.174　主起落架侧撑杆

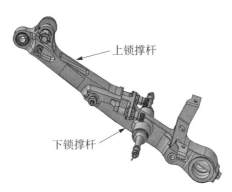

图 3.175　主起落架锁撑杆

主起落架锁撑杆机构用于将主起落架固定在放下位置。锁撑杆由上、下锁撑杆组成,如图 3.175 所示。当起落架放下和侧撑杆处于伸直状态时,在正常放下和应急放操作时下位锁机构在不需要液压系统的任何帮助下能够上锁。每个下位锁机构包括两个下位锁弹簧。在收上过程中,锁撑杆由开锁作动筒打开。锁闭位置由下位锁保持弹簧保证,使起落架保持在放下位置。

主起落架(简称主起)收放作动筒为双腔作动筒,由外筒、活塞杆、液压管组成,如图 3.176 所示。主起收放作动筒活塞杆一端连接在主起转轴上,筒体一端连接在中央翼后梁上。主起收放作动筒活塞杆伸出时,主起落架收起,主起收放作动筒活塞杆缩进时,主起落架放下。在主起收放作动筒放下管嘴端设置有节流阀式缓冲装置,用于在收上行程末段减小作动筒的冲击。

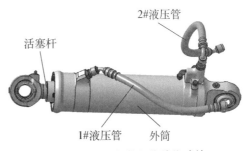

图 3.176　主起落架收放作动筒

3.6.2　前起落架

前起落架(简称前起)用于吸收飞机着陆时的地面冲击载荷并在停机滑行和着陆时支撑飞机,固定于前起支柱下方的牵引销可用于地面牵引飞机。前起落架设置有前、后舱门各两个。前起落架机轮没有刹车装置。但收上后,在前起舱内装有摩擦止转板可以使机轮停止旋转。前起落架上还装有一个滑行灯和两个着陆灯。前起落架安装有常规的双机轮,在两个下位锁保持弹簧的作用下,锁连杆有一过中心挠度,把阻力杆锁定在收上或放下位置,使起落架的放下和收起状态得以保持稳定。

前起落架由如下部分组成,如图 3.177 所示。

(1) 缓冲支柱(包括转弯机构和机轮、轮胎)。

(2) 阻力杆和锁连杆机构。

(3) 舱门连杆。

(4) 收放作动筒。

(5) 开锁作动筒。

(6) 上、下扭力臂。

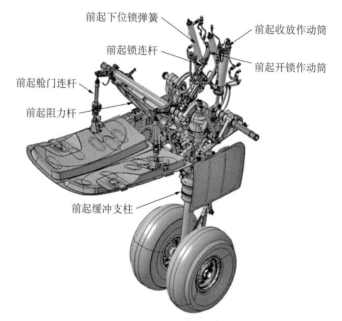

图 3.177　前起落架组成

缓冲支柱是起落架的主要承力构件和重要的连接件,主要承受地面传来的各种载荷,并通过缓冲器和机轮轮胎组件来吸收飞机起飞滑跑和着陆的冲击能量,使作用于飞机结构的载荷降低到允许的水平。

前起落架缓冲器有一个由锻铝制造的外筒,内部是由油腔和氮气腔组成的油气式缓冲器。被压缩的氮气位于缓冲器下端,油液位于缓冲器上端,充填 MIL - PRF - 5606 液压油(MIL - H - 5606)。由于飞机航线运营的需要,起落架的工作环境温度差异较大,一般要求在 $-40\sim55℃$,起落架都能够正常发挥功能,与主起落架类似,缓冲支柱镜面高度和压力对应关系在不同温度环境下,有明显区别。

前起缓冲支柱外筒与活塞杆(内筒)分别连接上扭力臂与下扭力臂,上扭力臂连接在外筒下方旋转卡箍的耳片上,下扭力臂与活塞杆下端耳片相连。通过它将操纵扭矩传给活塞杆,进而驱动机轮转向。上、下扭力臂以及连接螺栓均由 4340 钢制成。在缓冲器活塞杆下端顺航向看的后方安装有扭力臂,用于传递扭矩。固定于活塞杆上的上凸轮与固定于外筒下端的下凸轮组合组成起落架的纠偏机构,在前起落架收起时,由于缓冲器充气压力的作用使上凸轮和下凸轮啮合,使机轮保持在正确的航向位置上(中立位置);同时也保证了在前起落架放下时机轮对正航向。当缓冲支柱压缩到一定位置,上、下凸轮完全脱开。前起油气式缓冲器内部有动态密封和静态密封。缓冲器内部还有两个密封胶圈。

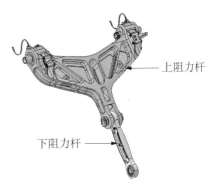

图 3.178　前起落架阻力杆

阻力杆和锁连杆机构使前起落架保持在收起和放下状态。阻力杆由上阻力杆和下阻力杆组成,上阻力杆和下阻力杆之间由螺栓相连,如图 3.178 所示。上阻力杆由锻铝制造,用两个销铰接于机身侧壁板上,下阻力杆由结构钢制造,通过一个轴销铰接于前起外筒上。

前起落架锁机构主要由上锁连杆和下锁连杆两部分组成,上锁连杆和下锁连杆中间由螺栓连接。锁连杆机构连接于阻力杆和机身上。上锁连杆上端由一个万向接头与机身上的接头连接,并与撑杆锁保持弹簧以及开锁作动筒相连,下端和下锁连杆上端连接。下锁连杆上端装有传感器标靶机构,下端与阻力杆的中间螺栓相连,如图 3.179 所示。

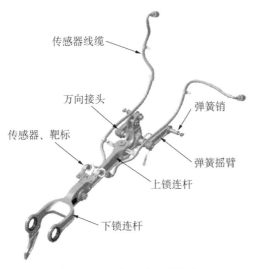

图 3.179　前起落架锁连杆

　　前起落架收放作动筒外筒是一个钢制的外筒,其内装有活塞杆和活塞。在外筒的两端用螺纹连接有头盖和轴套螺母。作动筒的两端分别与机身座舱气密地板下的作动筒接头和缓冲支柱上的双耳相连。

　　该作动筒的汽缸被一个可移动活塞分成上下两个腔,在液压源的作用下实现起落架的收起和放下。活塞杆伸长,起落架放下;活塞杆收缩,起落架收起。为了安装固定作动筒,在作动筒两端分别有一个关节轴承,其中,活塞杆端头的轴承是一个关节球形轴承,另一端头的轴承是一个自润滑关节轴承,如图 3.180 所示。

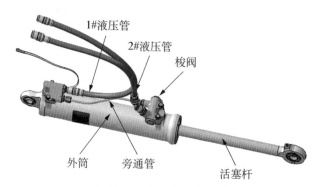

图 3.180　前起落架收放作动筒

　　前起落架开锁作动筒外筒是一个钢制的外筒,其内装有活塞杆和活塞。在外筒的两端用螺纹连接有头盖和轴套螺母,如图 3.181 所示。在前起落架收上时,在作动筒行程末段设有节流阀式缓冲装置,用于减缓作动筒的冲击。该作动筒的汽缸被一个可移动活塞分成上下两个腔,在液压源的作用下实现起落架的开锁和上锁。活塞杆伸长,起落架开锁;活塞杆收缩,起落架上锁。为了安装固定作动筒,在作动筒两端分别有一个自润滑球轴承。

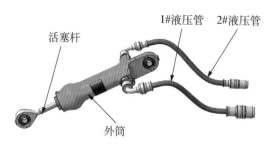

图 3.181　前起落架开锁作动筒

　　前轮转弯功能是通过安装于前起落架缓冲支柱外筒底端的齿轮齿条运动机构来实现的,如图 3.182 所示。齿轮齿条的有效转弯角度约为 ±66°,当机轮转弯角度超过此角度范围时,齿轮齿条自动脱离,当机轮返回到 ±66° 的范围时,该机构又重新啮合,起转向作用。在转弯过程中,有减压阀保护该齿轮齿条驱动系统避免出现过载。

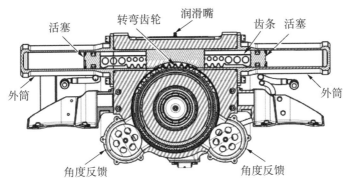

图 3.182 前起落架转弯机构

飞机共有 6 个机轮轮胎,其中前起落架上有 2 个机轮轮胎,每个主起落架上有 2 个机轮轮胎。飞机主机轮为碳刹车主机轮。

刹车装置为液压驱动的盘式碳刹车,如图 3.183 所示,包括如下部分:

(1)承压盘。

(2)动盘。

(3)静盘。

(4)压紧盘。

(5)扭力板。

(6)刹车壳体组件。

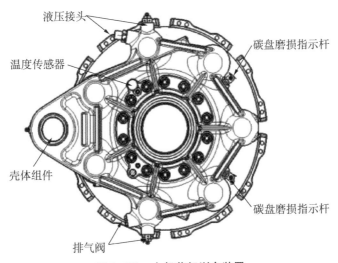

图 3.183 主起落架刹车装置

(7) 磨损指示杆。

(8) 排气阀。

刹车动盘是机轮的重要部件。静盘是刹车拉杆的关键部件,刹车力矩通过刹车拉杆将扭矩传递给飞机。刹车装置通过液压驱动,在正常或应急液压系统间可通过转换阀转换。每个刹车装置含有 7 个活塞自动调隙组件。自动调隙回力机构可通过自动调隙机构补偿由刹车盘磨损引起的间隙增大,保证刹车盘间隙为一定值。液压驱动活塞向压紧盘移动。接着压紧盘将静止的静盘和承压盘压向转动的动盘组件,同时自动调隙回力机构的螺盖向前移动,回力弹簧被压缩。此时,动盘和静盘、压紧盘、承压盘之间产生摩擦力矩。当液压释放后,在回力弹簧作用下很快释放动、静盘之间的接触,保持正常间隙。

主起落架机轮规格为 40.0 in×14.0 in。结构形式为两个铝锻件对开式半轮毂,中间通过对接螺栓连接。包括内外两个半轮毂、轴承、轴承密封、热库、传动键、轮胎充气活门、过压保护阀、热熔塞(3 个)以及对接螺栓、螺母、垫圈等,如图 3.184所示。主轮胎为常规斜交帘线无内胎轮胎,用于吸收飞机着陆缓冲能量和提供摩擦阻力。充气活门、过压保护阀均安装在外轮毂上。热熔塞安装在内轮毂上,用于防止轮胎因刹车过热爆胎,当温度过高时,热熔塞熔化使轮胎放压。

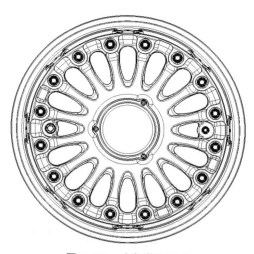

图 3.184　主起落架机轮

前起落架机轮规格为 24 in×7.7 in。结构形式为两个铝锻件对开式半轮毂,中间通过 8 个对接螺栓、螺母连接。包括内外两个半轮毂、轴承、轴承密封、轮胎充气活门、过压保护阀以及对接螺栓、螺母、垫圈等。前起轮胎是Ⅶ型无内胎轮胎。外轮毂上安装有充气活门和过压保护阀。

4 结构设计技术专题

4.1 防腐蚀设计技术

4.1.1 背景

一般地,腐蚀是指金属因环境作用发生化学或电化学反应,导致金属本身发生破坏或某些性能被降低,随着非金属材料的发展,腐蚀的定义也扩展到了非金属,所谓的腐蚀是指一种物质由于环境的作用而发生破坏或变质的现象。

对飞机来说,腐蚀是一种隐秘且危险的破坏力,它是飞机结构的主要损伤形式之一,也是导致飞机结构性能弱化的主要因素之一,其对民用飞机的影响更为严重,它会降低飞机的出勤率,大大增加飞机的使用维护成本,甚至会缩短飞机寿命,危及飞行安全。

过去的几十年,飞机因腐蚀原因发生过多起事故,其中很多事故都极其严重,甚至造成机毁人亡,如图4.1和图4.2所示。随着科技水平的不断发展,飞机结构的防腐蚀技术也越来越先进,任何机型的防腐蚀体系都不是一成不变的,都会随着科学技术的进步而不断完善,且各机型之间一般都会相互取长补短。虽然各飞机制造商的防腐蚀体系有差异,但在防腐蚀方法上往往是殊途同归。

外场的使用经验表明,造成飞机结构故障的主要原因是疲劳和腐蚀,同时疲劳又往往与腐蚀有关,所以腐蚀是造成结构损坏的一个很重要的原因。

飞机结构腐蚀造成的损失是难以用数字估量的,它直接危及飞机的可靠性、安全性和使用寿命。例如,1982年9月一架日航的某型客机满载旅客在上海虹桥机场降落时冲出跑道,造成事故,后经查明其直接原因是飞机紧急刹车高压气瓶内壁产生应力腐蚀裂纹而爆破所致。1988年4月28日,美国阿洛哈航空公司一架民用客机大块飞机壁板在夏威夷上空飞掉,造成人员伤亡,其原因是机身蒙皮对接处的结构腐蚀所致。另外,20世纪80年代中期,我国一批某型号飞机由于结构腐蚀而导致提前退役。美国的一位专家曾说:"我们被一些飞机的腐蚀情况大大震惊了,……

图 4.1　飞机因腐蚀疲劳发生事故　　　　　图 4.2　飞机上的结构腐蚀

腐蚀正如炸弹一样降临。"国外一个知名的飞机设计公司曾对仍在航空公司服务的较老喷气式客机进行过一项长时间的内部研究,准备实行陈旧飞机的评价计划,发现了两个严重问题:一是飞机普遍存在腐蚀性破坏;二是有腐蚀性损坏飞机的航空公司似乎更愿意进行费时多、费用又昂贵的修理,而不愿意增加较少数额的费用进行短时间间隔内的日常维护的预防性维修,致使飞机在使用期内长时间处于不断被腐蚀侵害的状态,这些都加速了飞机结构的腐蚀损害,最终引起了大量事故的发生。

　　结构的防腐蚀设计需要从设计、制造、使用、维护、退役这样一个全过程来考虑,虽然结构的腐蚀损伤大多发生在使用阶段,但其产生的原因却孕育于设计阶段,因为设计图纸代表了飞机的固有特性,其耐腐蚀特性从设计图纸定型就已确定。鉴于此,新支线飞机在设计之初就建立了自己的防腐蚀体系,而且在后续的设计、制造和验证阶段,对防腐蚀体系不断地进行了完善。

4.1.2　腐蚀类型

　　飞机腐蚀的类型主要取决于零部件的选材、介质特点(水膜中电解质组分、浓度、温度等)和受力状态(拉、压应力,动、静载荷)。飞机上的主要腐蚀类型有以下几种:点蚀、晶间腐蚀、剥落腐蚀、缝隙腐蚀、接触腐蚀、微动腐蚀、应力腐蚀、氢脆、腐蚀疲劳、微生物腐蚀。

　　(1)点蚀:一种在金属上产生针状、点状、小孔状损伤的局部性腐蚀,属于阳极反应的一种,是一种自催化的过程。

　　(2)晶间腐蚀:是指沿晶粒边界发生并扩展的腐蚀,发生晶间腐蚀的金属外观没有明显变化,但原有的性能弱化,会造成构件突然破坏,有些还会诱发应力腐蚀。

　　(3)剥落腐蚀:晶间腐蚀的一种形式,其腐蚀呈层状的特征。

　　(4)缝隙腐蚀:是指结构中存在特定狭小的缝隙,形成以缝隙为阳极的微电池,导致缝隙内的金属发生腐蚀。

　　(5)接触腐蚀:是指异电位材料接触时产生的腐蚀。

（6）微动腐蚀：是指在环境介质中，紧密接触的受载构件之间由于发生轻微振动或相对运动而导致接触表面出现小坑或细槽的现象。

（7）应力腐蚀：是指构件在特定腐蚀介质中受恒定应力作用而发生脆性破坏的现象。

（8）氢脆：是指金属材料（主要是指中、高强度钢及钛合金）由于氢气进入，在低于屈服应力下产生的延迟破坏。

（9）腐蚀疲劳：是指构件在腐蚀介质和交变载荷的共同作用下发生断裂的现象。

（10）微生物腐蚀：是指由于微生物产生的分泌物对构件的腐蚀。

4.1.3 设计要求

现代的民用飞机设计将结构的腐蚀控制设计与结构设计的其他要求（如疲劳、损伤容限和静强度等）视为同等重要，它是保证飞机使用寿命期内结构完整性的重要内容，是飞机长寿命、高可靠性、好维修性的重要保证，也是确定飞机使用寿命和经济寿命的主要依据。各国民用航空适航法规体系也是从设计、制造、使用、维护直至退役全过程对腐蚀控制和防护提出要求的，例如美国联邦适航条例，英国适航条例，还有中国民用航空适航条例中，都对飞机腐蚀控制有具体要求，从材料到结构都有严格的规定。

中国民用航空规章 CCAR25 部《运输类飞机适航标准》中涉及结构防腐蚀的主要有如下几个方面：

（1）CCAR25.609 结构保护条款提出每个结构零件必须：（a）有适当的保护，以防止使用中由于任何原因而引起性能降低或强度丧失，这些原因中包括气候、腐蚀、磨损；（b）在必须保护的部位有通风和排水措施。

（2）CCAR25.571 结构的损伤容限和疲劳评定条款规定：对于强度、细节设计和加工制造的评价必须证明，在飞机的整个使用寿命期内，将会避免产生由于疲劳、腐蚀或意外损伤而造成的灾难性破坏。损伤容限评价必须包含疲劳、腐蚀或者意外损伤造成的损伤的可能位置和方式。

（3）CCAR25.611 可达性条款指出：为保证持续适航的需要，必须具有适当的措施以允许进行必要的检查（检查包括主要的结构元件和操纵系统）、更换零件、调整以及润滑。在检查间隔时间内，每一项目的检查措施必须切实可行。

4.1.4 设计分区

根据飞机结构的开敞性及结构内部的腐蚀介质情况，可将民用飞机的腐蚀环境分为六大类：

（1）与空气/冷凝水接触，容易接近的干燥区域。

（2）可能有燃油泄漏的区域（包括燃油管路及管路附近的区域）。

（3）易被液压油、润滑油、厨房盥洗室的废液所污染的区域。

（4）冷凝水等液体容易聚集的区域。

（5）不易接近的区域。

（6）易受损的区域。

其中（1）类区域的环境相对较好，（2）类区域次之，（3）～（6）类属于腐蚀环境恶劣的区域。

按飞机机体结构来划分，客舱地板以上的结构的可达性较好，污染源也少，基本处在一般的腐蚀环境中；客舱地板以下，尤其是货舱地板以下，污染源较多，且污染物易积聚，此区域属于腐蚀环境恶劣的区域，防腐蚀设计应该重点考虑，应尽量使腐蚀环境恶劣的区域有良好的可达性，并有针对性地采取表面防护措施和内部排放措施。一般地，在腐蚀环境恶劣的区域，民用飞机结构件选用耐腐蚀的材料，同时施加底漆、面漆、防腐蚀抑制剂及密封剂的组合，如图 4.3 和图 4.4 所示。

图 4.3 设备舱内的防护状态

图 4.4 设备舱内的防护状态

新支线飞机在设计过程中结合自身的腐蚀环境做出了针对性的防腐蚀设计，在腐蚀环境恶劣的部位（如机身货舱底部）使用了双层防腐蚀抑制剂，在环境相对较好的部位（如机身客舱顶部）仅使用底漆保护等，如图 4.5 所示。

4.1.5 结构设计

当前，国内在防腐蚀方面，通过飞机的使用、维护及有关腐蚀信息的不断反馈和分析，已经积累了许多宝贵的经验，形成了一套以材料、密封、涂料和设计技术及工艺制造有效综合的防腐蚀体系。

新支线飞机在设计之初就依据严格的标准建立了自己的防护体系，结构防腐蚀

地板平面

腐蚀环境恶劣的典型区域

图 4.5 新支线飞机结构腐蚀环境分区

设计措施包括选用适当的材料、设计合理的结构形式、限制设计应力、选用完整可靠的防护体系、消除残余应力、减少使用腐蚀敏感性的材料热处理方法、制定可执行性的检查维护程序等。

1) 材料选用

材料的腐蚀特性从根本上决定了结构的耐蚀性能,因此选用合理的材料是新支线飞机结构防腐蚀设计中的最基本的一环。新支线飞机在设计过程中为了提高机体结构的防腐蚀能力,均根据构件的受力特点和所处的环境状况选用了有针对性的耐腐蚀的材料和热处理状态。新支线飞机选材思路如下:

(1) 机体结构大量采用的铝合金构件一般都选用耐晶间腐蚀、剥离腐蚀、点蚀、应力腐蚀、腐蚀疲劳等性能好的铝合金材料和热处理状态。

(2) 机体结构尽量避免选用低合金结构钢;在有特殊要求的部位选用了对晶间腐蚀、氢脆、点蚀、应力腐蚀、腐蚀疲劳等不敏感的结构钢材料和热处理。

(3) 未选用耐蚀性差的镁合金材料。

(4) 复合材料结构件选用韧性好、耐热、耐老化、无毒、与相关材料匹配性好的基体材料。

(5) 构成部件的零件材料尽量选用相同材料;在不可避免选用不同材料时,选用腐蚀电位差较小的材料。

例如,新支线飞机的结构薄板均采用耐环境腐蚀能力较强的包铝板;机身蒙皮主要采用抗疲劳性能好、断裂韧性值高、裂纹扩展速率低的中高强度的包铝板;普通框普遍采用高强度的包铝板;客舱座椅滑轨采用耐剥落腐蚀能力强的高强度铝合金;客舱地板以下的结构尽量采用的是耐剥落腐蚀的高强度铝合金;与发动机吊挂连接的机身蒙皮考虑到热环境,选用了钛合金;一些易受应力腐蚀的重要接头,如与主起侧撑杆连接的机身框接头,以及加强框等采用了耐应力腐蚀的高强度铝合金材料。

2) 结构形式

设计合理的结构形式即设计耐腐蚀能力强的结构形式,新支线飞机主要在以下几个方面体现结构形式的合理性:

（1）零件设计。

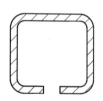

图4.6　不封闭不敞开的剖面（不推荐）

除受力要求外,耐腐蚀是对零件设计的又一要求,合理的形式对零件的耐蚀性来说具有重大意义。新支线飞机在设计中尽量不使用有封闭剖面或有近似封闭剖面的零件,如长桁和框都选择了开剖面的"Z"字形式;当因特殊需求而需要采用有封闭剖面或有近似封闭剖面的零件时,应将零件空腔开口处可靠地封闭或密封,并在封闭或密封前进行内表面防腐蚀处理,如无法采取封闭或密封措施,则应当使零件结构具有便于检查、便于维护、便于排水的特点;务必不要设计既不封闭又不敞开的零件,如图4.6所示。

（2）结构装配设计。

结构装配是决定飞机固有腐蚀特性的重要环节,尤其是不同材料零件的接触、紧固件安装等是其中的重点。新支线飞机在设计中尽量将零件的装配面设计成简单、平直、贴合性好的,避免强迫装配或产生装配缝隙以防应力腐蚀和腐蚀疲劳等,例如严格控制零件的弯曲半径,适当加大机加件根部转接半径,应力水平高的部位设计适当大小的圆角,尽量控制工艺孔的数量和大小,应力集中部位进行局部补强,加大孔边局部厚度等。

（3）排水系统及通风设计。

排水管和供水管的泄漏、货物内和货物上的液体、冷凝水、清洗残留液、溢出物等液体腐蚀介质,都有可能集中在任何凹的、水平的或接近水平部位的表面,因此新支线飞机的结构设计考虑了排水问题,尽量避免了采用此类表面,如结构中有此表面,则都设计有排水通道。结构通风也是除水的一个重要措施。

例如,新支线飞机客舱地板以下的长桁(长桁轴线水平或与水平面形成闭角)每隔一个框站位都设置了排水孔,以便于机身上的冷凝水通过;排水孔的大小和位置的选定均经过了结构细节疲劳额定值(DFR)计算,并安排了疲劳试验,以确保满足强度要求,如图4.7所示。

另外,新支线飞机在结构易积水、液的部位均设计有排水、排液通道;结构最低处还布置有排水阀或者排水孔,可将结构箱体内沉积的液体排除机外,如图4.8和图4.9所示。

长桁排水孔

图4.7　长桁上的典型排水孔

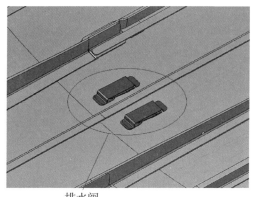

排水阀

图 4.8 结构最低处的典型排水阀

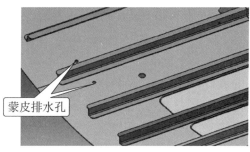

蒙皮排水孔

图 4.9 结构最低处的典型排水孔

新支线飞机蒙皮上设计有多处通风格栅,在保证系统设备正常运转的同时,还能通风除水,如图 4.10 所示。

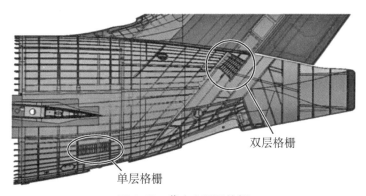

双层格栅

单层格栅

图 4.10 蒙皮上通风格栅

(4) 可达性设计。

良好的可达性可以使维护检查变得方便,是腐蚀控制中的重要环节。新支线飞机结构设计中,对于不可达零件,从设计技术、选材和防护系统等方面综合权衡,保证在使用寿命期内不会发生腐蚀;对于需实施修理或更换的零部件,设计了良好的接近方式,确保具有良好的维修经济性。

4.1.6 表面保护

新支线飞机从开始就建立了完善的防护体系,它是保证飞机防腐蚀能力的重要环节。总的说来,表面处理、涂层、密封剂和缓蚀剂的选用,是飞机防护体系中的几个主要部分,新支线飞机在选用防护体系时注意了如下几点:

（1）所选防护体系应有耐蚀性能的全面数据,尽可能选用了耐蚀性好的防护层。

（2）防护层应与基材相适应,并对零件的机械性能,尤其是对强度无不良影响。

（3）防护层与被防护的零件材料之间要有很好的相容性。

（4）防护处理的经济性。

新支线飞机的结构表面防护分为零件的表面防护、装配中的表面防护和装配后的表面防护。铝合金包铝零件一般在表面施加化学转化膜层,裸铝合金表面一般使用阳极化,之后再涂耐流体环氧底漆,对特殊部位还增加了环氧面漆;装配中不同电位的金属之间则采用镀层或密封胶或玻璃布加以隔离,连接铝合金的钢紧固件则选用镀镉或涂胶湿装配;机身靠近下部的区域由于腐蚀环境恶劣,还特意在环氧底漆或环氧面漆上增加防腐蚀抑制剂。

新支线飞机在密封方面也有较为全面的考虑。气密增压区都进行了气密密封;内部结构易积水汽的沟槽、空隙等均进行了防腐蚀密封;厨房、盥洗室下部腐蚀环境恶劣的区域均进行了特殊的防腐蚀密封;开口部位如驾驶舱主风挡、通风窗、后观察窗、旅客观察窗、登机门、服务门、应急出口门均设计有橡胶密封件进行气密密封和防腐蚀密封;蒙皮、口盖的对缝处均做了填塞密封,新支线飞机还专门安排了淋雨试验,以考验蒙皮对接缝及开口部位的防、排水能力。

4.1.7　工艺性

对于一个产品来说,既要有优秀的设计,还需要有优秀的制造工艺与之匹配。飞机的防腐蚀设计更是如此,设计图纸提出的零件热处理和加工方式要合理,同时加工和制造工艺要能完全实现设计意图才能保证产品的最终合格。为提高飞机结构的防腐蚀能力,新支线飞机在工艺性方面做到了如下几点:

（1）在保证飞机结构寿命的前提下,设计图纸应规定合理的零件热处理和加工方式,以改进材料显微结构、提升材料在特定环境中的防腐蚀能力。

（2）金属零件尽量在退火状态下进行弯曲、加工和成型,尽量使每一道工序的残余应力水平最低。

（3）避免采用强迫装配,在需要的地方采用加垫装配以减少结构的应力腐蚀。

（4）用于结构表面的加工方法或镀层工艺,不应产生残余应力,不应引起氢脆（除非有补救措施,例如电镀后进行出氢处理）。

（5）零件在淬火、机械加工硬化或电镀后,应用有机涂层覆盖其表面,以提升疲劳性能,并改善应力腐蚀能力。

（6）对于有镀层的零件，公差应该预制准确，防止产生强迫装配。

（7）应对某些零件的表面使用加工硬化（如在应力集中处的表面采用喷丸强化、抛光、磨光等）来增加残余压缩应力。

（8）对于焊接结构，务必使用焊缝质量高的焊接工艺，因为焊缝缺陷（如气孔、咬边、非金属夹杂物、龟裂、裂纹、未焊透等）可能提高参与应力，从而降低防腐蚀性能；另外，焊条的化学成分应与机体金属相适应，尤其是超高强度的钢结构。

（9）在安装紧配合的螺接类紧固件时，不应使用锤子硬敲，特别是对于应力集中敏感的高强度材料制造的螺栓更应注意，否则一旦存在腐蚀介质，将会产生严重的应力腐蚀。

（10）尽量使用恰当的轻削、轻度研磨、用研磨剂抛光等方法进行机械加工以改善疲劳强度，提升抗应力腐蚀能力。

4.1.8　检查程序

商用飞机的检查程序一般都体现在飞机所配套的各种手册中，随飞机一起交付给客户（如航空公司等）使用，客户的产品维修人员会严格依据手册的程序对飞机进行维护、维修及各种例行检查等。

新支线飞机已经交付若干架次给客户进行商业运营，中国商飞公司也给客户提供了各种使用手册，例如结构修理手册（SRM）、飞机维修手册（AMM）、无损检测手册（NDT）等，手册中依据各部位结构的重要程度都制订有相应的检查程序，对于检查中发现的常见问题也制订有相应的处理措施，如新支线飞机试飞机后压力框（球面框）底部曾发生过腐蚀损伤，通过检查程序及时发现了并成功加以处理，如图 4.11 所示。

详图

腐蚀

图 4.11　新支线飞机后压力框腐蚀损伤

4.2　润滑设计技术

4.2.1　背景

　　润滑是指在摩擦表面间引入润滑剂以降低其摩擦力和减少磨损的措施,除此之外,润滑还具有降低工作表面温度、防锈、传递动力、清除污物、减振和密封等作用。活动部件,如襟缝翼、副翼、扰流板、起落架及其连接结构、舱门、水平安定面和垂直安定面的运动部分等需要进行周期性润滑,以达到如下状态:

　　(1) 降低摩擦和减缓磨损,以保证机构可以长期有效地工作。

　　(2) 防止转动部分受到外界水汽、灰尘以及其他异物的腐蚀。

　　为了实现机构长期有效的运转,并保证其寿命,需要进行合理的润滑设计,选用适宜的润滑方式、润滑材料和注油接头,设计完整通畅的润滑通路并制订始于航线运营的润滑间隔。

4.2.2　润滑方式

　　常用的润滑方式主要有油壶润滑、注油枪润滑、油刷润滑、手涂抹以及喷雾壶润滑等,如图 4.12 所示。

油壶　　　　注油枪　　　　手　　　　油刷　　　　喷雾罐

图 4.12　常用润滑标识

　　油壶通常用于操作较为开敞的部位,采用注油壶将润滑油注入相对运动的两个机构之间。注油枪常用于机构内部的转轴或轴承润滑,通常在润滑点设计有注油接头,采用注油枪经注油接头将油脂注入润滑通路中,进而对轴承或转轴进行润滑。

油刷适用于形状复杂且较为开敞的滑轨、连杆以及花键等零部件的表面润滑。涂抹润滑用于操作空间较小的内部结构,对工具难以接近或不便于接近的零件表面润滑。喷雾润滑则常用于润滑面积大或表面较为复杂的结构表面区域的防锈和防腐蚀。

4.2.3 润滑材料

润滑剂按其形态的不同分为两类:湿润滑剂(包括润滑油和润滑脂)和固体膜润滑剂。

湿润滑剂有润滑脂和润滑油两种,两者的添加剂类型相同,但在密封轴承中润滑脂的表观粘度比润滑油更稳定,因此多用于轴承等部件的润滑。润滑脂与其基础油相比有更高的承载能力,但在超期储存或失效后可能发生外观和性能的改变。机体结构上常用的湿润滑剂及其性能和使用范围如表 4.1 所示。

表 4.1　机体结构常用润滑脂

润滑脂牌号	名称	性能	用途
MIL - PRF - 32033	防锈低温水替换型润滑油	最小闪点:135℃(275℉) 最大倾点:−57℃ 蒸发度损失:25%(最大) 动力学粘度: 40℃:11(最小); −40℃:7 000(最大)	飞机操纵系统和起落架防锈,驾驶员座舱部件,舷梯及各种舱门,机翼部件 不可用于 −40℃ 以下,以及燃油系统、发动机燃烧室
MIL - PRF - 23827 I 型	通用润滑脂	工作范围:−73∼121℃ 滴点(最小):165℃ 蒸发度(22 h,100℃±0.5℃): 2%(最大) 锥入度(0.1 mm): 不工作时(最小):200 载能力(平均赫兹荷重): 30(最小) 高温性能(121℃):1 000 h(最小)	适用于极低温工作。飞机控制系统中的球状,滚筒,针轴承或齿轮。低挥发避免飞机光学仪表中产生雾气
MIL - PRF - 81322	宽温润滑脂	使用温度:−54∼177℃ 滴点:232℃(最小) 蒸发度:22 h,177℃±3℃ NLGI 1 级:12.0(最大) NLGI 2 级:10.0(最大) 工作锥入度: NLGI 1 级:310∼340 NLGI 2 级:265∼295	适用一般润滑,发动机操纵系统、发动机短舱及操纵、反推装置和起落架装置润滑,驾驶员座舱部件,舷梯及各种舱门,机翼部件

固体膜润滑剂是无机或有机胶粘剂溶液中的固体润滑剂和其他添加剂的悬浮物,最常用的是二硫化钼、石墨和聚四氟乙烯,胶粘剂主要是有机树脂(丙烯酸、酚

基、环氧、硅树脂、聚氨酯树脂)、纤维素以及无机硅酸盐和磷酸盐,通过空气固化或热固化形成高度粘结的干膜,热固化较空气固化能形成更长耐磨寿命的润滑膜,在固化之初固体膜可以耐润滑油和润滑脂,但处于动态条件下抗性会逐渐减小。

润滑剂选用时,应结合实际的机构类型、工作环境、工作温度、受载情况以及摩擦类型等选用适宜的润滑材料。从航线运营以及维护的角度考虑,选用的润滑材料种类应尽可能地少,以便于采购、存储和供应。同时,避免同一部位采用不同的润滑材料而造成润滑材料间混合污染和变质。由于特殊原因(如高温或低温条件)不得不使用专用润滑剂的部位,应在其注油接头附近清晰地标明加注的润滑剂牌号。

4.2.4　润滑通路设计

为了对机构内部的转轴或轴承进行润滑,应设计合理的润滑通路,考虑应力水平、润滑表现、可达性、可见性、易损性和重量。典型的润滑通路的设计包括注油接头安装和注油通道的设计。

1) 注油接头安装设计

航线常用的注油接头有 NAS516 沉头型插入 1/8 in 润滑接头和 AS15001 1/4‑28 锥螺纹和表面球形阀润滑接头。

NAS516‑1A 型注油接头一般用于不能使用 AS15001 型,空间受限的区域,注油接头与安装孔间为干涉配合,推荐安装孔径 $0.125_{0}^{+0.005}$ in。由于注油接头尺寸较小且承压能力较弱,如果注油时压力过大,可能会导致注油接头尾部破损,内部弹簧和滚珠进入注油通路。注油接头常用于高升力扭力管等部件的润滑,如图 4.13 所示。

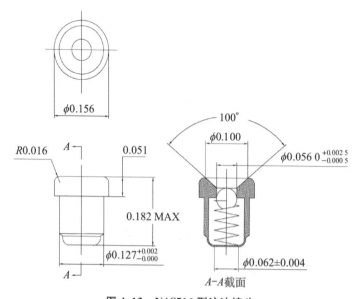

图 4.13　NAS516 型注油接头

AS15001 型注油接头是飞机结构上使用较为广泛的润滑接头,大量应用于襟缝翼、扰流板、尾翼、起落架及其连接结构上。注油接头有直型、45°弯管型和 90°弯管型三种形式,如图 4.14 所示,可以根据实际的操作空间,选取不同的形式,以保证润滑时的接近性。对于 45°弯管型和 90°弯管型注油接头,需要注意控制注油接头的安装方向,避免因安装导致的不可接近问题。AS15001 型注油接头的工作压力一般不超过 8 000 psi,尾部螺纹规格为 1/4-28UNS-2A,直径锥度为 3/4 in/ft,适于与 1/4-28 UNF-3B 螺纹孔紧密安装。

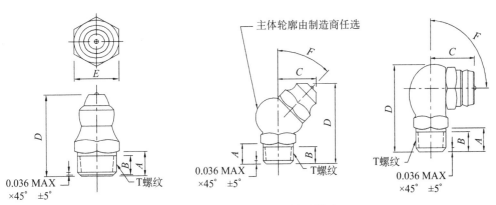

图 4.14 AS15001 型注油接头

AS15001-1P 和 NAS516-1A 型注油接头所用的转接头形式如表 4.2 所示。

表 4.2 注油接头型号及适配的转接头

注油接头型号	样式	注油转接头样式
AS15001-1P		
NAS516-1A		

布置注油接头时,应尽可能地避开结构危险截面和主受力方向,如图 4.15 所示。

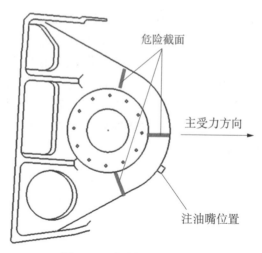

图 4.15　注油接头位置布置

在布置 AS15001-1P 注油接头时,还应提供一个可由直径为 20 mm 的注油枪头进入的通道,可与注油接头轴线偏斜±10°,如图 4.16 所示。

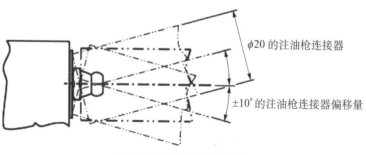

图 4.16　注油枪进入通道

2)注油通路设计

注油通路的设计应根据润滑机构的不同而选用不同的设计方法,在满足润滑要求的前提下,尽可能地减少注油接头。应尽可能设置集中加注润滑剂的装置,以缩短加注时间,同时设计合理的储油槽,以减少加注频率。所有的润滑点可见、易达,尽量不使注油接头成为飞机的凸起物,以避免和运动部件干涉,妨碍操作和安全。典型的润滑设计主要有通过安装轴设计润滑和通过结构本体设计润滑两种,其中以轴承的润滑最为典型,因此以轴承的润滑为例,介绍这两种润滑设计。

为了实现机构间的运动,机体结构上安装了大量的轴承,以实现结构之间的载荷传递、运动、连接和调节。为了能使机构能够延长机构的使用寿命并减少维修工作,需要对这些轴承进行润滑设计。

机体结构轴承按几何形状、运动方式和使用性能可分为滚动轴承和滑动轴承两大类。滚动轴承包括球轴承、滚柱轴承、滚针轴承;滑动轴承包括球面关节轴承、径向轴承等。

滚动轴承常由外圈、滚动体、内圈、保持架等部分组成,如图 4.17 所示,滚动体在内、外圈的滚道中滚动,使内、外圈相互转动时产生滚动摩擦;保持架的作用是使滚动体均匀分布,防止滚动体脱落或相互碰撞。

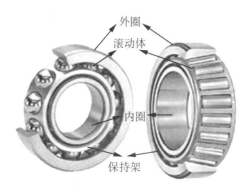

图 4.17　滚 动 轴 承

滚动轴承又按不同的滚动体分为球轴承、滚柱轴承和滚针轴承,如图 4.18 所示。

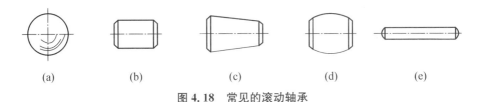

(a)　　　　　　(b)　　　　　　(c)　　　　　　(d)　　　　　　(e)

图 4.18　常见的滚动轴承

(a) 球形　(b) 圆柱形　(c) 圆锥形　(d) 鼓形　(e) 滚针

球面滑动轴承习惯上称关节轴承,按润滑方式分为可再润滑轴承和自润滑轴承。自润滑轴承在轴承内外圈之间设计有耐磨材料(如尼龙、二硫化钼、聚四氟乙烯等)。相比可再润滑轴承,自润滑轴承可以承受较大的径向载荷和轴向载荷,用于无法加润滑油或难以接近的区域,减少航线的润滑维护时间和维护成本。同时,轴承和安装结构上无漏油孔或导油槽设计,减少了疲劳源和应力集中。但是,自润滑轴承的散热性能较差,不适宜用在高转速的区域,也不适宜用在交变载荷较为剧烈的区域,否则将会造成轴承内润滑衬垫磨损不均匀。同时,自润滑轴承的无载启动力矩通常较高,润滑衬套的磨损不易检查,如应用不合理,可能会导致轴承启动力矩较大,影响机构的运动。

可润滑轴承通常需要进行周期性润滑维护,其轴承内圈或者外圈设计有润滑槽和漏油孔,如图 4.19 所示。

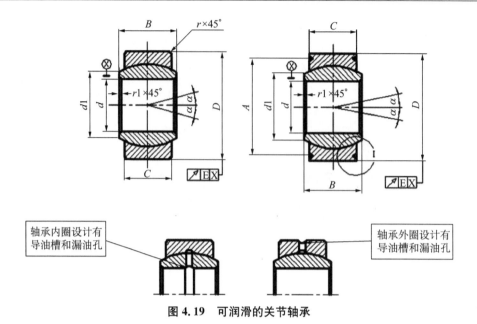

图 4.19 可润滑的关节轴承

无论轴承是通过外圈润滑还是从内圈润滑,都需要在润滑点设计安装注油接头,以避免注油通路直接暴露在外界的灰尘、雨水等环境中。

对于导油槽和漏油孔在轴承外圈的轴承,设计润滑时,润滑点设置在轴承安装支座上,在支座上加工注油孔并安装注油接头,但轴承座上注油接头安装孔的内螺纹孔和槽都会对接头的应力水平有影响,因此设计必须提前考虑,留有足够的设计余量。典型的通过结构本体设计润滑如图 4.20 所示,结构耳片或轴承安装耳片上

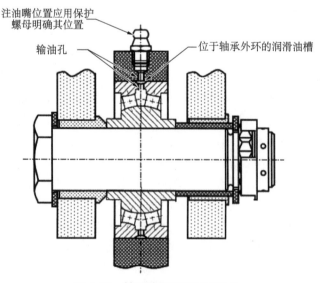

图 4.20 轴承外圈润滑通路设计

设计注油通路,耳片上的注油通路连接轴承外圈上的注油孔和导油槽,进而向轴承内外圈之间注油。

对于导油槽和漏油孔在轴承内圈的轴承,设计润滑时,润滑点设置在销轴的末端,这样对轴销疲劳应力水平不会造成显著影响。销轴上的径向输油孔朝向一个特殊方向,以减小应力水平,但是必须考虑轴销的漏油孔与轴承内圈漏油孔或导油槽的匹配关系,避免因装配导致两者无法对应。典型的通过安装轴设计润滑如图4.21所示,轴承的安装螺栓上设计注油通路,螺栓上的注油通路连接轴承内圈上的注油孔和导油槽,进而向轴承内外圈之间注油。

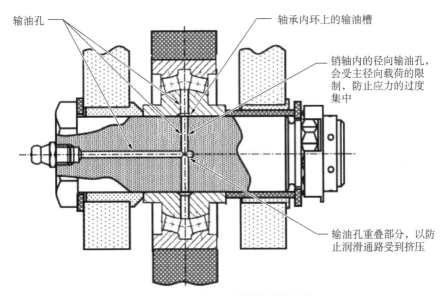

图 4.21　轴承内圈润滑通路设计

在润滑通路设计时,还需在轴承、衬套或转轴上设计油槽,一方面可以避免在装配时要求输油孔精确的径向对准,另一方面导油槽也可以用来存储油脂,减少加注频率。此外,在出油路径上设计油槽,也可以保证注油通路的顺畅,减少注油压力。注油槽最小的横断面积应是注油孔面积的50%,输油槽的宽度应能保证在任何公差条件下都能对准邻近的输油孔,如图4.22所示。

根据具体目的的不同,油槽的设计形式也不同,常见的油槽按其方向不同分为环向导油槽、轴向导油槽和螺旋式导油槽。环向油槽用来保证输油孔的径向对准,轴向和螺旋式的导油槽则用来储存油脂并提供必要的出油通路。在结构间采用干涉配合、过渡配合和小间隙配合时,通过开设必要的径向油槽或螺旋式油槽,可以在贮存油脂的同时,减少注油压力,不同型式的油槽如图4.23所示。

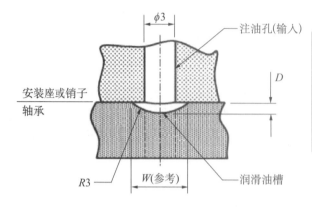

W(参考) /mm	D /mm	油槽面积 /mm²
4.47	1.00	3.10
4.87	1.25	4.27*
5.20	1.50	5.53

* 适用于 φ3 的输油孔

图 4.22 注 油 槽

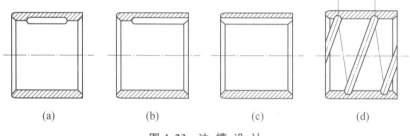

(a)　　　　　　(b)　　　　　　(c)　　　　　　(d)

图 4.23 油 槽 设 计

典型注油通路设计如图 4.24 所示。

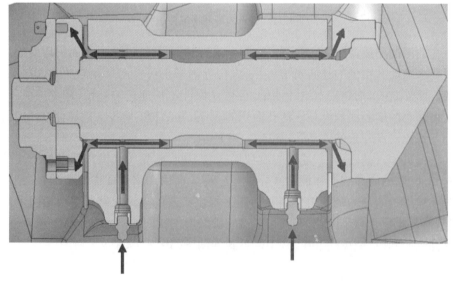

图 4.24 典型注油道路

4.2.5 润滑周期设计

润滑间隔通常是根据以往的设计经验、分析、航空公司的运营经验、统计数据以及相关的适航要求等,综合考虑机构的摩擦类型、载荷大小、摩擦介质、工作温度和外界环境等因素,由维修工程给出。由于实际使用情况存在较多的不确定因素,兼顾考虑飞机的维护成本,往往会给出一个较为保守的间隔周期,并结合飞机实际检修和检查时间同步进行实施,以减少飞机停场维护时间和维护频率。常见的机体结构轴承润滑间隔一般不超过 12 个月,特殊要求的部位如起落架结构,通常润滑周期为 6 个月,而对于舱门等机构的内部运动机构,通常润滑周期为 24 个月。

4.2.6 机翼润滑设计

新支线飞机机翼润滑包含襟翼润滑、缝翼润滑、副翼润滑和扰流板润滑。润滑部位主要为活动翼面的铰链运动副和滑轨滑轮运动副,定期润滑可以减少机构的磨损,保障操纵功能和操纵力矩正常,避免因机构卡滞给驾驶员增加不必要的负担。润滑的主要机构为转轴、轴承以及滑轨和丝杠。对于机构转轴和轴承润滑,主要通过注油枪经注油嘴进行润滑,对于滑轨和丝杠以及扭力管花键等则主要通过刷涂方法进行润滑。

1) 襟翼的润滑

襟翼润滑包括后缘缝翼滚轮、滑轨以及襟翼控制系统,具体润滑要求如表 4.3 所示,润滑位置示意如图 4.25～图 4.30 所示。

表 4.3 襟翼润滑要求

序号	润 滑 部 位	润滑方式	材料规范
1	襟翼作动器滚珠丝杠	注油枪和油刷	MIL-PRF-23827
2	襟翼扭力管花键	注油枪和油刷	MIL-PRF-23827
3	滑轨滑轮架上下滚轮	注油枪	MIL-PRF-81322
4	滑轨与滚轮接触面	刷涂	MIL-PRF-81322
5	内襟翼支臂轴承注油接头	注油枪或手涂	MIL-PRF-81322
6	外襟翼 1 号支臂轴承注油接头	注油枪或手涂	MIL-PRF-81322
7	外襟翼 2 号支臂轴承注油接头	注油枪或手涂	MIL-PRF-81322
8	外襟翼 3 号支臂轴承注油接头	注油枪或手涂	MIL-PRF-81322
9	内襟翼滑轨连接接头组件前连接接头注油接头	注油枪	MIL-PRF-81322
10	内襟翼滑轨连接接头组件操纵接头注油接头	注油枪	MIL-PRF-81322
11	外襟翼 1 号支臂整流罩 1# 撑杆注油接头	注油枪或手涂	MIL-PRF-81322
12	外襟翼 2 号支臂整流罩 2# 撑杆注油接头	注油枪或手涂	MIL-PRF-81322
13	外襟翼 3 号支臂整流罩 3# 撑杆注油接头	注油枪或手涂	MIL-PRF-81322

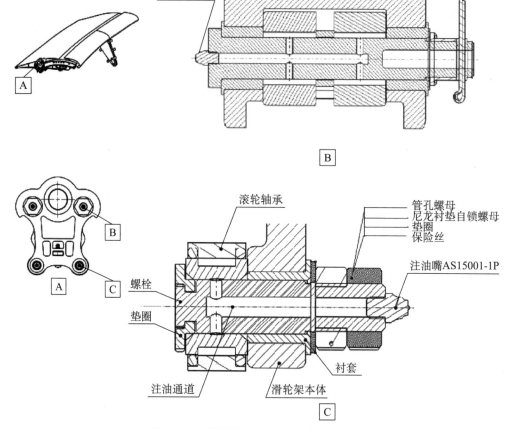

图 4.25　内襟翼滑轮架上、下滚轮注油接头

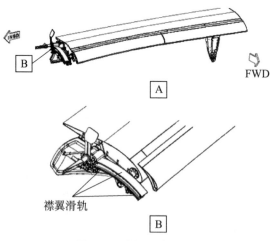

图 4.26　襟翼滑轨润滑

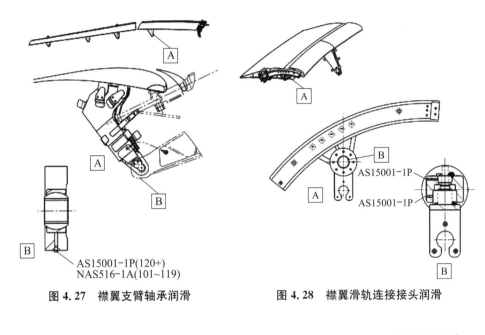

图 4.27　襟翼支臂轴承润滑　　　　　　图 4.28　襟翼滑轨连接接头润滑

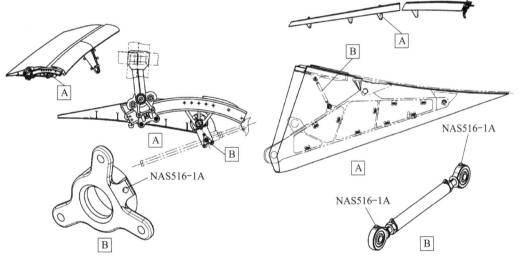

图 4.29　襟翼滑轨操纵接头润滑　　　　图 4.30　襟翼支臂整流罩撑杆润滑

2）缝翼润滑

　　缝翼润滑主要是润滑前缘缝翼滚轮、滑轨和扭力管。前缘缝翼滑轨侧向滚轮为自润滑滚轮，无须润滑维护。部分位置的径向滚轮为脂润滑滚轮，在滚轮安装的径向螺栓上设计了注油通路。润滑要求如表 4.4 所示，典型的缝翼滑轨润滑位置示意如图 4.31 所示。

表 4.4   缝翼润滑要求

序号	润滑部位	润滑方式	润滑材料
1	缝翼系统齿轮齿条	注油枪	MIL-PRF-23827 Ⅰ型
2	缝翼扭力管花键	注油枪/刷涂	MIL-PRF-23827 Ⅰ型
3	润滑缝翼滚轮	注油枪	MIL-PRF-23827 Ⅰ型
4	润滑缝翼滑轨	刷涂	MIL-PRF-23827 Ⅰ型

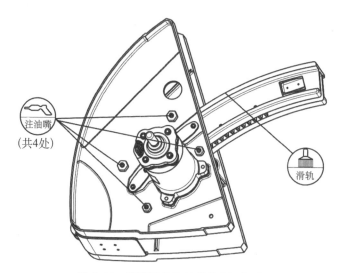

图 4.31   缝翼滑轨和滚轮润滑(典型)

3）副翼润滑

副翼润滑要求包括副翼动力控制装置连杆及副翼铰链,均为需要定期润滑维护的润滑点,详细的润滑要求如表 4.5 所示,润滑位置示意如图 4.32 所示。

表 4.5   副翼润滑要求

序号	润滑部位	润滑方式	材料规范
1	副翼动力控制装置连杆	注油枪	MIL-PRF-23827
2	润滑副翼铰链	注油枪	MIL-PRF-81322

4）扰流板润滑

扰流板结构润滑部位点均为需要定期润滑维护的润滑点,详细的润滑要求如表 4.6 所示,润滑位置示意如图 4.33 和图 4.34 所示。表 4.6 扰流板润滑要求。

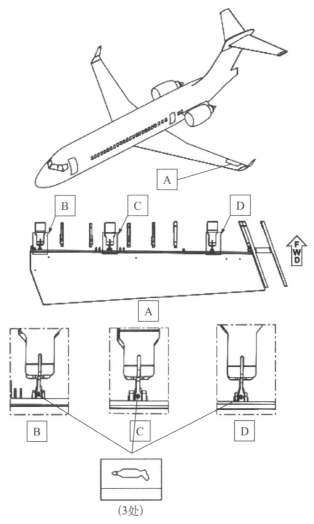

图 4.32　副翼铰链润滑位置示意

表 4.6　扰流板润滑要求

序号	润滑部位	润滑方式	材料规范
1	扰流板中部接头轴承	注油枪	MIL‐PRF‐81322

4.2.7　舱门润滑设计

新支线飞机舱门机构在设计及验证过程中,并不考虑润滑对于机构的延寿以及减阻的效果,即舱门机构的设计目标如下:即使不进行润滑,舱门机构也能在

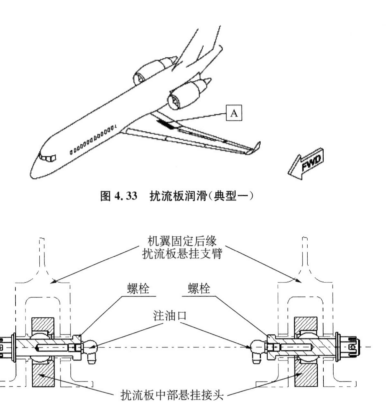

图 4.33　扰流板润滑（典型一）

图 4.34　扰流板润滑（典型二）

飞机全寿命周期内正常工作而不发生过度磨损造成功能无法实现的情况。因此，机构润滑对于舱门的主要作用是保证全寿命使用周期内，舱门的操作力都能保持在设计要求的范围内，不会发生因机构磨损而造成舱门开启力增大的情况。

　　舱门润滑主要方式分为两种，对于工人操作开敞性较好的舱门机构位置，如图 4.35 所示，多采用刷涂的形式进行润滑，因机构开敞性较好，因此润滑多采用刷涂和油壶形式进行。

　　登机门机构在设计时，不需要进行润滑的机构连杆端头，普遍采用了标准件 M81935 自润滑轴承，如图 4.36 所示，轴承内侧涂覆一层纤维织物，可以起到润滑和保护的作用，但此类自润滑轴承具有启动力矩要求，在对于机构灵活度有较高要求的区域，不宜选用此类自润滑轴承。

　　对于开敞性不好，或润滑要求高的机构位置，在机构设计中考虑了润滑嘴及内部油路，通过注油的形式进行润滑，如图 4.37 和表 4.7 所示的 RAT 舱门润滑点 2，即采用标准接口的润滑嘴进行注油润滑。

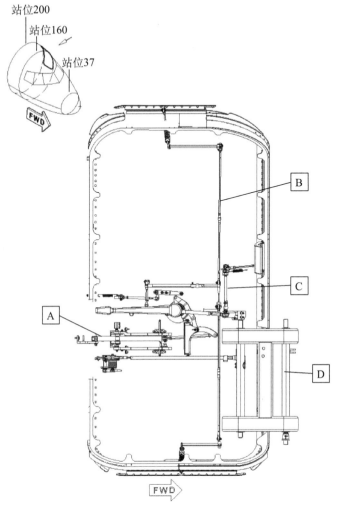

图 4.35 登机门机构

表 4.7 RAT 润滑要求

序号	润滑部位	润滑方式	材料规范
1	套筒自润滑关节轴承	N/A	N/A
2	套筒内腔	注油枪	MIL‑PRF‑81322
3	套筒球轴承	注油枪	MIL‑PRF‑81322

4.2.8 尾翼润滑

尾翼上各操纵面的机构需润滑,如表 4.8 所示。螺杆作动器铰接点孔内装有自润滑轴承,无须注油润滑。方向舵的舵面铰链点及升降舵 1~4 号铰链点单耳片的

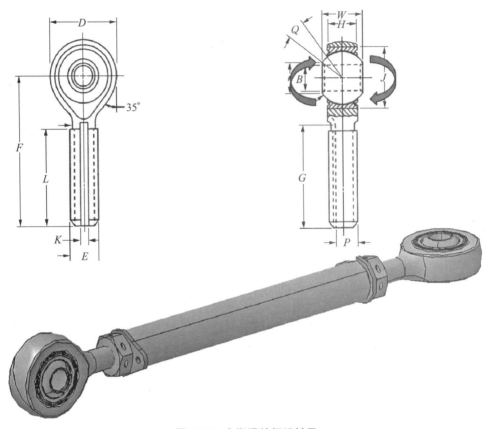

图 4.36　自润滑的杆端轴承

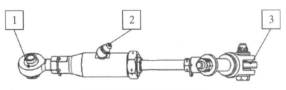

图 4.37　RAT 舱门润滑

孔内装有自润滑轴承,无须注油润滑;需要润滑的为平尾转轴接头处的轴承,升降舵 5 号、6 号铰链接头轴承,平尾转轴接头轴承,如图 4.38 所示。

表 4.8　尾翼润滑要求

序号	润滑部位	润滑方式	材料规范
1	方向舵动力控制装置连杆	注油枪	MIL - PRF - 23827
2	升降舵动力控制装置连杆	注油枪	MIL - PRF - 23827

（续表）

序号	润滑部位	润滑方式	材料规范
3	水平安定面配平作动器丝杠	刷涂	Tribolube‑64RPC
4	水平安定面配平作动器	注油枪	Tribolube‑64RPC
5	No‑bAC-k 注油口	油壶	Castrol aero 40
6	升降舵铰链轴承	油枪	MIL‑PRF‑81322
7	平尾转轴接头轴承	油枪	MIL‑PRF‑81322

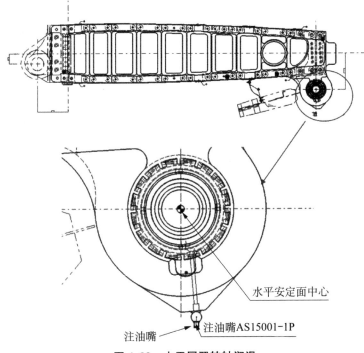

水平安定面中心

注油嘴 注油嘴AS15001‑1P

图 4.38 水平尾翼转轴润滑

4.2.9 起落架润滑

起落架的润滑包含起落架本体润滑以及起落架连接结构润滑,主要是对转轴和轴承进行注油润滑,常用的润滑材料为 MIL‑PRF‑23827 通用润滑脂,选用 AS15001‑1P 型注油接头作为润滑接头。由于起落架工作情况的特殊性,其润滑周期频繁,润滑数量多。新支线飞机采用 6 个月润滑一次的要求对起落架进行维护,频繁的润滑周期要求必须有较好的润滑设计,包括润滑通路设计和可接近性设计。对于部分难以接近的区域为了保证维护,通常会设计 2～3 个备用润滑点,以保

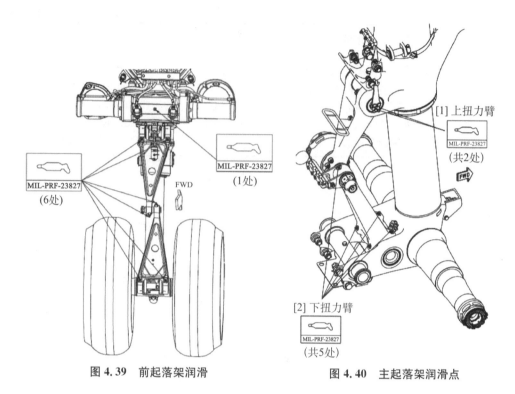

图 4.39　前起落架润滑 　　　　　　　图 4.40　主起落架润滑点

证运营时的可操作性,如图 4.39 和图 4.40 所示。

4.3　抗鸟撞设计技术

4.3.1　背景

　　鸟撞是指飞机等飞行器与天空中飞行的鸟类相撞造成的飞行事故。在撞击过程中,由于鸟体减速而产生的巨大压力远远超过鸟体组织的极限强度,致使鸟体破裂成碎片,甚至发生流变,因而鸟撞也称之为软体碰撞。

　　鸟撞是一种突发性和多发性的飞行事故,一旦发生,往往会造成灾难,直接威胁到空勤人员及旅客的生命安全,造成重大的经济损失,轻则导致飞机结构部件的损伤,重则引发机毁人亡的灾难性事故,如 1995 年美国阿拉斯加由于鸟撞飞机导致飞机坠毁,造成 24 人丧生,经济损失达 1.9 亿美元,如图 4.41 所示。

　　1905 年,人类完成首次飞行创举的 2 年后,怀特兄弟就报告了他们的飞机遭到鸟撞,如图 4.42 所示,这可能是世界上首次飞机鸟撞的报道。已知最早造成严重后果的鸟撞事故发生于 1912 年,一只鸥鸟卡入一架飞机的操纵器后,飞机掉入大海,驾驶员遇难。据统计,仅 1960 年以来,世界范围内由于鸟撞事故至少造成 78 架民用飞机损失,201 人丧生,250 架军机损失,120 名驾驶员丧生。

图 4.41 1995 年阿拉斯加鸟撞空难

近年来,随着航空事业的飞速发展,鸟撞事故对于飞行安全的威胁也与日俱增。航空业最发达的美国是鸟撞事故的重灾区,从 1990 年到 2009 年的 20 年间,美国联邦航空管理局(FAA)共接到 89 727 起动物撞击事件报告,其中 95.5% 为航空器鸟撞事故,鸟撞事故共造成超过 3 亿美元的经济损失和巨大的人员伤亡。

1903 年 12 月 17 日,莱特兄弟进行了他们的第一次飞行。1905 年 9 月 7 日,奥威尔·莱特报告了在俄亥俄州代顿市霍夫曼草原发生了第一次鸟撞。正如莱特兄弟日记里记载的那样,"奥威尔……在 4 分 45 秒内飞行了 4.756 1 m,完成了 4 圈飞行,两次穿过比俄得的稻田,一群鸟追逐着飞机,其中一只被撞死挂在了上翼面……"

图 4.42 怀特兄弟的飞机遭受鸟撞

我国航空工业相比美国起步较晚,但鸟撞事故也对我国航空业造成了巨大的损失。2006 年 11 月,我国一架歼 7 飞机在降落时遭遇鸽群撞击,飞机发动机停车,飞机迫降失败,驾驶员牺牲。近年来,我国的鸟撞事故呈明显的逐年递增势态,根据中国民用航空局(CAAC)机场司和中国民航科学技术研究院 2012 年 7 月发布的

《2011 年度中国民航鸟击航空器事件分析报告》,2011 年全国各机场、航空公司和飞机维修公司等单位和部门共上报在中国大陆地区内发生的鸟击事件 1 538 起,其中事故征候 127 起,占总事故征候数的 58.5%,是第一大事故征候类型。2000—2011年,中国民航鸟击次数和事故征候次数上升趋势明显,如图 4.43 所示。

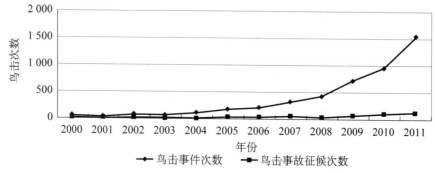

图 4.43　2000—2011 年中国民航鸟击次数趋势

据美国交通部、农业部及 FAA 统计资料表明,鸟撞事故从 1990 年每年 1 700多起上升到 2006 年每年的 6 900 多起,增加了 3 倍多。在这 17 年期间,统计到的鸟撞事故达 71 670 起,而据 FAA 估计,统计到的鸟撞事故仅仅占民机鸟撞事故的20%。在鸟撞击飞机的事故中,风挡、发动机、雷达罩和机翼是极易发生鸟撞的结构部位,如图 4.44 所示。

飞机部位	撞击次数	占比/%	损伤次数	占比/%
风挡	11 337	17	586	6
发动机	9 938	15	3 185	32
机头	9 240	14	567	6
雷达罩	8 380	13	987	10
机翼	8 160	12	2 253	23
机身	8 785	13	355	4
其他	3 926	6	751	8
起落架	3 072	5	311	3
短舱	1 825	3	178	2
尾翼	932	1	397	4
灯	509	<1	398	4

图 4.44　FAA 统计的民用飞机鸟撞事故分布(2017 年)

4.3.2 鸟撞适航要求

为保证飞机飞行安全,降低鸟击飞机事件发生时事故发生的概率,FAR25、CCAR25 部、国标及航标均针对飞机结构抗鸟撞制定了相应的规范和要求。其中,中国民航总局适航规章(CCAR-25-R3)鸟撞有关的条款解读如下所示。

1) 第 25.571 条结构的损伤容限和疲劳评定

在下列任一原因很可能造成结构损伤的情况下,飞机必须能够成功地完成该次飞行。

受到 1.81 kg 重的鸟的撞击,飞机与鸟沿着飞机飞行航迹的相对速度取海平面 V_c 或在 2450 m 高度的 $0.85V_c$,两者中的较严重者。

损伤后的结构必须能够承受飞行中可合理预期出现的静载荷(作为极限载荷考虑)。不需要考虑动载荷影响。必须考虑驾驶员在出现事故后采取的纠正动作,诸如限制机动,避开紊流以及降低速度。如果在结构破坏或部分破坏以后引起结构刚度或几何形状,或此两者有重大变化,则须进一步研究它们对损伤容限的影响。

2) 第 25.631 条鸟撞损伤

尾翼结构的设计必须保证飞机在与 3.6 kg 重的鸟相撞之后,仍能继续安全飞行和着陆,相撞时飞机的速度(沿飞机飞行航迹相对于鸟)等于按第 25.335(a)款选定的海平面 V_c。通过采用静不定结构和把操纵系统元件置于受保护的部位,或采用保护装置(如隔板或吸能材料)来满足本条要求是可以接受的。在用分析、试验或两者的结合来表明符合本条要求的情况下,使用结构设计类似的飞机的资料是可以接受的。

3) 第 25.775 条风挡和窗户

(1) 位于正常执行职责的驾驶员正前方的风挡玻璃及其支承结构,必须能经受住 1.8 kg 的飞鸟撞击而不被击穿,此时飞机的速度(沿飞机航迹相对于飞鸟)等于按第 25.335(a)款选定的海平面 V_c 值。

(2) 除非能用分析或试验表明发生风挡破碎临界情况的概率很低,否则飞机必须有措施将鸟撞引起的风挡玻璃飞散碎片伤害驾驶员的危险减至最小,必须表明驾驶舱内的下列每块透明玻璃都能满足上述要求:

(1) 位于飞机正面的。

(2) 对飞机纵轴倾斜 15°或更大的。

(3) 其某一部分的位置会导致碎片伤害驾驶员的。

严格按照适航条款设计的飞机,在发生鸟击飞机事件时,发生空难的概率会大大下降。2009 年 1 月 15 日,全美航空一架 A320 飞机由于鸟撞,在美国纽约的哈德逊河上成功迫降,如图 4.45 所示。

考虑到鸟撞飞机带来的安全隐患以及适航条款的严格规定,新支线飞机严格按

图 4.45　A320 鸟撞后水上迫降

照相关条款的规定来设计和验证飞机的抗鸟撞性能，机头、机翼、起落架、发动机短舱、吊挂前缘、水平尾翼和垂直尾翼等部位考虑了抗鸟撞要求。其中，尾翼结构需满足第 25.631 条"必须能够承受 3.6 kg 重的鸟的撞击"，较其他部位更严酷，本文以尾翼和机头风挡为例，阐述结构抗鸟撞设计和鸟撞试验细节。

4.3.3　典型抗鸟撞结构形式

多胞结构材料(蜂窝、泡沫等)相对密度小，刚度低，压缩变形能力强，这些特性使其具有优异的吸能效率，是理想的飞机抗鸟撞结构材料，如国外 Airold 和 Tagliapietra 公司对一种由铝合金、蜂窝芯层及碳纤维复合材料构成的垂尾结构进行鸟撞试验模拟，如图 4.46 所示，结果表明该结构形式可以较好地吸收撞击能量。

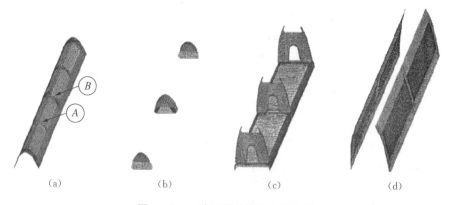

(a)　　　　　　　　(b)　　　　　　　　(c)　　　　　　　　(d)

图 4.46　一种垂尾前缘抗鸟撞结构

(a) 轻质合金前缘　(b) 轻质合金加强肋　(c) 内部的碳纤维结构　(d) 外部的碳纤维蜂窝夹层蒙皮

另一种性能优异的吸能材料——金属泡沫，在抗鸟撞设计中也得到广泛应用。西班牙 Reglero 和 Rodriguez Perez 等提出了一种由泡沫铝填充的抗鸟撞前缘，如图 4.47 所示，在保证整体结构质量不增加的情况下，在前缘结构前端填充泡沫铝，并用结构后端固定面支反力的峰值来考察结构的吸能效果。试验结果表明采用泡沫铝填充的结构，其支反力明显减小，吸能效果有明显提高。

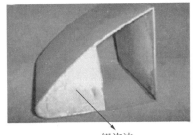

铝泡沫

图 4.47 一种铝泡沫前缘结构

在日益涌现出的各种新材料中，金属纤维层合板(FML)结构在抗鸟撞设计中受到了越来越多的关注。金属纤维层合板是由高强度铝合金薄板和纤维增强复合材料交替连接制成，它兼具金属材料和复合材料的优点，重量轻，延展性好，比强度高，尤其适合航空结构使用。将 FML 结构与多胞结构材料相结合所制成的夹芯结构具有较好的抗撞击特性，如国外 Guida 等提到了一种夹芯前缘结构，夹芯结构两层面板分别采用 FML 复合材料与金属材料，芯层为蜂窝。试验过程中用 3.6 kg 的鸟体以 250 kn 的速度对结构进行撞击，结果前缘并未被击穿，如图 4.48所示，可见 FML 加蜂窝的结构可以较好地吸收鸟撞的能量。

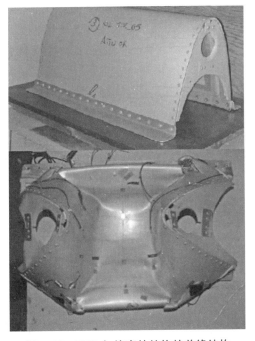

图 4.48 FML 加蜂窝的结构的前缘结构

国外 Kermanidis 等则提出了另一种新颖的复合材料抗鸟撞前缘结构,复合材料板被设计成折叠在一起的形状,如图 4.49 所示,在受到撞击时复合材料板展开以吸收撞击能量,保护前缘内部结构。他们对多种不同的蒙皮折叠构型进行了比较和优化,并将这种设计用于试验,结果表明结构承受了 1.8 kg 的鸟体以 100 m/s 的速度撞击而未被击穿。

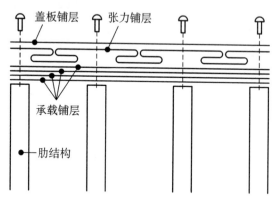

图 4.49 折叠式前缘结构

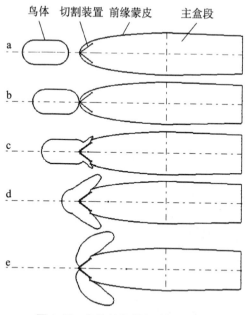

图 4.50 鸟体被切割和引导的过程

根据国内外的相关鸟体撞击刚性平板的研究表明:高速撞击时,鸟体表现出明显的流体特性。Alessandro 等在测试鸟体模型时曾进行了一个有趣的仿真:让鸟体去撞击锋利的刚性棱边,结果发现鸟体被锋利的棱边完全分割开来。基于鸟体的流体特性以及这个有趣的仿真,在"切割"与"引导"鸟体的思路下,新支线飞机的设计工程师提出了一种有别于吸收鸟体能量的抗鸟撞结构形式:在鸟体撞击方向上放置一个装置,该装置能够把高速撞击过来的鸟体切割成两部分,并把切割后的鸟体引导流出前缘结构表面,如图 4.50 所示,具体鸟撞过程如下:

（1）在阶段 a,鸟体准备撞击前缘。

（2）在阶段 b,鸟体开始撞击前缘蒙皮并把它压缩到切割装置上。

（3）在阶段 c，切割装置开始切割鸟体。

（4）在阶段 d，鸟体被进一步切割，被切割的部分开始沿着蒙皮往外流出。

（5）在阶段 e，鸟体被完全切割，被分割成两部分的鸟体将沿着前缘蒙皮上下翼面被引导出去。

采用该结构形式，虽然鸟体大部分动能并未转换成结构的变形，仍然保持着很高的速度，但由于被分割后的鸟体都沿着结构表面飞散出去，不再会对后面的主翼盒和控制装置造成破坏，从而可以保证飞机安全和满足适航条款要求。

4.3.4　尾翼抗鸟撞设计

根据 CCAR25.631 条款要求：尾翼结构必须能够承受 3.6 kg 重的鸟撞击后还能保证飞机继续安全飞行和着陆。

相对于飞机其他需要抗鸟撞设计的部位只需满足 1.8 kg 的鸟撞击即可，适航条款关于尾翼的抗鸟撞要求则更为严酷一些，这使得尾翼结构在面向抗鸟撞条款设计时困难重重。

尾翼结构遭受鸟体撞击后，为了保证飞机继续安全飞行和着陆，就需要保证主盒段的完整性，保证其能够继续负担所需要承受的载荷，还需要保证舵面的正常转动，也就是要保护液压作动器能够正常运作。也就是说遭受鸟体撞击后，尾翼结构的安全性包括两方面的内容：结构承载能力在安全范围内和液压作动器正常运转。

新支线飞机尾翼前缘结构是尾翼抗鸟撞的重要部件，最初的前缘结构按静力与疲劳进行设计，结构整体都比较薄，鸟撞试验中鸟体撞穿前缘结构和盒段前梁结构，并撞击到盒段后梁结构，试验结果与试验判据"不撞穿盒段前梁"相距甚远，不满足条款要求。

为提高前缘结构抗鸟撞性能，对蒙皮和肋进行了加强，并增加防撞隔板，鸟撞试验中前缘结构被撞穿，防撞隔板也发生了撕裂，但盒段前梁完好无缺，如图 4.51 所示。

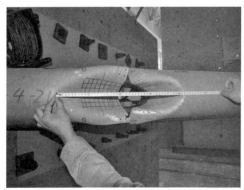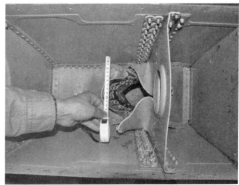

图 4.51　加强后的尾翼前缘结构鸟撞试验

由于盒段结构保持完整,因此认为是符合适航条款要求,但整个尾翼前缘结构重量增加较多,影响了飞机经济性。为了减轻结构重量,新支线飞机平尾前缘更改为三角形的板式结构,如图 4.52 所示,鸟撞过程中,该结构形式可以切割鸟体,改变鸟撞撞击轨迹。

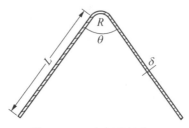

图 4.52　三角板结构参数

基于"切割"与"引导"的抗鸟撞方式,可以减薄蒙皮和肋的厚度,取消防撞隔板,如图 4.53 所示,实现减重 7.5 kg。

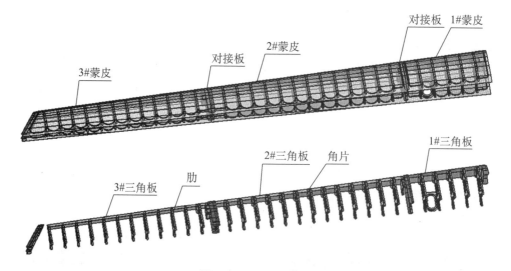

图 4.53　平 尾 前 缘

在平尾前缘结构鸟撞试验中,整个撞击过程从鸟体接触试验件开始到鸟体飞散结束共计约 6 ms,鸟体撞击试验件过程中经历了被切割和被引导流出两个阶段,与设计预想过程基本一致,如图 4.54 和图 4.55 所示。

最终鸟撞试验结果如下:试验件在与鸟体接触的地方蒙皮变形较大,甚至出现撕裂破坏,三角板也产生了变形,与蒙皮在前缘最前端形成一条凸起,三角板的两个侧边几乎被压缩在一起,与上文中所描述的三角板变形有所差别,这是因为上文中把三角板理想化为一个刚体,而在实际设计中不可能把三角板设计成一个刚体,也

图 4.54　鸟体开始被切割

图 4.55　鸟体被完全切割

没有必要设计成一个刚体,虽然在鸟体高速冲击下也会产生变形,但起到切割和引导鸟体的功能,如图 4.56 所示。

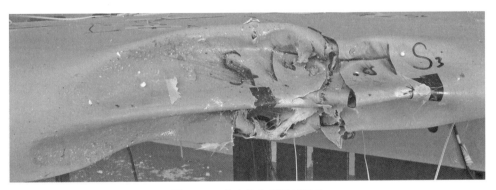

图 4.56　试验结束后的试验件

打开试验件后发现,几乎没有鸟体进入前缘内部,只见到少量血迹和部分鸟毛,对前梁没有产生任何可见损伤,所以这种设计可以保护盒段结构免于鸟体撞击,从而保证了飞机的安全性。

4.3.5　风挡鸟撞试验技术

结构鸟撞是一个高度非线性动态过程,试验验证是最可靠和最常规的方式。风挡玻璃鸟撞试验的关键是正确选择鸟撞危险点,鸟撞风挡的危险点不在风挡中心,而在固定玻璃边框的 4 个圆角区和长边中点附近。风挡中心处受鸟撞击变形最大,因而吸收的能量也最多,缓冲效果最好,因此不危险。边框的 4 个圆角区和长边中点附近受鸟撞击变形较小,因而吸收的能量也较小,缓冲效果差,因此最危险。

风挡玻璃鸟撞适航试验按照标准试验方法 ASTM - F330 - 89,同时试验应考虑 CCAR25.775(d)条款中温度对玻璃的联合作用影响,试验工况如下:

(1) 主风挡玻璃 45℃±5℃,玻璃内侧(驾驶舱内)均为室温 20℃±5℃。

（2）玻璃温度－38℃±5℃，内侧为室温 20℃±5℃。

试验设备主要组成如下：① 压力罐；② 发射台；③ 炮闩；④ 空气输送管；⑤ 炮筒；⑥ 弹筒止动器；⑦ "门"形速度测量仪；⑧ 试验台架；⑨ 试验夹具。如图 4.57 所示。

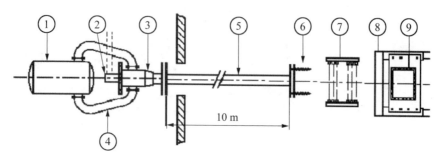

图 4.57　鸟撞试验设备

图 4.58　鸟 弹

试验所用的鸟弹用鸡来代替，在试验使用前 1 h 内，将活鸡窒息致死或宰杀，鸟弹包装前的重量约为 1.8 kg，当重量不够时，可给鸟弹注水，重量超过时只允许剪除鸟弹的翅膀或双腿，增加或剪除的重量不能超过鸟体重量的 10%，为了防止鸟弹在接触试验件前中途解体或变形过大，用聚乙烯薄膜、亚麻线包扎，包装材料的重量不能超过鸟重的 10%，如图 4.58 所示。

通过释放压力罐内的压缩空气来获得试验所要求的速度，压缩空气释放后体积迅速膨胀，在空气炮的炮筒内对鸟弹进行加速。用一台压缩机来提供试验所需的压缩空气，并且空气要经过干燥剂干燥，防止在膨胀阶段有任何的潮气冷凝，影响对鸟弹的加速。压力罐通过两个大的空气输送管道与装有炮闩的炮筒连接。

炮管内径的光洁度要求十分重要，因为鸟弹在炮膛内滑动摩擦运动，对于消耗鸟弹的动能作用极大。在炮管前端端口，有一个挡板装置与炮口固连，其中心孔直径略小于炮口直径，起到鸟弹脱壳的作用。瞄准则是利用从炮筒发出的光束中心对准所需要撞击的位置来确定撞击点，因而撞击点的公差主要是放置在光束前的试验设备的误差。

由光电池发出的两束光和计时器相连，鸟在撞击行程中要经过这两束光。计时器在鸟经过第一束光时开始计时，到鸟经过第二束光时停止。这样计时器就可以准确地记录下鸟经过此段距离时所用的时间。鸟的运动速度是用距离（两个光电池之间的固定距离，通常为 1 m）除以时间（计时器测量）得到的。有一个精确的终端仪表与计时器相连,这个仪表能够精确地计算出鸟的运动速度,单位以 m/s 表示。这就是测量所得到的鸟的运动速度。实际上两个相互独立放置的光电池和计时器通常都能提供双重测量值,与计时器相连的仪表也计算给出双重测量值,试验速度取其平均值,这种速度测量法的公差是±0.5 m/s。

根据新支线飞机地面飞行环境条件总体设计要求,飞机应在−55℃到+55℃的外部环境下能正常起飞降落。为了达到试验要求的低温,可用一个制冷箱盖在玻璃窗外表面上,通过控制注入的液氮来调整箱内的温度,在发射鸟弹之前将制冷箱迅速从窗户上移开,如图 4.59 所示。

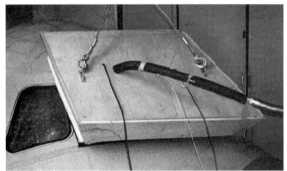

图 4.59　使用液氮对玻璃降温　　　　　图 4.60　使用电加热毯对玻璃加温

为了达到实验要求的高温,利用电加热毯覆盖在窗户外表面来对玻璃进行加温,同样在发射鸟弹之前将电加热毯迅速从窗户上移开,如图 4.60 所示。

玻璃试验件安装在试验夹具上,试验夹具为机头真实结构,试验夹具固定在试验台架上,如图 4.61 所示。

图 4.61　玻璃试验件及试验夹具

参考相关型号飞机的驾驶舱窗玻璃鸟撞试验:加温状态下最不利的情况是对玻璃中心的撞击,因为此时玻璃中心部位变形量最大;冷却状态下最不利的情况是对玻璃拐角处的撞击,因为此时拐角部位挠度最小。在玻璃的这些拐角中,与鸟运动路径所形成的角度最大的拐角是最危险的区域,同时位于上部的拐角部位通常比下部的更严重一些。

风挡鸟撞试验过程如下:

(1) 将装有 4 块试验窗玻璃的驾驶舱结构夹具安装在速度测量门的后面,气炮的轴线要与飞机航向一致。

(2) 确定撞击位置并在试验窗玻璃上做标记。

(3) 打开激光束,使光束沿着气炮的轴线。试验夹具沿着与光束垂直的方向移动直到激光束指向玻璃上所做的标记位置,关闭光束。

(4) 将加热毯/制冷箱覆盖在试验窗玻璃上,直至达到试验所需的温度。

(5) 把鸡杀死,称完重量以后装进尼龙袋子里。

(6) 记录玻璃内部温度(IAT)和玻璃外部温度(OAT)。

(7) 将包裹好的鸡放进炮闩处的铝弹筒内。

(8) 移走加热毯/制冷箱。

(9) 给压力罐充气。

(10) 记录室温。

(11) 当开关发出活塞运动的命令时鸟弹开始加速。

(12) 弹筒与鸟弹分离,鸟弹撞击玻璃。

(13) 记录计时器数值。

(14) 检验玻璃窗和结构夹具。

(15) 新一轮撞击试验从第(2)步开始。

新支线飞机风挡鸟撞试验中,风挡玻璃承受 1.8 kg 重鸟的撞击而不破碎,固定玻璃的结构未产生不可恢复的变形,连接件未脱落,结构完整,如图 4.62～图 4.66 所示。

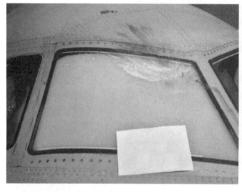

图 4.62 右侧主风挡(外部一)

图 4.63 右侧主风挡(内部)

图 4.64　右通风窗（外部）

图 4.65　右通风窗（内部）

图 4.66　右侧主风挡（外部二）

4.3.6　机头抗鸟撞细节设计

由于机头位于飞机的最前端，是鸟撞发生的重灾区，而且结构外形变化也最剧烈，机头相当部分为 15°鸟撞区域之内，如图 4.67 所示。

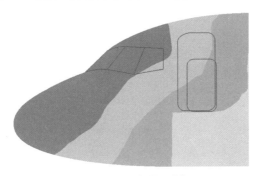

图 4.67　机头鸟撞 15°范围

为了保护驾驶舱里的驾驶员的安全,需要机头结构保持一定的完整性,在机头鸟撞研发试验中,出现过座舱盖结构在鸟撞试验时出现破坏的情况,如图 4.68 所示。

图 4.68　机头座舱盖鸟撞破坏

根据试验现场破坏状况,试验过程如下:鸟体撞击瞬间蒙皮发生变形,连接带板上的铆钉主要承受剪力,由于强度不足其中部分被剪断;随着鸟体在蒙皮上的滑动,蒙皮的变形导致蒙皮对缝变大,随着变形量的增加,连接带板上的铆钉主要承受拉力继而被拉脱,鸟体就从前后蒙皮的对接处,挤入机体内部造成了更大的破坏。

针对问题产生原因,进行了以下更改:将蒙皮和对接板的紧固件、蒙皮和纵梁的紧固件由铆钉换成高锁螺栓,试验结果满足鸟撞适航要求,如图 4.69 所示。

图 4.69　改进后试验

4.4 闪电防护设计技术

4.4.1 背景

雷电作为自然环境中的常见现象,时刻在地球上发生,而飞机,尤其是日益增长的商用客机航线密集程度急剧增长,在空中飞行的商用飞机遭受雷击的可能性非常高,据统计,平均每1000架次飞行就可能遭受1次不同程度的雷击。当飞机穿越某一极性空间电荷集中区到达邻近相反极性空间集中的边界处或边界内,飞机就会遭到雷击。空间电荷中心通过被激励的等离子气体导电通道连续向飞机的雷击附着点放电。同时,气流相对飞机以飞机飞行速度沿飞机飞行相反方向冲刷飞机表面。等离子气体的导电通道在高速气流的冲击下不断向气流弯曲、移动,当导电通路弯曲,移动到一定程度时,导电通路上的电压达到足以击穿通道与邻近机体表面间绝缘层时,就在机体表面上建立新的雷击放电附着点。雷击放电就从先前接触点脱开,在新的附着点上继续以上的过程。以此形成雷击附着点不断向气流方向跳跃、更新的扫掠雷击现象。

遭受雷击后的飞机如果没有可靠的闪电防护措施,就可能造成过大的损伤、飞行功能的丧失,最终可能导致机毁人亡的惨剧。雷击对飞机产生的影响可分为直接效应影响和间接效应影响。直接效应是闪电直接附着到机体上所产生的冲击、热损伤等影响,间接效应是闪电雷击过程中的电磁效应对飞机系统和设备产生的影响。

由于闪电直接效应对飞机的影响最直接,并且对机体结构可能造成的损伤最明显,因此对闪电直接效应进行防护就成了机体结构闪电防护重点。

4.4.2 雷击危害

1)闪电直接效应

闪电袭击飞机后将至少产生一个入点和出点,通常情况下有多个,该出入点通常称为闪电附着点,闪电附着点之间的机体结构为闪电电流的传导路径,闪电与机体间的相互作用在附着区与传导区域截然不同。

附着区域的雷击影响主要如下:

(1)外涂层热熔和气化。

(2)金属表面的点状腐蚀、燃烧或熔穿。

(3)磁力作用下金属部件形变。

(4)声波冲击下金属蒙皮的屈曲。

(5)碳纤维铺层蒙皮的穿孔。

(6)外部保护层(铝箔或金属网格)熔化和气化。

(7)声波冲击导致碳纤维结构脱落和分层。

传导区域(同时适用于附着区域)雷击影响如下:

（1）横截面面积不足以传递闪电电流，导致结构熔化。

（2）结构部件搭接不佳的接头处产生电弧，可能进一步导致局部过压和连接失效。

（3）部件之间产生电弧，燃油箱中或指定的燃油蒸汽区域形成可能点燃燃油蒸气的热点。

（4）点状腐蚀和熔化导致铰链和轴承损坏。

（5）电缆的熔化或气化。

结构部件的外部形状可以影响闪电附着过程所引起的危害程度，弯曲度越大、半径越小的部件在其尖端的电荷密度越大，由于磁场密度反比于弯曲半径，高场强相对应于高磁场力，导致损害程度变大，所以外部部件的半径设计应尽可能大，特别对于位于闪电 1 区的部件，例如翼梢小翼、尾翼翼尖整流罩。

2）静电

飞机在降水（如雪、冰晶、雨夹雪、冰雹）和微尘颗粒中飞行将产生摩擦静电，若电荷聚集，电压和电场达到门限值时，机体发生放电现象，典型的放电类型如下：

（1）飞机末端产生电晕。

（2）搭接不当的金属部件间产生电火花。

（3）绝缘介质表面产生流光。

静电放电具有较宽的频谱，可能干扰机载导航和通信接收机，最易受影响的是低频接收机，例如 ADF 接收机，由于静电放电而引起的干扰现象一直可到 UHF 频段。

只要飞机飞行在水汽或尘粒的环境中，静电就会持续存在。一旦飞机离开此环境，静电便会快速消散，电势恢复到与周围环境平衡状态。

静电电荷在飞机前缘位置产生，沿着传导表面传递到尾端和末端处聚集或泄放到大气。充电速率，即充电电流大小与飞机尺寸、空速及空气成分相关。

4.4.3　雷击分区

根据 SAE ARP5414A - 2005 指导文件，新支线飞机机体遭雷击区分为 1A、1B、2A、2B 和 3 区，如图 4.70 所示。

（1）1A 区为直接雷击区，且雷电在此驻留的可能性非常小。

此区是雷击的进入点，即最先接触到雷击的飞机表面。包括机头、翼梢小翼及翼尖、平尾翼尖、垂尾翼尖等。

（2）1B 区为直接雷击区，且雷电在此驻留的可能性大。

此区是雷击电流放电区，包括机身尾罩、翼梢小翼及翼尖后缘、平尾翼尖后缘、垂尾翼尖后缘等。

（3）2A 区为扫掠雷击区，且雷电在此驻留的可能性非常小。

飞机一旦遭到雷击,这种放电接触点在气流的冲刷下,不断顺气流方向跳跃移动的雷击称为扫掠雷击。这种雷击所扫过的飞机表面为扫掠雷击区,包括机头以后的机身表面、垂尾、翼身交界区、吊挂、短舱等。

(4) 2B区为扫掠雷击区,且雷电在此驻留的可能性大。此区包括平尾后缘、垂尾后缘、尾段等。

(5) 3区是间接影响区,除1区和2区以外的表面。如机翼表面、平尾表面等。

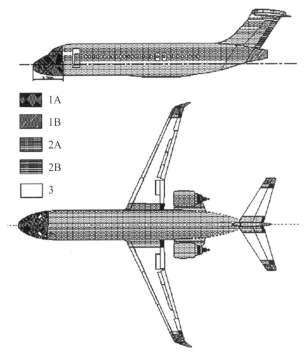

图 4.70 新支线飞机雷击分区

4.4.4 通用设计要求

新支线飞机机体闪电防护通用原则如下:

(1) 闪电放电只能造成局部损伤,而不能危及飞机或乘员的安全。

(2) 闪电放电必须被限制在飞机的外表面,不得进入飞机内部。

(3) 从雷击进入点到雷击离开点之间应具有良好的电连接,低电阻、传输电压最小。

(4) 在雷击1区,连接雷击进入点(1A区)与离开点(1B区)之间的机体表面导电通道应具有传输 200 kA 的峰值电流及在 $1{\sim}2\,\mu\mathrm{s}$ 内传输 500 C 电荷量的能力,且无高热和起火现象发生。

(5) 在雷击2区,连接雷击进入点(2A区)与离开点(2B区)之间的机体表面导电通道应具有传输 100 kA 峰值电流和 $1\sim2\,\mu s$ 内传输 200 C 电荷的能力,且无高热和起火现象发生。

(6) 在飞机外表面导电通路上合适的位置,布置足够的放电刷。放电刷应能多次承 200 kA 的高压电流冲击,并能在 $1\sim2\,\mu s$ 内传输 500 C 的电荷量。

(7) 机体结构的防雷击层与飞机的雷击导电通道应具有良好的电连接。

(8) 所有采取的闪电防护措施在飞行包线给定的环境范围(温度、压力、气候、振动、加速度等)内应运行良好,当有任何疑问时,应通过适当的试验进行验证。

(9) 选择闪电防护措施应考虑自身的耐用性,其设计应考虑最低的维护代价,避免高额的维修付出,应避免使用需要高水平检查的保护措施。

(10) 应关注设备和装置的更改,确保更改不损害其他设备和装置的防护措施。特别应当注意保护表面,避免受到可能的重大意外机械损坏。

(11) 闪电防护设计应给出持续适航的寿命周期文件和闪电防护措施的检查周期。飞机维修时间表中应给出定期检查的所有闪电防护措施。

(12) 对于一般金属机体结构,由于其大量选用高强度铝合金,铝合金是良好的导体,一般不需要特殊措施。但对于机翼结构整体油箱,为防止被击穿,其蒙皮有最小厚度要求。活动部件(包括检查维修口盖)必须设立搭接线与机体相连,保证闪电大电流的传输通道。

(13) 电弧根部对金属蒙皮的损坏不应导致可燃区的蒙皮上出现熔穿或不能接受的热点,可燃区域如下:

a. 燃油蒸气。

b. 液压油蒸气、油。

c. 其他易燃液体及气体。

d. 任何可能导致爆炸的物体。

4.4.5　复合材料结构设计

新支线飞机部分复合材料部件处于闪电影响严重的 1 区、2 区范围内。复合材料导电性能远比金属材料差,所以闪电防护对复合材料结构显得更加重要、突出。适航规章条款 CCAR25.581 条款明确指出:"闪电防护要求非金属结构件的设计应使雷击后果减至最小,并应具有可接受的闪电防护措施,使闪电不致危及飞机安全。"因此,复合材料结构设计必须考虑闪电防护设计,并进行充分的闪电防护试验验证,证明闪电防护措施切实可靠有效。

复合材料结构导电性能差,必须设立专用的传输闪电通道,防止结构遭雷击而损坏,复合材料结构闪电防护设计要求如下:

(1) 碳纤维复合材料(CFC)结构设计应保证该结构任何部位的作用积分不超过安全等级。

作用积分的安全等级定义为其数值使干燥的 CFC 温度上升不超过 100℃。

（2）要求承载闪电电流的各接合处或接触面，不论 CFC 与 CFC 或 CFC 与金属，都应安全承载峰值电流和适合于接合处及接触面的作用积分密度而无重大损伤。一般地，胶接工艺所采用的胶粘剂不导电，故应尽量避免胶接区域作为闪电流通路。

（3）若闪电附着区域或电流传导路径上使用胶粘剂，必须分析或验证胶接界面能承受足够的电流积分密度而不会被闪电电流破坏。

（4）所有 1A、1B、2A 和 2B 区域内的 CFC 表面都应防范闪电引起的表面损坏，除非能满足下列两条中任意一条：

a. 电弧根部附着于未防护表面的概率很低。

b. 飞机不受未防护表面电弧根部的严重表面损伤所危及，并且受损部分的维修或替换代价可接受。

（5）小于 2 mm 厚度的碳纤维复材蒙皮，不论其是否进行了表面防护，都不能用于区域 1A 或 1B，除非可表明飞机不受该部位损坏的危机并且该部位的损伤去除或更换的成本很低。

（6）除了布置铜网外，沿着翼梁（展向）或肋（弦向）可能需要布置金属条带。

（7）金属防护网覆盖性差，只在曲率小的表面上有良好的应用。曲率大的部位需采取其他防护方法。

（8）需注意所使用的金属防护网与复材间的电化学腐蚀，碳纤维和铝的电位差大，易产生腐蚀，需要增加隔离层如玻璃布。铜网和碳纤维电位差小，可不用隔离层。

（9）考虑到 CFC 蒙皮需采取电磁屏蔽措施以防止间接效应问题时，该类措施应和直接效应防护措施互相结合，并在任何可能的位置使用任何表面防护手段以应对直接效应。

（10）复合材料结构紧固件连接防护。

复合材料结构紧固件可以为螺钉、铆钉或是其他特殊的紧固件，如高锁紧固件，紧固件在被连接部件间需提供一定的电气传导特性，可以通过使用钻孔紧固件或者垫圈来增大表面接触面积。紧固件必须与密封剂配合使用，防止湿气进入，密封剂将导致到碳纤维结构的电气传导特性降低，如图 4.71 所示。

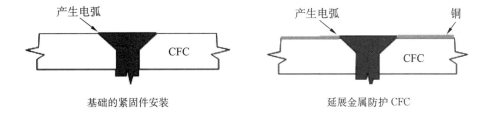

基础的紧固件安装　　　　　　　　延展金属防护 CFC

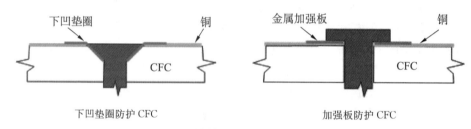

图 4.71　安装在复合材料结构上的紧固件

在闪电电流情况下，紧固件可以产生显著电弧，特别是在紧固件头部，如果紧固件位于闪电附着区域附近，这种电弧情况更加明显。附着在紧固件上的闪电电流可以造成本地局部产生热点，造成结构件的树脂熔化，结构强度减弱，穿透材料，典型的紧固件可以传导 5 kA 的电流而不会损坏。

干涉配合紧固件可以提高紧固件与复合材料间的接触程度，在所有需要降低紧固件电弧的情况下都可以使用干涉配合紧固件，例如：复合材料燃油箱结构上干涉配合套管及紧固件的安装方式被证明可以有效抑制闪电 1A 区的电弧，如图 4.72 所示。

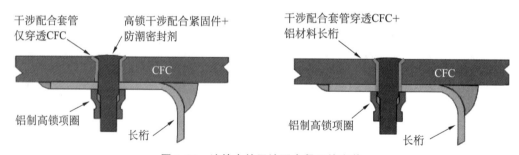

图 4.72　油箱内的干涉配合紧固件安装

4.4.6　整体油箱设计

飞机燃油系统包括油箱、导管、通气口、放油口、加油口盖和检修门等。燃油系统内可能存在燃油蒸气的区域或部件，应避免受闪电附着或强电场感应产生电晕或流光而引起着火，必要时应采取闪电防护措施。

根据适航条款 CCAR25.581 条款和 CCAR23.454 条款要求概括，燃油箱需满足如下设计准则：

（1）飞机燃油的存储系统，放油，通大气和投放系统，必须处理和保护，使被闪电击中造成灾难性后果的概率极不可能。

注：在机体内布置的油箱通气口可能满足这一条件。

（2）通气口的外引部件和排放系统必须设计成：

a. 在飞机可能遇到的任何大气条件下，不得使遭遇的放电强度点燃任何存在的油/气比的燃油蒸气。

b. 可燃浓度的油气将不会经过飞机产生电火花导致引燃油/气比的零件附近。

(3) 飞机的燃油系统必须设计得使闪电电流流经飞机的主结构时,不致因导电感应引起的电位差在可能的电流通过后产生放电火花引燃油气和蒸汽。

机翼燃油箱主要位于闪电分区 3 区内,除部分吊挂后部表面属于雷击 2 区。3 区闪电直接附着的可能性比较小,但仍然要求其可以传导由 1A 区或者 1B 区附着而产生的总电流。另外,根据 SAE ARP 5414 标准,3 区必须可以承受闪电的直接附着。假设燃油箱环境一直存在可燃燃油蒸气,因此需要避免一切的点火源或者引入能量值超过 $200\,\mu J$ 的可能性,其可能导致燃油箱起火或者爆炸。主要危险源包括闪电、ESD、HIRF 或者故障电流引入。根据 CCAR23.481 条款要求,必须证明燃油系统具有固有的安全性,防护系统的单个故障不能导致灾难性的危害。

燃油箱结构设计要求细则如下:

(1) 整体油箱金属蒙皮的对接必须考虑闪电电流的传输,避免产生火花。设计时还应考虑材料老化和机械应力,老化和机械应力可以降低电气传导性能,在飞行载荷下,结构连续的弯曲变形最后可能导致结构的松散,从而在闪电电流通过时产生电火花。

(2) 根据 CCAR23.481(a)(3)条款要求,假设燃油箱环境一直存在可燃燃油蒸气,因此需要避免一切的点火源或者引入能量值超过 $200\,\mu J$ 的可能性,其可能导致燃油箱起火或者爆炸,需通过单多点失效点火源试验来证明条款符合性。

(3) 除非采取特别保护,整体油箱不得安装在 1A、1B、2A 或 2B 闪电区域及其附近,尤其是油箱维护口盖、加油口。

(4) 除非使用惰化或抑制爆炸技术,构成飞机部分燃油系统和全部燃油系统的组件,应设计成正常的燃油或易燃气体存在的地方或在飞机的正常运作时因渗漏而存在的地方不引发电火花。

(5) 飞机结构里面有燃油或燃油蒸气,闪电引起的内外表面热点温度值不应引起燃烧。同样,导线与燃油或燃油蒸气接触,导线的尺寸大小的确定必须保证传导瞬间电流时导线温度的上升值在安全值范围内。

(6) 电弧不得击穿面板而点燃内部油箱,铝结构在短暂的热点温度足以引起点火之前将熔化,因此铝合金不引用热点温度,但是 CFC 结构的温度应限制在 230℃。

(7) 采取一切合理措施,防止雷电电流通过燃油系统内部或燃油系统组件。

(8) 对于封闭结构的油箱,即在油箱和结构之间存在有易燃蒸气的油箱,构成整体所必需的油箱外壳厚度应符合下列要求:

a. 铝结构油箱外壳下方是燃油或燃油蒸气,油箱外壳厚度在 1A、2A 和 1C 区需满足一定尺寸要求,除非飞机设计部门特别决定采用更薄的壁厚;在区域 1B 或 2B,薄铝合金壁板不能有效防止击穿,由设计部门决定可接受的壁厚。

b. CFC 结构的外壳厚度需满足一定尺寸要求，且需要通过试验来验证。

c. 钛合金作为油箱壁结构时，最小厚度需要通过试验来确定。

（9）应尽量减少燃油箱上的接头、焊接以及紧固件数量，以避免电弧源的潜在可能性。

（10）油箱接头和焊接处必须在整个接触区域进行搭接，以防止在接头处产生电弧。

（11）油箱焊接和接头处必须使用聚硫密封胶或者同等作用的处理方式进行密封，以保护任何可能产生电弧的部件。

（12）如果需要在燃油箱的结构内部使用紧固件，需要在尽可能情况下将紧固件设计安装在燃油区域外，如 4.73 所示。

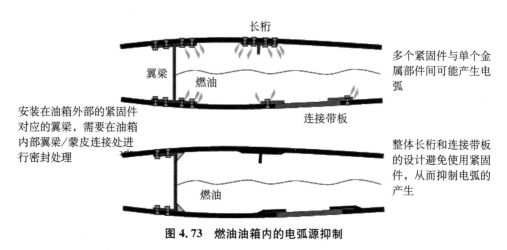

图 4.73　燃油油箱内的电弧源抑制

（13）在油箱结构整个生命周期内，需要保证任意两个导电配合面的搭接阻值需满足一定数值要求。

（14）碳纤维复合材料的燃油油箱必须使用干涉配合类型紧固件，以减小紧固件与结构间的电阻，降低边缘辉光的可能性。

（15）油箱内部的紧固件和托板螺母必须进行全密封处理。

（16）穿过油箱的导电部件，如燃油管路，必须在部件进入油箱前在油箱外部表面进行搭接。

（17）燃油管路连接接头必须包括冗余搭接，并且需要验证其可以传导预期的感应的闪电电流。

（18）油箱内部未刻意隔离的设备必须进行静电搭接处理。

（19）电气设备必须具有相对于燃油箱外部参考地平面的电流回路和故障电流回路。

（20）如果燃油油箱口盖为导电性材料，必须设计成搭接到油箱主结构。

（21）尽量避免在油箱内部使用跳线搭接。

（22）燃油油箱加油口盖必须设计为排斥电弧的部件，防止电弧进入油箱，如

图 4.74 所示。

机翼整体油箱口盖的设计要点如下：

（1）在可行的情况下，四周加强板（连接条带）需要与蒙皮构成一体，或至少通过表面搭接连成一体，以排除可能的电弧源。

（2）油箱内部的紧固件必须进行全密封，密封厚度需满足一定尺寸要求。

（3）O 型垫圈可以防止紧固件周围的电弧进入燃油蒸气区域。

（4）O 型垫圈内部设有金属到金属接触通道。

（5）允许电弧逃逸到油箱外部。

（6）油箱内的紧固件下方需要安装非导电层压板。

（7）整体螺母密封圈可能与铆接托板螺母配合使用，可以承受大电流通过，螺母圈通常与封闭的螺帽或螺纹孔铸造在一起，通过面面搭接的方式与加强板搭接。

（8）口盖需具有导电性，理想情况下，铝板满足要求（需满足一定尺寸要求），导线性口盖可以将电流均分到所有紧固件，从而降低局部电流密度。

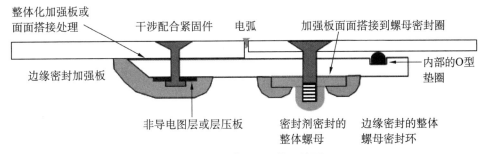

图 4.74 燃油箱加油口盖设计原理

垫圈的布置位置可能不同，主要准则是垫圈要延伸到紧固件内部，以防止电弧进入燃油区域，如图 4.75 所示。

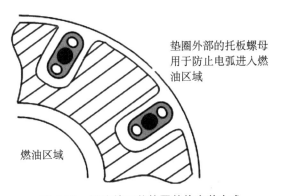

图 4.75 燃油箱口盖垫圈其他安装方式

注：有必要进行燃油油箱及其部件（如加油口盖）的闪电直接效应试验，验证不存在点火源。

通气口盖的位置应尽可能选择在 3 区。在 3 区的通气口应防止电晕或流光点燃通气口及附近的燃油蒸气。必须位于 1 区或 2 区的通气口，应采取措施防止闪电附着并点燃燃油蒸气，以避免火焰传入燃油系统内部。保护方法如下：用新鲜空气冲淡排出的燃油蒸气，使其不会点燃；用压缩空气加速燃油蒸气的排放速度，使其超过火焰蔓延速度；采用火焰抑制器。

4.4.7　试验方法

民机闪电防护设计的验证一般通过分析和试验相结合的方法。雷击试验是验证闪电防护设计方案的主要手段，特别是对复合材料结构。雷击试验需充分考虑零件所在位置的闪电作用区域、需要采用的波形、配置的类型以及每种配置的样本数量、试验点的位置和数量、评判准则等各种因素。

民用飞机的零部件和全机应该按照 SAE ARP5416 所给出的雷击直接和间接效应试验方法进行验证，其机载设备还应按照 RTCA/DO-160G 进行机载设备闪电环境试验，主要试验类型如下：

（1）高电压放电附着试验。

（2）初始先导附着试验。

（3）扫掠通道附着试验。

（4）高电压附着模型试验。

（5）大电流物理破坏试验。

（6）电弧引入试验。

（7）飞机绝缘表面试验。

（8）传导电流试验。

1）飞机雷电试验波形

对民用飞机进行闪电分区以后，应按 SAE ARP5412 对飞机的闪电环境及相应测试波形进行确定。

大电压模拟试验中，飞机云内闪电试验谱参照图 4.76。初始附着试验应采用图 4.77 电压波形 A；结构脉冲绝缘试验应采用图 4.78 电压波形 B；被测物体与电极间有间隙的雷击试验，其雷击测试波形参照图 4.79 中波形 C，飞机结构先导附着区（如 1C 区）闪电防护试验应采用图 4.80 缓速上升波形 D。

飞机结构大电流直接雷击的闪电试验电流谱可采用图 4.81 的 A、B、C 和 D 波形，A、B、C 和 D 波形的峰值、幅值、平均幅值、作用积分、持续时间、电荷转移量、最大电荷转移量等特征参量如表 4.9 所示。

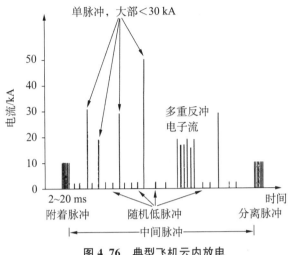

图 4.76 典型飞机云内放电

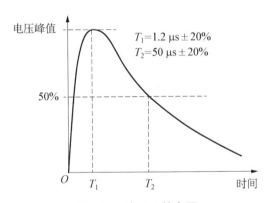

图 4.77 波形 A 的电压

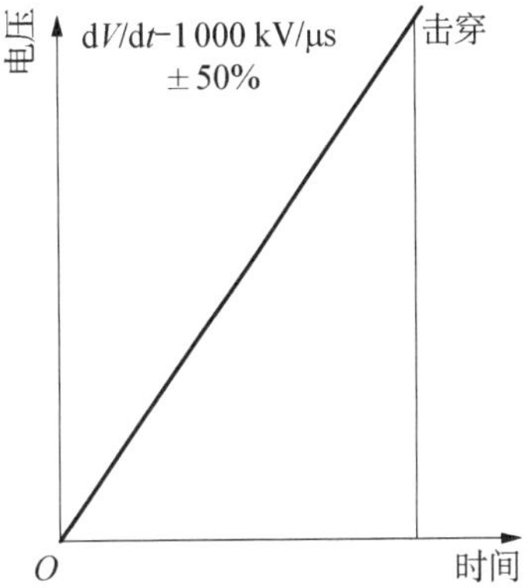

图 4.78 波形 B 的电压

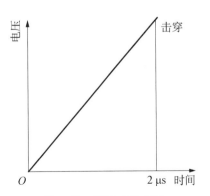

图 4.79 波形 C 的电压

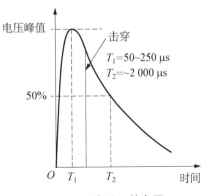

图 4.80 波形 D 的电压

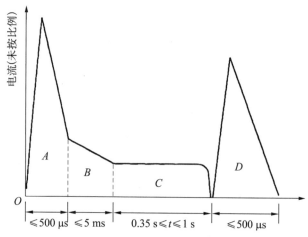

图 4.81 直接效应试验的电流分量 A～D

表 4.9 A、B、C 和 D 波形的等特征参量

	分量 A（首次回击）	分量 B（中间电流）	分量 C（持续电流）	分量 D（后续回击）
峰值	200 kA(±10%)	—	—	100 kA(±10%)
幅值	—	—	200～800 A	—
平均幅值	—	2 kA(±20%)	—	—
作用积分	2×10^6 A²s(±20%)（500 μs 内）	—	—	0.25×10^6 A²s(±20%)（500 μs 内）
持续时间	≤500 μs	≤5 ms	0.25～1 s	≤500 μs
电荷转移量	—	—	200 C(±20%)	—
最大电荷转移量	—	10 C(±10%)	—	—

2）典型试验方法

本节将以雷电直接效应大电流电弧引入试验为例，介绍雷击试验的主要方法和装置示意。

试验按照 SAE ARP5416 标准中规定的雷电直接效应试验方法执行，电流波形采用 SAE ARP5412 中规定的电流分量 A、B、C 和 D，雷电流直接效应试验原理如图 4.82 和图 4.83 所示。雷电直接效应试验原理如下：控制装置依次导通放电开关 K_D、K_B、K_C，针对不同类型的试验件，电流分量 A、B、C 和 D 分别以不同的组合方式放电，每一注入点放电 1 次，电流以等离子弧的形式注入，模拟大气雷电对试验件的雷电冲击。使用耐电弧烧蚀的金属良导体制成的球电极作为放电电极，距试验件表面距离需满足一定尺寸要求，电弧的喷射和冲击压力波的作用不会影响试验结果，试验件安装和试验形式示意如图 4.84 和图 4.85 所示。

图 4.82　雷电流发生器

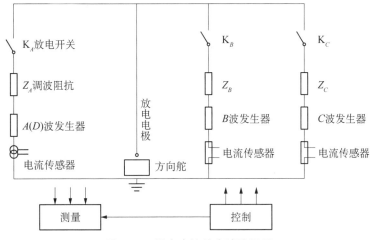

图 4.83　雷电直接效应试验原理

图 4.84　试验安装状态

图 4.85　试验电弧引入示意

雷电流传导试验原理如图 4.86 所示。

试验时，控制装置依次接通开关 K_A、K_B 和 K_C，使电流分量 A、B、C 和 D 以传导的方式进入试验件。考察雷电流流经被试口盖和飞机结构（由试验平板模拟）结合处时，是否会因接触不良或接触间隙而产生电压火花或电弧火花以及热斑，从而使油箱内燃油蒸气引燃。

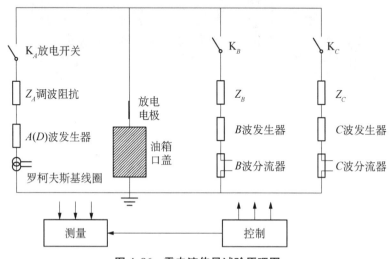

图 4.86　雷电流传导试验原理图

4.4.8　新支线结构设计

新支线飞机机体结构主要承力结构的材料以 2000 系列铝合金和 7000 系列高强度铝合金为主，少量零部件采用结构钢、钛合金或复合材料，其中采用碳纤维复合材料的零部件主要有翼梢小翼、襟翼子翼和方向舵，采用玻璃纤维复合材料的零部件有机头雷达罩、翼身整流罩、垂尾前缘"L"天线、复合材料垂尾翼尖整流罩后缘、平尾根部整流罩、襟翼滑轨整流罩，复合材料主要结构部件的雷击分区图中的位置如图 4.87 所示。

高强度铝合金机体结构由于采用铆接或干涉配合的高锁螺栓等金属紧固件连接，具有良好的导电性能，一般不需要额外闪电防护措施。

1）整体结构油箱

机翼整体油箱位于闪电 3 区，闪电防护设计的目的如下：

（1）防止雷击电流的传导引起局部油箱结构发生击穿损伤，引起燃烧爆炸。

（2）防止雷击电流引起燃油箱内部结构点火。

新支线飞机机翼整体油箱的蒙皮厚度满足尺寸要求，满足闪电防护要求。

机翼整体油箱的检修口盖是非受力口盖，口盖与壁板之间没有直接用紧固件连接，而是采用胶接托板螺母。为使口盖与机翼下壁板之间构成良好的传输电流的通

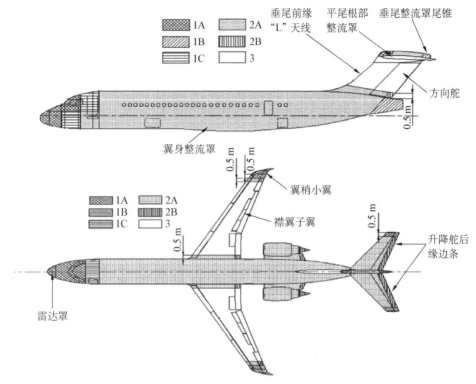

图 4.87 复合材料部件在雷击区的位置

道,在夹紧环与口盖、口框贴合面之间布置导电金属网垫圈;同时,口盖上嵌有密封圈。密封圈一方面起密封作用,另一方面隔离电火花,防止电火花窜入油箱。在通气口盖处安装有火焰抑制器,防止外部的电晕或流光从通气口窜入油箱内。

2) 活动部件

平尾、升降舵、方向舵、机翼活动面、飞机的舱门等活动部件都是通过轴承、铰链等转动副与机体相连。这些转动副内有活动间隙,为减少摩擦,活动间隙内有润滑脂或润滑膜,导电性能较差。为改善导电性,活动部件转动副附近均按电搭接规范要求,选用搭接线选用手册中推荐的搭接线,其中传输雷击电流的搭接线不少于2根,能够形成闪电和静电的传输通道,如表 4.10 所示。

表 4.10 活动部件电搭接

序号	活动部件	搭接部件	序号	活动部件	搭接部件
1	方向舵	垂尾后缘舱	5	前起落架舱门	机头
2	升降舵	后梁组件	6	RAT 舱门	机头
3	平尾中央盒段	垂尾端斜肋	7	后应急门	后应急门门框
4	AUP 舱门	后机身	8	前货舱门	前货舱门门框

（续表）

序号	活动部件	搭接部件	序号	活动部件	搭接部件
9	后货舱门	后货舱门门框	15	副翼	副翼舱
10	前服务门	前服务门门框	16	前起收放作动筒	横梁
11	后设备舱门	后设备舱门门框	17	主起缓冲支柱	机翼上的型材
12	内襟翼	机翼后缘	18	主起收放作动筒	机翼上的型材
13	外襟翼	机翼后缘	19	下位锁开锁作动筒	开锁作动筒支座
14	小翼前缘	机翼前缘			

3）复合材料方向舵

方向舵位于垂尾后部，是碳纤维复合材料夹层结构，在其左右表面采用了喷涂铝处理，如图 4.88 所示。

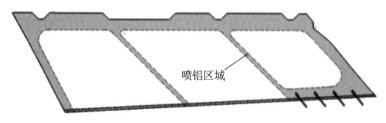

图 4.88　方向舵喷铝

方向舵的前梁与垂直安定面之间布置了电搭接线，保证整个导电通路的连贯性。

4）垂尾翼尖整流罩后缘

垂尾翼尖整流罩后缘位于整流罩最后部，是由玻璃纤维面板和蜂窝芯组成的蜂窝夹层结构。属于雷击 1B 区，外表面采用铝涂层（厚度需满足一定尺寸要求），铝涂层外再涂 ZMS1786 耐冲击底漆和面漆，周围的螺栓将整流罩后缘固定在整流罩的铝合金的框架上，螺栓孔周围的整流罩后缘表面打磨至喷铝层，安放金属垫圈，通过螺栓与整流罩框架上的托板螺母连接，整流罩后缘表面涂铝层与整流罩基本结构实现电搭接，形成完整的导电通道。

5）平尾翼根整流罩

平尾翼根整流罩位于平尾与垂尾整流罩的交界区，是由玻璃纤维面板和蜂窝芯组成的蜂窝夹层结构，外表面采用铝涂层（厚度需满足一定尺寸要求），铝涂层外再涂表面保护涂层，螺栓将整流罩固定在平尾外伸段前后缘的铝合金支架上，螺栓孔周围的整流罩表面打磨至喷铝层，安放金属垫圈，通过螺栓与支架上的托板螺母连接，整流罩表面涂铝层与整流罩平尾外伸段结构实现电搭接，形成完整的导电通道。

6）翼身整流罩

翼身整流罩是玻璃纤维、纸蜂窝夹层结构，位于雷击 2A 区，所有制件外表面施加火焰喷涂铝涂层。

7）机头雷达罩

机头雷达罩是非金属结构，位于飞机最前部，处于雷击 1A 区。雷达罩表面安装 6 根 6061 的防雷击分流条，分流条和雷达罩后端的 7075 加强环通过螺栓等紧固件相连，再通过与机头结构连接的 2 个铰链螺栓，37 框上的 5 个导销，2 个快卸锁实现与机头结构的电连接，雷击附着点和传输雷击电荷通道连贯，雷击电流直接传递给机身蒙皮，如图 4.89 所示。

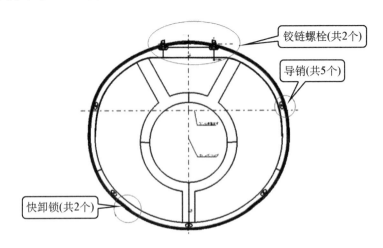

图 4.89　机头雷达罩与机体的电连接

8）翼梢小翼

翼梢小翼为全高度夹层结构，前缘和翼尖为金属蒙皮，全高度夹层结构由前后梁、上下蒙皮、全高度泡沫夹芯、翼尖封严肋、根部封严肋组成，均为复合材料件。翼梢小翼处于雷击 1A 区，采用火焰喷涂铝进行表面闪电防护，火焰喷涂铝覆盖的面积为整个复合材料表面及超过前缘和翼尖蒙皮对缝区域，如图 4.90 所示。

小翼的前后梁通过接头分别与机翼的前后梁连接，机翼 24♯肋为铝合金机加肋，24♯肋一侧缘条与机翼金属壁板连接，另一侧缘条与小翼复合材料蒙皮通过螺栓、游动托板螺母的方式连接，能够形成完整电流通路。

4.4.9　新支线结构试验验证

新支线飞机闪电直接效应防护适航符合性验证试验主要选取非金属结构部件、整体油箱结构作为试验对象。对于传统铝合金机械连接部件，由于其具有良好的电传导特性，因此无须进行试验验证。

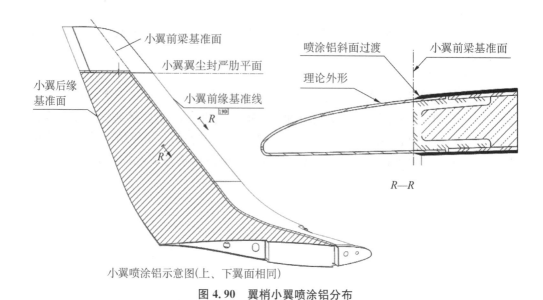

小翼喷涂铝示意图(上、下翼面相同)

图 4.90　翼梢小翼喷涂铝分布

　　新支线飞机已开展并通过适航审查的闪电直接效应防护适航符合性验证试验的部件如下:复合材料方向舵、垂尾翼尖复合材料整流罩、复合材料翼梢小翼、复合材料雷达罩、铝合金整体油箱典型结构(含油箱口盖和通气口盖)。

　　1) 方向舵闪电防护试验

　　方向舵位于垂尾后缘,整个方向舵包含了雷击 1A、1B、2A、2B 和 3 区。

　　复合材料方向舵雷击试验为大电流试验,如图 4.91 所示,按照 SAE ARP5416 中规定的雷电流直接效应试验方法,电流波形采用 SAE ARP5412 中规定的电流分量 A、B、C 和 D,每一个注入点放电 1 次。

图 4.91　方向舵雷击试验

雷击试验后,通过剩余强度分析和试验,表明方向舵试验件在试验过程中无任何超出限度的破坏现象发生,雷击产生的损伤无扩展,方向舵满足适航条款要求,满足飞机安全性要求。

2) 垂尾翼尖整流罩闪电防护试验

垂尾翼尖整流罩后缘位于垂直安定面顶部的最后端,是垂尾翼尖整流罩的尾椎部分,属于次承力结构件,属于雷击 1B 区。

由于在垂尾翼尖整流罩内安装有频闪灯,因此为验证类似结构件的闪电防护性能,采用了带频闪灯部分结构的结构和系统复合部段作为试验件构型,进行雷击试验。

试验后垂尾翼尖整流罩后缘试验件的电流注入点有烧蚀,雷电流只在外表面,没有进入结构内部,结构未发生明显的损伤,试验结果满足雷击试验大纲合格判据,如图 4.92 所示。

图 4.92　垂尾翼尖整流罩雷击试验

3) 翼梢小翼闪电防护试验

翼梢小翼处于雷击 1A 和 1B 区,进行了附着点和直接效应两类试验。

(1) 雷电附着点试验:确定雷电是否会附着在航行灯/频闪灯上。

(2) 雷电直接效应试验:在确定的雷电分区和雷电流注入点上,注入相关的雷电流分量,验证翼梢小翼结构雷电防护设计的有效性。

雷电附着点试验用 SAE ARP5412 中规定的 D 波形,按照 SAE ARP5416 中规定的雷电附着点试验方法,确定雷电是否会附着在航行灯/频闪灯上。

雷电直接效应试验按照 SAE ARP5416 中规定的雷电直接效应试验方法,进行全尺寸结构的雷电直接效应试验。采用 SAE ARP5412 中规定的电流分量 A、B、C、D,以不同的组合进行试验:对于雷电 1A 区,使用电流分量 A、B,以复合分量的形式注入;对于雷电 1B 区,使用电流分量 A、B、C 和 D,证实当通过规定的冲击雷电流时,复合材料翼梢小翼不会产生危及飞行安全的损伤。

图 4.93　翼梢小翼雷电高电压附着点试验

翼梢小翼在雷电高电压附着点试验中未见损伤，未见异常，如图 4.93 所示，高电压附着到翼梢小翼灯罩后又滑闪到小翼金属结构上，灯罩未见损伤。翼梢小翼在雷电直接效应试验中，仅见纤维轻微起层和镀铝层局部脱落，未见大的损伤，雷击损伤限制在安全许可的范围内，不会危及飞行安全。试验证明翼梢小翼满足设计与符合性要求，如图 4.94 所示。

图 4.94　翼梢小翼雷击大电流注入试验

4) 机头雷达罩闪电防护试验

雷达罩的雷电防护系统由 6 根雷电分流条及其与内环连接螺栓等组成，雷达罩进行全尺寸雷达罩雷电附着点试验和雷击大电流注入试验，试验件如图 4.95 所示。

雷电附着点试验的顺利通过证明了雷达罩上的雷电防护系统能够引导雷电先导首先附着在雷电防护系统上，对雷达罩及其内部的航电设备起到应有的防护作用，且试验过程中雷达罩复合材料

图 4.95　雷达罩闪电防护试验件

夹层结构没有出现穿孔或分层现象，满足试验合格判据。

雷电流试验顺利通过，证明雷电防护系统能够耐受冲击雷电流所引起的热、电磁力和冲击等雷电损害，且试验过程中，分流条、连接螺栓和金属内环等没有发生断

裂或脱落现象,也满足试验合格判据。

5) 整体油箱口盖闪电防护试验

根据 SAE ARP5414 飞机雷电区域划分,新支线飞机机翼整体油箱属于雷电 3 区,该区域将传导雷电流分量 A、B、C、D。雷电流传导通过整体油箱的检修口盖和通气口盖时,有可能在这些口盖的密封、紧固件等处产生火花、热斑或其他热效应,从而使油箱的燃油蒸气点燃。新支线飞机机翼整体油箱口盖进行了雷电防护设计,目的是对燃油箱检修口盖和通气口盖内部可能存在的点火源,采取适当的防护措施,以消除这些内部点火源,或将点火源隔离在燃油箱以外。

新支线飞机机翼整体油箱结构雷电防护试验主要是验证下翼面检修口盖及通气口盖处的雷电防护特性,验证油箱口盖是否会出现由雷击引起的引燃源,如图 4.96 和图 4.97 所示。

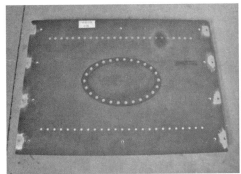

图 4.96　整体油箱口盖雷电流传导试验件与试验设备

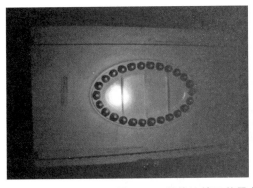

图 4.97　整体油箱口盖雷电流传导试验暗箱内状态

新支线飞机机翼油箱通气口盖属于雷电 3 区。当通气口盖位于强电场环境下时,通气口盖表面可能会出现电晕流光,造成通气口盖出口处燃油蒸气的引燃,威胁飞机安全,电晕流光试验目的即是采用照相方法检测通气口盖的通气口处出现电晕

图 4.98 冲击电压发生器

流光的可能性。

电晕流光试验设备主要由冲击电压发生器及与其相应的控制、测量、数据处理和影像记录等部分组成,试验设备如图 4.98 和图 4.99 所示。按照 SAE ARP5416 中规定的雷电电晕流光试验方法,试验电极为平板电极,电压波形采用 SAE ARP5412 中规定的电压 B 波形。正式试验时,调整高压平板电极与试验件之间的电场强度,观察试验件上是否出现电晕流光。若无电晕流光出现,提高高压平板电极与试验件之间的电场强度,直至高压平板电极与试验件之间的空气气隙被击穿。每次放电过程进行拍照、摄像记录,作为判断试验件有无电晕流光出现的依据。

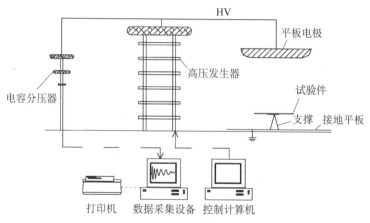

图 4.99 电晕流光试验安装原理图

根据电晕流光试验照相记录,在试验件前后缘出现电晕流光的情况下,未发现通气口的出口处出现电晕流光,如图 4.100 所示,设计满足闪电防护安全性要求。

图 4.100 通气口盖电晕流光试验

4.5　复合材料结构设计技术

4.5.1　背景

  复合材料(简称复材)指的是两种或两种以上物理和化学性质不同的物质组合而成的一种多相固体材料。它通常由基体和增强体组成,基体和增强体能够互相补长去短,发挥各自的长处。20世纪40年代起玻璃纤维/环氧树脂复合材料开始在飞机结构上应用,虽然比强度高于金属,但受比模量限制应用的位置和用量较小。以碳纤维为增强体的先进复合材料在20世纪60年代中期问世,70年代初即开始应用于飞机结构上,先进复合材料为高强、高模的碳纤维,区别普通的玻璃纤维复合材料。自20世纪70年代以来,随着航空业对飞机经济性的要求日益提高,减轻结构重量对现代飞机越来越重要,先进复合材料具有比强度高、比刚度高的独特优点,将其用于飞机结构上可减重20%左右,这是其他先进航空技术难以或无法达到的效果。此外,复合材料还具有可设计性强、可明显改善飞机气动弹性、疲劳性能好、耐腐蚀、便于大面积整体成型等优点,在航空航天领域的应用日益广泛,继铝、钢、钛之后,复合材料已迅速发展成四大航空结构材料之一。

  先进复合材料在飞机上应用的部位和用量已成为衡量飞机结构先进性的重要指标之一。从70年代以来,复合材料首先运用于受载不大的简单零件,如各类口盖、舵面等,之后逐步应用于承力大的部位,如安定面、中后机身段,直至复杂受力部位,如机翼、中机身、中央翼盒等。进入21世纪以来,复合材料在飞机主承力结构上的用量急剧增加,例如,2009年12月15日首飞的波音公司的B787"梦想飞机",其复合材料结构用量就已经高达50%,于2013年6月14日首飞的空客公司的A350XWB宽体客机,其复合材料结构用量更是达到了史无前例的53%,包括中央翼盒、机翼大梁、机翼蒙皮以及平尾、垂尾在内的诸多关键结构元件均使用复合材料制成,如图4.101所示。

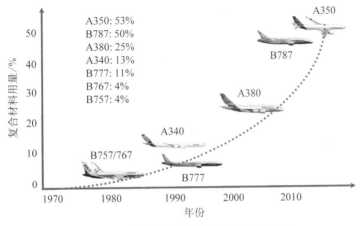

图4.101　大型民用飞机复合材料应用趋势

当前,复合材料的用量与应用效果已成为波音公司和空客公司的大型民用飞机产品商业成败的重要筹码。同样,大量应用复合材料也是我国大型民用飞机商业成功的重要筹码,是国产大型民用飞机研制与发展的必由之路。

4.5.2　研制思路

民用飞机复合材料结构的设计研发严格按 CCAR25 部及 AC20‐107"复合材料飞机结构"的要求执行。此外,复合材料飞机结构还需满足咨询通报 AC21‐26 "复合材料制造商的质量控制"。结构设计全面考虑材料体系、结构形式、强度分析、工艺方法、制造能力、使用缺陷和损伤等各种因素,其中结构破坏模式的多样性、结构特性的分散性、湿热环境影响因子、冲击损伤准则、闪电防护措施、"积木式"验证试验体系等是关键技术难点。复合材料结构的强度与材料、结构设计所采取的工艺方法、实际制造工艺水平、制造缺陷、使用中的损伤等密切相关,而且破坏模式多样性、结构特性的分散性,使得强度分析的依据需要有试验支持。因此需要通过细节、组件、全尺寸试验来验证复合材料结构满足强度要求,即采用"积木式方法"进行复合材料结构的验证试验。按照试样级、元件级、细节件级、组合件级、部件级、全尺寸级的验证思路,从底层技术开始研究,逐级推进,直至完成复合材料结构的适航验证过程。

民用飞机复材结构"积木式"试验规划包括各类材料级、元件级、零组件级和部段级试验,如图 4.102 所示。

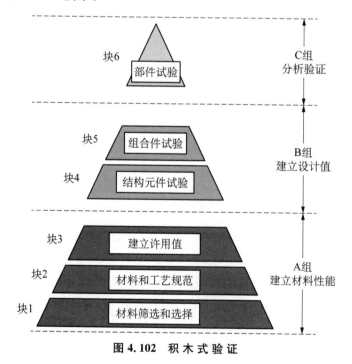

图 4.102　积 木 式 验 证

1）试样级（coupon）

进行选材试验和材料物理性能试验、化学性能试验、工艺参数优化试验等，为确定满足适航要求的材料规范、工艺规范提供试验数据。

2）元件级（element）

进行元件级的试验，确定典型结构单元的工艺方案试验、结构工艺适应性试验、确定设计许用值、连接试验，考虑各种环境影响，进行疲劳和损伤容限试验，考虑制造缺陷、使用损伤因素及缺陷的无损检测试验，并且要满足适航要求。

3）典型结构件级（detail）

进行典型结构件试验，如加筋结构件的设计试验，研究确定设计和工艺参数的匹配、壁板稳定性、连接强度、缺陷影响、开口影响、环境影响、损伤影响、缺陷的无损检测试验和修理方法，制定结构验收技术条件、检查大纲和修理方法，为制定装配工艺规范、结构验收技术条件、检查大纲和修理方法提供试验数据。

试验考虑稳定性、承载能力、应力集中、铺层设计、大型螺接/接头等的孔挤压、参与传力、变形、冲击损伤、疲劳、修理等。

4）次部件级（sub-component）

进行各类试验，确定其承载能力、稳定性、破坏模式、损伤容限特性、离散源损伤、制造和装配工艺、防雷击性能。进行损伤容限试验，评估寿命、损伤容限的能力及修理后的评估。

试验考虑静力、疲劳、损伤容限（冲击损伤）、雷击损伤、修理、极限承载能力、变形控制等。

5）部件级（component）

进行全尺寸结构件的设计、分析、制造和试验验证，包括全尺寸的静力试验、雷击试验。全尺寸静力和疲劳试验在一个试验机上完成全部内容。试验包括限制载荷、疲劳、极限载荷、损伤扩展、剩余强度及修理强度验证等。

4.5.3　材料选用

新支线飞机在我国民用飞机复合材料应用上进行了有益的探索，首先应用在一些次承力结构件，复合材料用量约占全机的 2.8%，如图 4.103 所示。其中，方向舵、翼梢小翼、襟翼子翼、短舱等为碳纤维复合材料，垂尾前缘、垂尾整流罩、平尾整流罩、翼身整流罩、襟翼整流罩、雷达罩等为玻璃纤维复合材料。

1）基体材料

基体作为纤维的支撑、保护并传递载荷，其性能对复合材料与基体相关的力学物理性能如横向力学性能、压缩性能、韧性和耐湿热性能、湿热膨胀系数等有决定性的影响，对工艺性能如流变性能、粘性和铺覆性、凝胶时间、预浸料贮存稳定性、成型温度、压力、时间均起着直接支配作用。

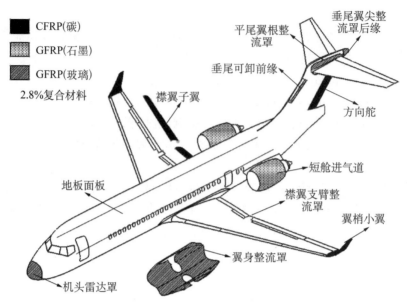

图 4. 103　新支线飞机复合材料结构分布

飞机上常用的树脂有环氧树脂、酚醛树脂、双马来酰亚胺树脂、聚酰亚胺树脂、热塑性树脂等五大类。

根据新支线飞机复合材料构件使用的湿热包线的关系,同时考虑复合材料构件的力学和物理性能、成型的工艺性等几个方面的要求,新支线飞机主要采用环氧树脂作为基体材料。

2) 增强材料

增强纤维是复合材料构件承载的主体,增强材料选择的原则如下:

(1) 根据性能和成本综合评价做出选择。

(2) 根据使用环境选择增强材料。

新支线飞机结构中选用碳纤维和玻璃纤维作为增强纤维。

3) 预浸料

新支线飞机复合材料部件预浸料选用规格如表 4. 11 所示。

表 4. 11　预浸料选用规格

序号	预浸料规格	序号	预浸料规格
1	碳纤维单向带/环氧预浸料 ZMS 2224,Ⅱ型,1 类,145 级 树脂含量 38%,单位面积纤维重量 145 g/m² 层压板名义厚度 0.15 mm	2	碳纤维织物/环氧预浸料 ZMS 2224,Ⅳ型,2 类,3K‐70‐PW 树脂含量 40%,单位面积纤维重量 193 g/m² 层压板名义厚度 0.21 mm

（续表）

序号	预浸料规格	序号	预浸料规格
3	玻璃纤维织物/环氧预浸料 ZMS 2212 规格 7781　Ⅲ型　B级 树脂含量 40%，单位面积纤维重量 294.5 g/m² 层压板名义厚度 0.24 mm	4	玻璃纤维织物/环氧预浸料 ZMS 2212 规格 1581　Ⅲ型　B级 树脂含量 40%，单位面积纤维重量 294.5 g/m² 层压板名义厚度 0.24 mm

4）夹芯材料

在新支线飞机结构上使用的夹芯材料主要有芳香族聚酰胺树脂/酚醛树脂的芯材及聚甲基丙烯酰亚胺树脂闭孔刚性泡沫，如表 4.12 所示。

表 4.12　夹芯材料使用一览表

材　料　名　称	材料规范	材　料　名　称	材料规范
芳香族聚酰胺树脂/酚醛树脂的 芯材	ZMS 1974	聚甲基丙烯酰亚胺树脂闭孔刚性 泡沫	ZMS 2278

5）胶粘剂

选择胶粘剂应考虑的因素如下：

（1）力学性能。

（2）物理化学性能及与其他材料的相容性。

（3）环境要求，包括高温、低温、湿度、腐蚀介质。

（4）胶粘剂本身的价格以及胶接工艺成本。

（5）特殊要求，包括阻燃、毒性、电气性能等。

新支线飞机夹层结构所用的结构胶粘剂如表 4.13 所示。

表 4.13　夹层结构胶粘剂

材　料　名　称	材料规范	材　料　名　称	材料规范
350°F固化的复合材料用结构 胶粘剂	ZMS 2177	250°F固化的复合材料用结构 胶粘剂	ZMS 7721
蜂窝芯拼接和蜂窝芯与组件胶 接用泡沫胶粘剂	ZMS 2180	耐环境改性环氧胶粘剂	ZMS 2169

6）密封剂

选用密封剂应考虑下列因素：

（1）使用要求。

应考虑结构的密封形式、承受的压力、接触的介质、使用温度、湿度条件、使用寿命及施工方式等因素。

（2）材料性能。

应考虑与其他材料的相容性、粘结性能及可承受的压力、耐介质性、耐高温和低温性、贮存期、活性期及工艺性等因素。

在复合材料的机械连接结构中，为了保证结构本身的密封，应根据所接触的介质选用粘结力好的室温硫化密封剂，对紧固件进行湿装配，既起到结构密封作用，也可防止复合材料结构对紧固件产生的电化学腐蚀，新支线飞机复合材料结构密封剂使用情况如表 4.14 所示。

表 4.14　复合材料结构密封剂

材 料 名 称	材料规范	材 料 名 称	材料规范
低密度填角密封剂	ZMS 2427	整体油箱及燃油舱密封化合物	ZMS 2082

4.5.4　结构设计要求

1）层压结构设计

新支线飞机层压结构铺层设计要求如下：

（1）铺层方向一般采用 0°、±45°和 90°。

（2）对受拉压为主的构件，应以 0°铺层居多为宜。

（3）对受剪为主的构件，应以 ±45°铺层居多为宜。

（4）从稳定性和耐冲击观点，构件外表面宜选用 ±45°铺层。

（5）在承受双轴向及剪切载荷时，采用 0°、±45°和 90°铺层。

（6）承受局部冲击载荷的壁板，在基本层中应分配足够的 0°铺层，以承受局部冲击载荷，加上 ±45°铺层，将此载荷重新分布，如图 4.104 所示。

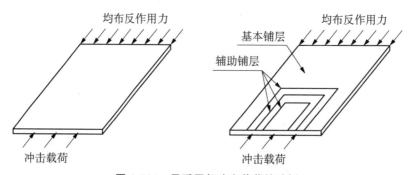

图 4.104　承受局部冲击载荷的壁板

（7）从结构稳定性、减少泊松比和热应力及避免树脂直接受载考虑，不允许只有两个方向的铺层，应采用四个方向铺层，即 0°、±45°和 90°铺层，在 0°和±45°的层压件中，必须有 6％～10％的 90°铺层，90°铺层承受侧向载荷及控制泊松比效应。

（8）在易于受到低能量冲击部位，外表面宜采用织物铺层，可增加±45°铺层比例或采用碳-玻璃纤维构成的混杂结构。

（9）采用对称铺层，尤其是单向带构成的层压件，铺层更应该相对于层压件中性轴对称布置。

（10）机械连接处要求铺层的取向具有足够的紧固孔挤压强度，有效面积的拉伸强度及剪切强度。应保证±45°铺层的比例不低于 40％，0°层铺层比例不低于 30％，90°层比例至少 10％，在连接区铺层不允许拼接。

（11）坐标系选取：对于结构形式简单，结构受力简单的结构，建立一个坐标系即可；对于结构形式比较复杂、结构受力复杂的结构，可按其外形及受力特点建立几个坐标系，但坐标系之间必须协调一致。坐标系的 0°方向应与构件的主受力方向一致，0°方向对于单向带，系指纤维方向，对于织物，系指经线方向，铺层仅限于 0°、±45°和 90°四个方向。

（12）减轻孔（或检查口）。

设计时应尽量避免在层压板上开孔，由于设计需要必须要开孔时，应考虑开孔尺寸和形状，应尽量少切断纤维，如图 4.105 所示。

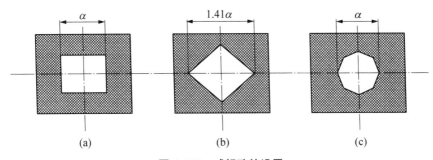

图 4.105　减轻孔的设置

（a）不好　（b）较好　（c）好

层压结构上的开孔或在结构固化前，或在固化后进行。层压结构上的开孔一般都应加强。

对于开口尺寸较小时，一般采用实心边缘减轻孔，加强时，可在孔的边缘增加局部铺层加厚孔边缘，这种减轻孔的结构简单，工艺方便，孔边缘加强与基本构件同时固化成型。

（13）脱模斜度。

为便于零件成型后从模具内取出，防止零件表面损伤，零件内、外表面应具备脱模斜度。

2) 连接设计

机械连接主要用于传递集中载荷或强调可靠性的部位,其中螺栓连接一般用于连接主承力结构。

为防止复合材料机械连接出现低强度破坏模式,并具有较高的强度,被连接区域的几何参数按表 4.15 选取。

表 4.15　机械连接中几何参数的选择

列距/孔径 (S/D)	排距/孔径 (P/D)	边距/孔径 (S_w/D)	端距/孔径 (e/D)	孔径/板厚 (D/t)	划窝深度(H) /mm
$\geqslant 5$	$\geqslant 4$	$\geqslant 3$	$\geqslant 3$	$1 \leqslant D/t \leqslant 2$	$H \leqslant 0.7t$

机械连接形式的选用原则如下:

(1) 连接设计宜采用双剪连接形式,尽可能避免单剪连接。

(2) 应尽量采用不多于两排钉的连接形式,排距尽可能大些,钉孔布置应尽可能平行排列。

(3) 设计合理的斜削型连接可以改善多钉连接载荷的不均匀性。

(4) 不允许选用锤铆工艺方式及其相应的铆钉,优先选用复合材料专用的大端头标准件。

(5) 对于一般部位,推荐采用的螺栓与孔的配合精度不低于 H8/h7,重要接头采用精密铰制孔。

(6) 紧固件材料应优先选用钛合金、纯钛和钛铌,不允许选用铝合金的紧固件。

(7) 优先选用双金属铆钉,拉铆型环槽钉和抽芯铆钉。

4.5.5　方向舵设计

早期飞机型号方向舵为金属密肋的结构形式,不仅重量不占优势,而且零件数量多、紧固件数量庞大,制造成本高和周期长。20 世纪 70 年开始波音公司尝试使用复合材料制造飞机部件,升降舵这种次承力结构属于早期采用复合材料制造的部件,B727 升降舵采用复合材料制造,从 B737 开始至最新的 B787,方向舵、升降舵均为复合材料结构,空客公司也从 A300 起,方向舵、升降舵都采用先进复合材料的结构方案。

新支线飞机方向舵选择采用先进的复合材料方案,左右壁板、梁、上下端肋均采用复合材料,用于连接悬挂点和操纵点的接头采用铝合金,如图 4.106 所示。

方向舵左、右壁板采用了"碳纤维/环氧树脂面板＋Nomex 蜂窝"的夹层结构壁板,梁、肋为碳纤维层压结构件,剖面如图 4.107 所示。

方向舵在复合材料选取方面综合考虑了各方面性能要求:

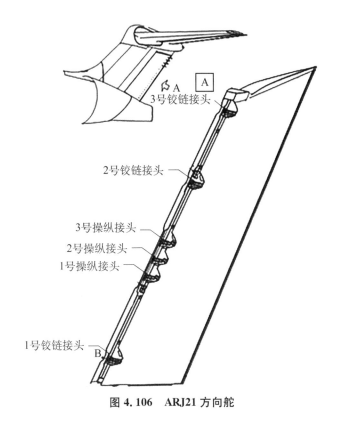

3号铰链接头

2号铰链接头

3号操纵接头
2号操纵接头
1号操纵接头

1号铰链接头

图 4.106 ARJ21 方向舵

右壁板

铰链接头 梁

左壁板

图 4.107 方向舵壁板剖面

1) 纤维选材

新支线飞机方向舵铺层使用的纤维是碳纤维(T300)。飞机结构上应用的增强纤维通常有碳纤维、芳纶、玻璃纤维和硼纤维等。碳纤维由于其性能好,纤维类型和规格多,成本适中等因素在飞机结构上应用最广;芳纶性能虽然尚佳,但在湿热环境下性能有明显下降,一般不用作飞机主承力结构,多与碳纤维混杂使用;玻璃纤维由于其模量低,仅用于次要结构(整流罩、舱内装饰结构等),但其电性能、透波性适宜制作雷达罩等;硼纤维因纤维直径太粗又刚硬,成型和加工性能不好,价格又十分昂贵,故应用十分有限。

2) 环氧树脂选材

树脂基体是复合材料另一个主要组分材料。在复合结构件成型过程中,树脂基体参与化学反应并固化成型为结构。因此,树脂基体固化工艺决定了结构件成型工艺和制造成本;不同树脂体系有不同工艺参数,而不同工艺方法要求不同的树脂体系。树脂基体对纤维起支撑、保护作用并传递载荷。因此,树脂基体性能直接关系到复合材料的使用温度、压缩性能和剪切性能等基本性能,以及耐湿热性能、抗冲击损伤性能和冲击后压缩强度(CAI)等。

新支线飞机方向舵使用的树脂基体是环氧树脂,环氧树脂是最早用于飞机结构复合材料的树脂基体,而且至今在飞机结构用复合材料中仍占主导地位。环氧树脂由两部分组成:树脂和催化剂。环氧树脂提供了良好的机械和抗疲劳性能,尺寸稳定性好,抗腐蚀,层间结合强度高,有良好的电学性能和低的吸湿性。

3) 蜂窝芯选材

新支线飞机方向舵壁板、梁、墙、肋等结构都用了蜂窝夹层结构,选用的蜂窝芯是 Nomex 蜂窝。因为 Nomex 蜂窝的模量比同密度的铝蜂窝低很多,强度比铝蜂窝略低,但它有良好的韧性和抗损伤能力且具有一种特别性能,即使使用中局部超载,也不易产生永久损伤。

Nomex 蜂窝重量较轻(六角形蜂窝的标准产品密度约为 $0.07 \mathrm{~g/cm^3}$,有足够高的压缩强度、剪切强度和良好的疲劳强度,与复合材料粘接和组装时容易协调;既能经受一般浓度酸、碱、盐溶液作用,又能经受液压油的作用而不变质,在湿热环境下不发生霉变现象;在耐老化和耐雨湿性能方面优于玻璃布蜂窝。铝蜂窝用作复合材料夹层结构芯材的弱点如下:

(1)刚性的铝蜂窝与刚性的复合材料面板相胶结时,难以配合,对机械加工精度要求过高,工艺复杂。

(2)铝蜂窝与碳纤维复合材料的线膨胀系数相差近 2 个数量级,制造时固化后冷却和在高温变化下使用时热应力大。

图 4.108　典型复材壁板结构

(3)使用铝蜂窝结构往往带来腐蚀问题。

在铺层方面,壁板分左右两块,左右壁板均为碳/环氧树脂面板和 Nomex 蜂窝组成的蜂窝夹层结构,如图 4.108 所示。在铺层设计时以铺层原则为前提,通过 hypermesh 软件对壁板结构进行了优化,调整蜂窝高度。

按飞机雷击区域划分,方向舵属于雷击Ⅰ区,是雷击附着率很高的区域,因此复合材料方向舵的雷击防护相当重要。复合材料部件的雷击防护主要有火焰喷涂铝、铝箔、铝丝网等。

为了满足可修理、维护要求低,选用了喷涂铝进行闪电防护。

在新支线飞机项目研制初期,由于蜂窝夹层结构的制造技术不成熟(如难以控制蜂窝滑移等),经工艺攻关并结合以往军机型号经验确立了方向舵壁板分步固化的工艺方案,即采用壁板外层压板先固化成型,然后进行蜂窝稳定化及内层压板胶接、固化的分步固化工艺。该方法便于控制蜂窝滑移,从而可以保证后缘连接处灌封点的准确定位及后续左右壁板装配的顺利进行。

4.5.6　翼梢小翼设计

翼梢小翼设计不单纯是气动力设计技术,而是融合总体布置、气动力设计、操纵稳定性、载荷、结构设计、强度、重量、材料及气动弹性等专业一体的综合设计技术。新支线飞机翼梢小翼主体采用复合材料结构,具有比重量轻、结构形式简单等特点,在复杂外形条件下实现了结构优化设计,结构系统维护性、可达性、工艺性良好,材料选用与布局合理,小翼结构形式如图 4.109 所示。

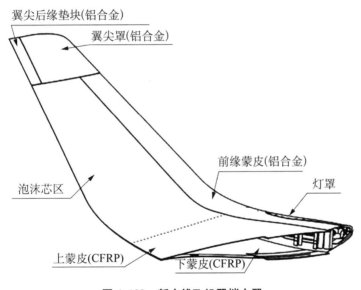

图 4.109　新支线飞机翼梢小翼

由于外形限制,新支线飞机翼梢小翼采用一种低结构空间、高结构效率、高结构刚度的全高度泡沫夹芯复合结构形式,如图 4.110 所示,以满足结构效率、结构减重等设计要求。小翼由复材本体及金属前缘组成,复材本体采用全高度泡沫夹芯结构,夹层结构由前后梁、上下蒙皮、全高度泡沫、翼尖封严肋、根部封严肋组成,前、后梁为整体件,前、后梁之间和后缘为全高度夹芯结构。该结构形式在满足小翼高度复杂外形和苛刻受力特性的条件下,实现了结构最优布置、达到了材料分配合理、重

量较优的目标,满足了低结构空间、高结构效率、高结构刚度的结构设计的设计
要求。

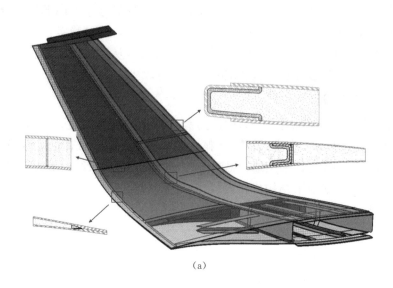

（a）

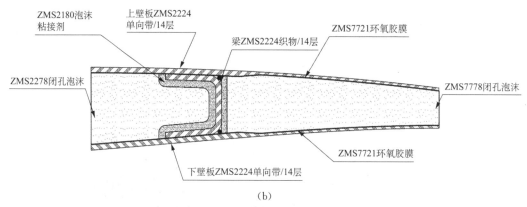

（b）

图 4.110　小翼复材本体结构形式

（a）小翼全高度泡沫结构　（b）材料选用与分布

1）层压板结构选材

小翼结构的层压板结构包括蒙皮、梁、翼肋等。选材的基本要求是要满足飞机
的使用要求,满足飞机的适航要求,满足飞机低成本、高性能的要求。

由于单向带的拉压基本力学性能要明显优于织物,承受拉压载荷的蒙皮结构用
单向带可以减轻结构重量。而且单向带的单层厚度略小于织物,同样厚度的情况下
层数更多,意味着可设计性更强。从基本力学性能数据来看,970 树脂单向带与织
物有着相同的 CAI 值,970 树脂单向带的 CAI 值比 3501－6 树脂单向带的 CAI 值

高出近 40%。由于小翼大部分面积都是垂直放置的,而且又处于翼尖的位置,受冲击的环境较少。因此选用 970 树脂单向带是可以满足结构耐冲击损伤的要求的。小翼的蒙皮层压板结构材料选用 Cytec 970/T300 12K NT。由于全高度夹芯结构的前后梁外形复杂,且有较大扭转,不易成型,用织物有利于零件成型。而且梁仅承受剪力,织物和单向带的剪切力学性能基本相当。因此选用 Cytec 970/PWC T300 3K UT。

2) 夹芯结构夹芯材料选用

由于小翼结构平直段翼形很薄,采用全高度夹芯结构是合适的。夹芯结构分为蒙皮和内部夹芯,夹芯的材料包括 Nomex 纸蜂窝和刚性复合泡沫塑料。

夹芯结构主要承受小翼载荷的剪力,同时对小翼的扭转刚度也有一定贡献。另外还对蒙皮起支撑作用,在蒙皮、夹芯胶接固化工艺中作为蒙皮结构的定位和支撑。其选材要求是承剪能力强,抗压强度高,密度小,耐冲击,成型工艺好。刚性泡沫相比蜂窝在同等密度上性能要略逊一级,必须在增加一级密度等级后与蜂窝的性能才相当。但超临界翼形的蜂窝加工难度很大,而刚性泡沫在很薄且外形复杂的翼形下成型工艺很好,可以机械加工一次到位,直接作为蒙皮成型的内模;同时考虑由于 Nomex 纸蜂窝在使用过程中由于受潮会影响胶膜粘接强度,而闭孔泡沫能隔绝潮气。

综上所述,小翼翼尖全高度夹芯结构选用 ROHAC-ELL 公司 71WF-HT 型号的刚性泡沫,与蒙皮一起进行共固化,用胶粘剂粘接。

3) 胶粘剂选用

考虑到结构形式,选用的胶粘剂分为两种。一种为蒙皮与泡沫夹芯结构之间的胶粘剂,选用 Cytec FM300。该胶膜为改性环氧胶,是聚酯三维织物载体改性环氧胶膜,不使用底胶,最高固化温度为 175℃/60 min,最高环境温度为 150℃,其最小搭接剪切强度为 35.5 MPa(室温),20 MPa(150℃)。该胶膜在许多项目的复材蒙皮与泡沫夹芯结构中使用,抵抗湿热环境的能力较强,可以满足使用要求;同时蒙皮与骨架梁、肋的粘结胶膜也选用该胶膜。另一种为泡沫夹芯与骨架结构之间填充间隙,传递剪力使用的泡沫胶,选用 Cytec FM490A 胶。该胶在 120～177℃固化,管剪切强度为 450 psi/74℉。

翼梢小翼采用较薄的高温固化环氧碳纤维复合材料层板为面板,密度小的泡沫塑料作为芯材胶接而成,上面板、上面板与芯材的粘结层、芯材、面板与芯材的粘接层及下面板这五个要素组成了一个整体的夹层结构,如图 4.111 所示。

夹层结构传递载的方式类似于工字梁,上下面板主要承受由弯矩引起的面内拉压应力和面内剪应力,而芯材主要承受由横向力产生的剪应力。泡沫芯/高温固化环氧纤维复合材料夹层结构在设计载荷作用下满足强度和刚度要求,具体从以下几方面考虑:

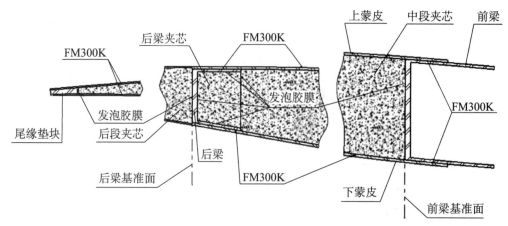

图 4.111　全高度泡沫结构典型剖面

（1）面板承受由设计载荷引起的面内拉应力、压应力和面内剪应力。

（2）芯材有足够的强度以承受由设计载荷引起的横向剪应力。

（3）芯材的弹性模量和面板的抗压强度都足以防止面板在设计载荷下起皱。

（4）芯材的抗压强度防止芯材在垂直于面板的压应力作用下产生压塌破坏。

（5）夹层结构具有足够的弯曲刚度和剪切刚度，芯材具有一定的厚度和剪切模量，以防止在设计载荷下产生过度的挠曲变形。

（6）夹层结构采用适宜的封边，使芯材免受意外损伤，并能达到防潮密封和增强边界以传递和分配连接载荷的目的。

（7）芯材高度的过渡应采用直线或规则形状的过渡形式，并要对面板进行整形和整平，使芯材和面板在固化过程中达到最佳匹配。芯材的拼接应在夹层板固化过程中将芯子边界相互胶接而成。

（8）在需要处适当增加面板的铺层，承担额外的载荷。

小翼位于机翼的翼尖，是雷电防护的区域Ⅰ，接触雷电的概率高达 40%。位于区域Ⅰ的结构件应进行雷电防护，以避免遭到直接雷击而损坏。对防护系统的要求应满足最低防护效率要求并且可靠，增重要小，成本要低，还必须与飞机可能经受的湿热等使用环境和使用寿命相兼容并便于维修，翼梢小翼采用喷涂铝并施加防止腐蚀的封孔剂以满足闪电防护要求。

4.5.7　结构验证

新支线飞机复合材料结构的设计按 CCAR25 部及 AC20-107 要求，建立了多层级试验体系，如表 4.16 和图 4.112～图 4.114 所示。

表 4.16 新支线飞机翼梢小翼试验汇总

序号	试验类型	试验级别	试验目标	试验阶段
1	研发试验	元件/结构件试验	翼梢小翼最优构(或结构组合形式)选型试验 翼梢小翼典型连接选型试验 翼梢小翼与机翼对接形式选型试验	初步设计阶段
2	适航验证试验	积木式试验验证	在元件、结构件、组合件、部件等各个级别结构上进行规划的试验已证实其符合性 复合材料结构设计许用值试验 典型层压板的损伤特性试验 典型层压板疲劳门槛值试验 R区典型结构静力试验 翼梢小翼典型连接静力试验 静力试验 疲劳及损伤容限试验	详细设计及适航取证阶段

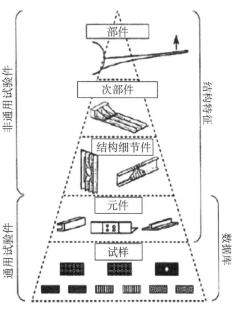

15. 方向舵疲劳和损伤容限试验
14. 方向舵静力试验
13. 方向舵雷击后剩余强度试验
12. 方向舵雷击试验

11. 方向舵金属接头与前梁连接强度试验
10. 方向舵后缘连接强度试验
9. 方向舵夹层板稳定性试验
8. 方向舵前梁腹板稳定性试验

7. 方向舵典型结构修理试验
6. 方向舵壁板与前梁缘条连接强度试验
5. 方向舵典型层板损伤特性试验
4. 方向舵层板环境影响下疲劳性能研究试验
3. 方向舵典型层板门槛值试验
2. 方向舵层板强度许用值补充试验
1. 方向舵层板强度许用值试验

部件
次部件
结构细节件
元件
试样

非通用试验
通用试验

结构特征
数据库

图 4.112 方向舵积木式试验

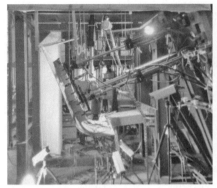

图 4.113 新支线飞机翼梢小翼疲劳及损伤容限试验

图 4.114 新支线飞机方向舵静力试验

4.6 舱内声学设计技术

4.6.1 背景

进行飞机降噪设计,控制噪声源对舱内环境的影响,首先要识别舱内噪声的来源,包括噪声源的位置、强弱、频率特性,同时确定机身壁板结构、舱内装饰、隔振系统、管道系统等各个部件或系统的声学特性,从而针对噪声源与机舱声学特性,采用声传播途径控制方案,通过部件或舱段的隔声、吸声、隔振、减振等工程技术的研究,设计或优化部件或系统的声学结构形式,实现舱内噪声指标。

飞机舱内噪声的主要来源如下。

(1) 附面层(TBL)噪声:飞行状态下,气流流过机体表面产生的附面层脉动噪声。

(2) 发动机噪声:发动机风扇与喷流噪声。

(3) 发动机振动:发动机工作时由转子不平衡产生的振动。

(4) 机体振动声辐射:机体结构受激振动或振荡引起的辐射噪声。

(5) 机体气密泄漏与声泄漏:机体不连续区(如舱门区域)产生气密泄漏与声泄漏。

(6) 环控系统(ECS)噪声:环控系统的通风管道噪声、客舱出风口气流噪声等。

(7) APU 噪声:辅助动力装置产生的噪声(一般在地面状态)。

(8) 液压系统噪声:液压作动器、液压泵、液压管道等设备工作时产生的噪声。

(9) 电子设备噪声:各种电子设备工作时由散热风扇等产生的噪声。

舱内噪声来源有两种传播途径:空气声传播和结构声传播。

(1) 空气声传播是声源直接激发空气,声波首先借助空气介质传播,然后透过舱壁进入舱内。

(2) 结构声传播是声源直接激发结构振动,这种振动以弹性波的形式在结构中传播,同时由壁板结构向舱内辐射声能。

　　民机舱内声学设计技术涉及舱内噪声指标分解、声源分析、建立降噪材料性能数据库、分析全机声学性能和实施声学性能测试等,如图 4.115 所示。最终根据不同的噪声源及传递路径,形成相应的声学处理措施,如表 4.17 所示。

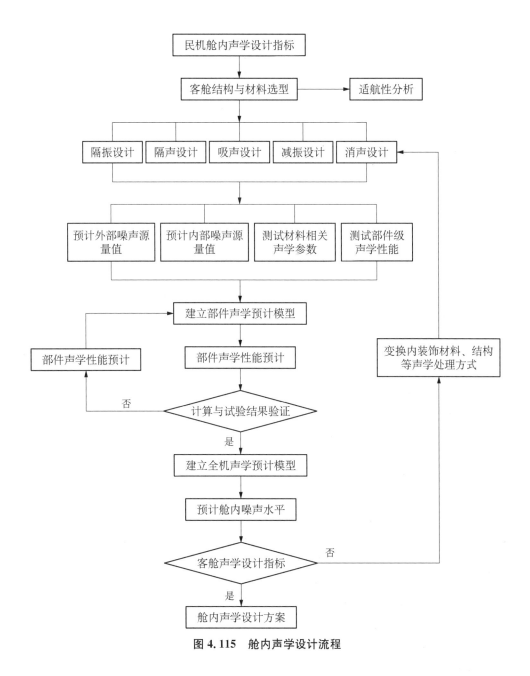

图 4.115　舱内声学设计流程

表 4.17 声 学 处 理

序号	噪声源	区域	传递路径	声学处理	备注(传入舱内的噪声体感)
1	附面层(TBL)噪声	外部	空气声/结构声	隔热隔声层,降噪声学包,阻尼层	宽频噪声
2	发动机噪声	外部	空气声	隔热隔声层,降噪声学包,阻尼层	宽频噪声
3	发动机振动	外部/内部	结构声	隔热隔声层,隔振器,减振器,动力吸振器	震感,纯音
4	机体振动声辐射	内部	结构声	隔热隔声层,阻尼层,隔振器,减振器,动力吸振器	震感,纯音
5	机体气密泄漏与声泄漏	内部	空气声	密封件,结构与内饰间的双层密封,遮蔽帘	纯音或啸叫
6	环控系统(ECS)噪声	内部	空气声/结构声	消声器,隔热隔声层,隔振器,减振器	宽频噪声
7	APU噪声	外部	空气声/结构声	消声器,隔振器,减振器	宽频噪声
8	液压系统噪声	内部/外部	结构声	隔振垫,减振橡胶	震感,纯音
9	电子设备噪声	内部	空气声/结构声	隔声罩,隔振器	宽频噪声,纯音

4.6.2 噪声源识别

飞机的主要噪声源为附面层噪声、发动机噪声与环控系统噪声。噪声源沿航向分布特点主要如下:

(1) 附面层噪声从前到后,作用于整个机身,并通过机身壁板传入客舱。

(2) 空调系统噪声作用于整个客舱,并且由于其为内部噪声,因此直接影响客舱的噪声环境。

(3) 发动机噪声分为风扇噪声、喷流噪声与结构声辐射,根据飞机布局不同,分为如下两种情况。

a. 发动机翼吊布局。

风扇噪声主要作用于前舱段,并通过机身壁板传入客舱,而由于机翼的屏蔽与机身传递衰减作用,因此在工程上可以认为中舱段、后舱段、驾驶舱不受其影响。

喷流噪声主要作用于后舱段,并通过机身壁板传入客舱,而由于机翼的屏蔽与机身传递衰减作用,因此在工程上可以认为驾驶舱、前舱段、中舱段不受其影响。

结构声辐射通过发动机安装节-吊挂-机翼-机身的传递路径,传入客舱,主要作用于与机翼相连的中机身,而由于机身传递衰减作用,因此在工程上可以认为驾驶舱、前舱段、后舱段不受其影响。

b. 发动机尾吊布局。

风扇噪声主要作用于后舱段,并通过机身壁板传入客舱,而由于机翼的屏蔽与机身传递衰减作用,因此在工程上可以认为驾驶舱、前舱段、中舱段不受其影响。

喷流噪声主要向后传递,在工程上可以认为尾吊布局飞机舱内噪声不受其影响。

结构声辐射通过发动机安装节-吊挂-机身的传递路径,传入客舱,由于路径较短,因此尾吊布局飞机客舱后部受发动机结构声辐射影响较大。

综上所述,翼吊飞机的舱内受到噪声激励比较均匀,且发动机离机舱较远,有利于舱内声学设计,而发动机尾吊飞机的客舱后部,受到多种噪声源的作用,噪声普遍较大,如图 4.116 和表 4.18 所示。

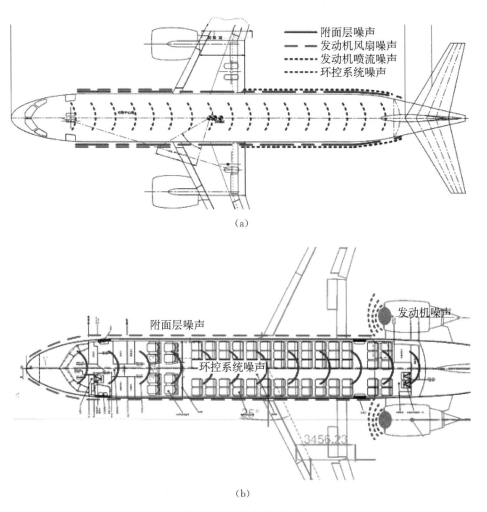

图 4.116　噪 声 源 分 布

(a) 发动机翼吊布局　(b) 发动机尾吊布局

表 4.18　噪声源分布矩阵表

布局	噪声源		驾驶舱	前舱段	中舱段	后舱段
翼吊	附面层噪声		√	√	√	√
	发动机噪声	风扇噪声		√		
		喷流噪声				√
		结构声辐射			√	
	环控系统		√	√	√	√
尾吊	附面层噪声		√	√	√	√
	发动机噪声	风扇噪声				√
		喷流噪声				
		结构声辐射			√	√
	环控系统		√	√	√	√

4.6.3　隔声性能理论分析

机身壁板、内装饰板和隔热隔声层是舱内噪声主要的隔离元件,其声学性能直接影响噪声分布,所以其声学特性是舱内声学设计的重点研究对象。

1) 单层板

当一列平面声波碰到一个薄的无限大平板时,一部分入射声功率将被反射,一部分通过板发生透射。根据波动方程,可采用如下公式定义单层板隔声量:

$$TL = 10\lg\left(\frac{P_{in}}{P_{tr}}\right) = 10\lg\left(\frac{1}{\tau}\right) \tag{4.1}$$

式中:P_{in} 为入射到结构上的声压;P_{tr} 为透过结构的声压;τ 为透射系数。

假定两边空气属性相同,传递损失的方程推导如下:

$$\tau = \frac{(2\rho c_s/\omega m)^2 \sec^2\varphi}{[(2\rho_0 c_s/\omega m)\sec\varphi + (k/k_b)^4 \eta \sin^4\varphi]^2 + [1 - (k/k_b)^4 \sin^4\varphi]} \tag{4.2}$$

式中:k、ω 和 ϕ 分别为波数、角速度和入射波的入射角;ρ_0 和 c_s 分别为两边空气的密度和声速;m、k_b 和 η 分别为板的每单位面积质量、板的自由弹性波数(取决于板的质量和刚度)和结构损失因子(板的一种类型的阻尼常数,弹性材料的 η 的量级为 $10^{-4}\sim10^{-2}$)。

在飞机设计工程中,单层板隔声量计算主要应用于结构蒙皮与内装板隔声量分析,为此还需考虑如下因素的影响。

(1) 隔框与长桁的影响。

对于结构蒙皮,需要考虑结构隔框与长桁对其隔声量影响。

根据单层板加强筋效果的理论公式,可以通过没有隔框与长桁单层板的激励与辐射计算得到,公式如下:

$$\Delta TL = -10\lg\left(\frac{\varepsilon_{ex}}{\varepsilon_{exref}}\right) - 10\lg\left(\frac{\sigma_{ex}}{\sigma_{exref}}\right) \tag{4.3}$$

式中:ε_{ex} 为激励系数;ε_{exref} 为参考激励系数;σ_{ex} 为辐射系数;σ_{exref} 为参考辐射系数。

（2）夹层结构的影响。

对于内装饰板,往往是蜂窝芯体的夹层结构,具有混合自由弹性变形模态和剪切变形模态,如图 4.117 所示,两个面之间压缩、膨胀将影响传递损失(即隔声量)。

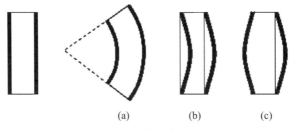

（a）　　　　　（b）　　　　　（c）

图 4.117　夹 层 板 结 构

计算夹层板隔声量采用简化的经验方程如下:

$$TL = TL_0 - 10\lg\left\{\frac{2\sigma_{rad}}{\left[1-\left(\frac{f_{11}}{f}\right)^2\right]^2 \cdot \left[1-\left(\frac{f}{f_c}\right)^2\right]^2 + \eta_{eq}^2} + \frac{\pi\sigma^2 f_c}{2\eta f}\right\} + $$
$$10\lg\left\{\left[1-\left(\frac{f}{f_{dil}}\right)^2\right]^2 + \eta_{eq}^2\right\} \tag{4.4}$$

式中:TL_0 为质量定律计算的夹层板隔声量;f 为频率;f_{11} 为一阶固有频率;f_c 为临界频率;f_{dil} 为膨胀频率;σ_{rad} 为辐射系数;η_{eq} 为等效损耗因子;η 为损耗因子。

根据上式,典型的内装饰板的隔声量如图 4.118 所示。

	面板A	面板B	面板C
表面			
厚度/mm	4	4	4
密度/(kg/m³)	800	800	800
弹性模量/(N/m²)	1.3×10^9	1.3×10^9	1.3×10^9
泊松比	0.3	0.3	0.3
损耗因子	0.02	0.02	0.02
芯体			
厚度/mm	50	50	50
密度/(kg/m³)	31	104	181
弹性模量/(N/m²)	5.62×10^6	3.05×10^7	1.09×10^8
剪切模量/(N/m²)	1.2×10^6	8.7×10^6	3.02×10^7
泊松比	0.3	0.3	0.3
损耗因子	0.041	0.035	0.023
尺寸			
长度/m	1	1	1
宽度/m	1	1	1
特征频率			
f_{11}/Hz	97	80	70
f_{dil}/Hz	741	1 590	2 800
f_c/Hz	596	720	831

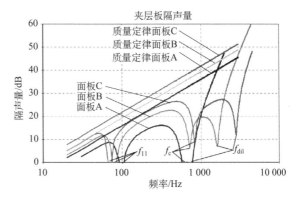

图 4.118　夹层板隔声量曲线

2）双层板

飞机蒙皮结构加上内部装饰板后，就成为双层板，其传递损失的和比单纯考虑单层板之和要大，理论解释如下：由于双层板间的空气层的共振与反共振影响了双层板的整体隔声特性。典型双层板层间空气腔体共振时，双层板隔声量最小；反共振时，隔声量最大，如图 4.119 所示。

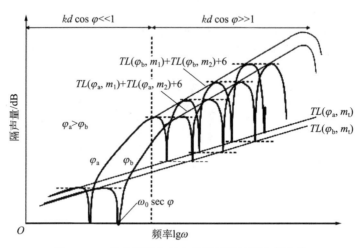

图 4.119　具有不同入射角的双层板的隔声量曲线

图 4.119 中，k 表示入射波的波数，d 表示双层板的距离，φ 表示入射角度，m_1 和 m_2 分别表示两个板的质量，m_t 表示两个板的质量和，ω_0 表示质量-空气-质量系统的共振频率；

$TL(\varphi_a, m_1) + TL(\varphi_a, m_2) + 6$ 表示入射角度为 φ_a 时双层板的隔声量；

$TL(\varphi_b, m_1) + TL(\varphi_b, m_2) + 6$ 表示入射角度为 φ_b 时双层板的隔声量；

$TL(\varphi_a, m_t)$ 表示入射为 φ_a 时单层板的隔声量；

$TL(\varphi_b, m_t)$ 表示入射为 φ_b 时单层板的隔声量。

3）隔热隔声层

双层板隔声量分析中，飞机蒙皮和内装饰板之间的腔体共振显著地影响传递损失，而在蒙皮与内装饰板之中往往铺设有隔热隔声层，隔热隔声层能大大降低共振效果。

纤维材料隔热隔声层传递损失可以分成三个频率区域。

（1）区域 A：$d_{bl} < \lambda_m/10$。

这里 d_{bl} 是隔热隔声层的厚度，λ_m 是其材料中的波长。在这一频率范围内，可认为隔热隔声层在激励下保持静止。

$$TL = 10\lg\left\{1 + \frac{\dfrac{R_f}{\rho_0 c_s}\left(\dfrac{\omega m_{bl}}{\rho_0 c_s}\right)^2\left(4 + \dfrac{R_f}{\rho_0 c_s}\right)}{4\left[\left(\dfrac{R_f}{\rho_0 c_s}\right)^2 + \left(\dfrac{\omega m_{bl}}{\rho_0 c_s}\right)^2\right]}\right\} \tag{4.5}$$

式中：R_f 为隔热隔声层的流阻抗；m_{bl} 为隔热隔声层每单位面积的质量；$\rho_0 c_s$ 为空气的特性阻抗，ω 为角频率。

（2）区域 C：$\alpha d_{bl} > 1$。

这里 α 是声衰减常数，d_{bl} 是隔热隔声层的厚度。

在这个区域，传递损失表示为三个分量 R_1、R_2 和 R_3 的贡献，一般 R_1 最大。R_2 和 R_3 的贡献是由在空气与隔热隔声层交界面上反射引起的。但是当隔热隔声层附着到结构壁板上时，R_2 和 R_3 项将被忽略，因此可以得到

$$TL = R_1 = 8.69 \alpha d_{bl} \tag{4.6}$$

（3）区域 B：过渡区域，没有经验公式，但是传递损失可以通过连接区域 A 和 C 进行绘图确定。

4）整体壁板

根据线性系统假设与隔声量叠加原理，包括蒙皮、内装饰板、隔热隔声层的整体壁板的隔声量可以推导为

$$TL = TL_{doublewall} + TL_{bl} + \Delta TL_{stiffened} \tag{4.7}$$

式中：$TL_{doublewall}$ 为由结构蒙皮与内装饰板组成的双层板的隔声量；TL_{bl} 为隔热隔声层的隔声量；$\Delta TL_{stiffened}$ 为考虑隔框与长桁的隔声量差别。

5）综合性能分析

通过分析与计算，可以获得结构蒙皮、隔热隔声层、内装饰板等部件的隔声量，乘客座椅与地毯的吸声系数。根据线性系统声级叠加原理，客舱内噪声水平可通过如下公式得到

$$SPL_{int} = SPL_{ext} + 10\lg\left(\frac{4S_{rad}}{A}\right) + 10\lg\left(\frac{S_{bin}}{S_{rad}}10^{\frac{-TL_{bin}}{10}} + \frac{S_{ceil}}{S_{rad}}10^{\frac{-TL_{ceil}}{10}} + \frac{S_{side}}{S_{rad}}10^{\frac{-TL_{side}}{10}}\right) \tag{4.8}$$

式中：SPL_{int} 为机舱内声压级；SPL_{ext} 为机舱外声压级；A 为吸声量；S_{rad} 为机舱总面积；S_{bin} 为行李架面积；S_{ceil} 为天花板面积；S_{side} 为侧壁板面积；TL_{bin} 为行李架隔声量；TL_{ceil} 为天花板隔声量；TL_{side} 为侧壁板隔声量。

$$SPL_{cabin} = SPL_{underfloor} - TL_{Floor} + 10\lg\left(\frac{S_{floor}}{A}\right) \tag{4.9}$$

式中：A 为吸声量；SPL_{cabin} 为客舱声压级；$SPL_{underfloor}$ 为地板以下声压级；TL_{Floor} 为地板隔声量；S_{floor} 为地板面积。

$$SPL_{total} = 10\lg(10^{\frac{SPL_{TBL}}{10}} + 10^{\frac{SPL_{engine}}{10}} + 10^{\frac{SPL_{AMS}}{10}}) \tag{4.10}$$

式中：SPL_{total} 为机舱内总声压级；SPL_{TBL} 为附面层噪声在机舱产生的声压级；SPL_{engine} 为发动机噪声在机舱产生的声压级；SPL_{AMS} 为环控系统噪声在机舱产生的声压级。

根据式(4.8),计算机身壁板、行李架段等部件对附面层与发动机噪声激励的隔声效果;根据式(4.9),计算 ECS 噪声对舱内噪声贡献量;最后,根据式(4.10),得到附面层噪声、发动机噪声与环控系统噪声对舱内叠加噪声水平。

4.6.4 降噪数值分析

飞机详细计阶段,空间、尺寸、材料、性能相对冻结后,可利用有限元、边界元与统计能量等建模软件,建立声学分析模型,得到细化的贡献量分析数据,如图 4.120 所示。

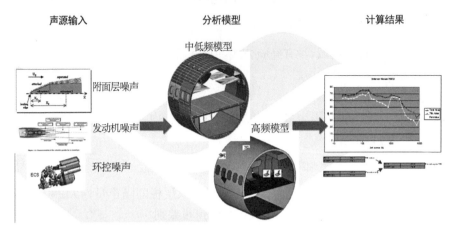

图 4.120 舱内噪声建模分析

4.6.5 实测数据化分析

飞机试飞阶段,噪声贡献量分析直接可以基于实测数据进行,获得的分析结果可以反向验证通过参数化与声学建模的贡献量,实测数据化分析过程如下。

(1) Lp_{TBL}:附面层噪声通过机身壁板传递对舱内噪声贡献量。

(2) Lp_{engine}:飞行过程中,发动机通过机身壁板传递对舱内噪声贡献量。

(3) Lp_{AMS}:飞行过程中,空调系统出气,管道振动对舱内噪声贡献量。

(4) Lp_{total}:飞行过程中,舱内噪声量级。

基于舱内噪声主要贡献源为附面层噪声、发动机噪声和空调噪声,且舱内噪声量级在工程上可近似为

$$Lp_{\text{total}} = 10\lg(10^{\frac{Lp_{\text{TBL}}}{10}} + 10^{\frac{Lp_{\text{engine}}}{10}} + 10^{\frac{Lp_{\text{AMS}}}{10}}) \tag{4.11}$$

在工程上,可测得

(1) $Lp_{\text{TBL+engine}}$:飞行过程中,关闭空调的舱内噪声量级。

(2) $Lp_{\text{engine}_{\text{ground}}}$:地面状态下,发动机巡航功率下的舱内噪声量级。

在工程可认为存在如下关系式:

$$Lp_{\text{engine}} = Lp_{\text{engine}_{\text{ground}}} \tag{4.12}$$

$$Lp_{\text{AMS}} = 10\lg(10^{\frac{Lp_{\text{total}}}{10}} - 10^{\frac{Lp_{\text{TBL+engine}}}{10}}) \tag{4.13}$$

$$Lp_{\text{TBL}} = 10\lg(10^{\frac{Lp_{\text{TBL+engine}}}{10}} - 10^{\frac{Lp_{\text{engine}}}{10}}) \tag{4.14}$$

4.6.6 声学试验

1）材料级隔声试验

按 ISO 10534-2,对应国标 GB/T 18696.1—2004,通过驻波管的四传感器法,测量材料隔声量,如图 4.121 所示。

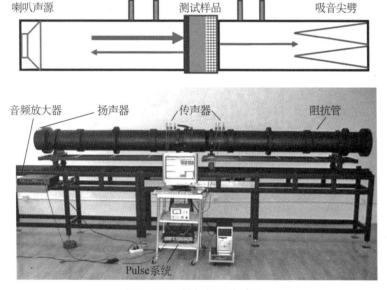

图 4.121 材料级隔声试验

2）产品级隔声试验

在混响室-全消声室的试验环境下,利用声强法开展壁板隔声量测试。试验壁板安装在全消声室的测试窗,隔声测量过程按照 ISO 15186-1,对应国标 GB/T 31004.2—2014 执行。待测试声学包,如隔热隔声层、阻尼层等安装在壁板的全消声室一侧,获得产品的隔声量试验数据,如图 4.122 所示。

3）舱段级声学试验

舱段级声学试验是进行产品性能鉴定的全尺寸平台试验,声学产品可在舱段上进行反复的调试,以达到最佳的设计状态,但由于舱段级试验需要大型的半消试验室与机身样段,试验代价高,试验周期长,往往需要几个型号反复积累,如图 4.123 所示。

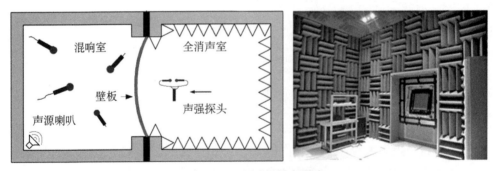

图 4.122　飞机壁板隔声测试

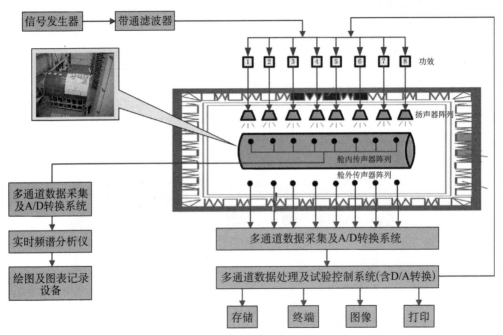

图 4.123　舱段级声学测试平台

4）机上舱内噪声测试

机上舱内噪声测试按 ISO 5129，机上实测可获得直接舱内噪声数据和实测量化的噪声贡献量。

材料级、产品级、舱段级及机上噪声试验，层层递进，有序叠加，是型号设计数据积累的有效途径，其中产品级隔声试验与机上噪声实测这两项试验，与产品性能鉴定及机上噪声验证直接关联，是舱内声学设计与产品开发过程中的必要环节。

5）其他试验项目

隔热隔声层、阻尼层及降噪声学包都属于隔热隔声材料，适用于 CCAR25 部中第 856 条对防火焰蔓延与防火焰烧穿规定范畴内，需进行相应的试验，如图 4.124

所示,适航验证要求如下:

(1) 隔热隔声层材料按 CCAR25.856(a)条款及附录 F 第Ⅵ进行适航试验与验证。

(2) 隔热隔声层安装件按 CCAR25.856(b)条款及附录 F 第Ⅶ进行适航试验与验证。

(3) 隔热隔声层构型按 CCAR25.856(a)(b)条款及附录 F 第Ⅵ、第Ⅶ进行适航试验与验证。

(4) 阻尼层按 CCAR25.856(a)条款及附录 F 第Ⅵ进行适航试验与验证。

(5) 降噪声学包按 CCAR25.856(a)条款及附录 F 第Ⅵ进行适航试验与验证。

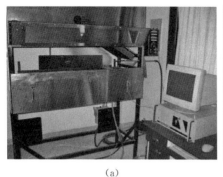 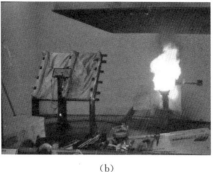

(a)　　　　　　　　　　　　　　　(b)

图 4.124　适航验证试验

(a) 防火焰蔓延　(b) 防火焰烧穿

4.6.7　舱内声学设计

1) 噪声源分析

附面层、发动机、空调噪声是新支线飞机舱内主要噪声源,根据机上实测数据分离得到的舱内噪声贡献量分析如图 4.125 所示。

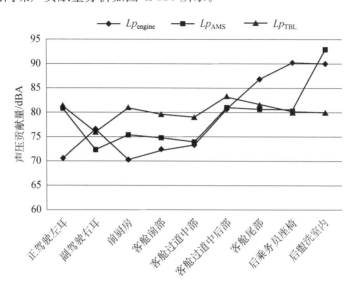

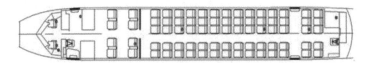

图 4.125　新支线飞机舱内噪声贡献量分析

2）飞机基础声学包

隔热隔声层的敷设范围一般应包括整个客舱机身壁板和气密隔框，根据具体情况适当调整比例，采用包框包桁的方式，即用隔热隔声层将壁板的蒙皮、框和长桁全部包覆，如图 4.126 所示。

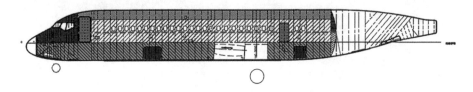

■ 客舱顶部：左L10～右L10：框间1 in×2玻璃棉+1/2 in泡沫，框缘1 in玻璃棉
▨ 客舱侧壁：左/右L10～中心线：框间1 in×2玻璃棉+1 in泡沫，框缘3/8 in玻璃棉；
　　中心线～地板：框间1 in×2玻璃棉+1/2 in泡沫+1/4 in×2防火层，框缘3/8 in玻璃棉+1/4 in×2防火层
▧ 地板下框与框间：1 in×2玻璃棉+1/4 in×2防火层
■ 驾驶舱蒙皮/球面框（中心线上）：2 in玻璃棉
▩ 球面框（中心线下）：1 in玻璃棉+1/2 in玻璃棉+1/4 in×2防火层
▤ 客舱门（登机门、服务门、应急门）：2 in玻璃棉
■ 货舱门（前、后货舱门）：21 in玻璃棉+1/2 in玻璃棉+1/4 in×2防火层

图 4.126　新支线飞机隔热隔声层铺设方案

3）加铺隔热隔声层方案

针对局部噪声，客舱侧壁包框和后球面框隔热隔声层厚度进行特殊加厚，如图 4.127 所示。

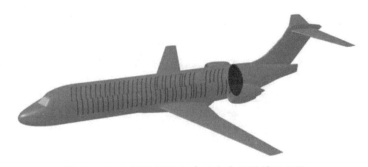

图 4.127　加厚的隔热隔声层在全机的铺设位置

4) 阻尼层铺设方案

为解决 SD878.926 框结构中高频振动产生的辐射结构声,在机身蒙皮和 SD878.926 框加铺阻尼层,如图 4.128 和图 4.129 所示。

图 4.128　蒙皮阻尼层与 SD878.926 框阻尼层

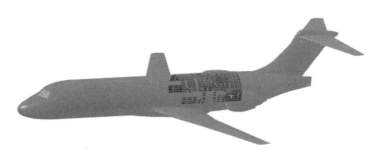

图 4.129　全机阻尼层铺设位置

5) 安装方式

为保证隔声性能,隔热隔声层应牢固地安装于飞机机体之上,并满足安装、拆卸与维修性要求。飞机隔热隔声层主要采用隔框开孔安装、支架安装、长桁固定安装、粘钉粘接、胶带与搭扣固定、弹簧夹固定等形式在机身隔框上、长桁、蒙皮上进行固定安装。

阻尼层通过压敏胶直接粘贴于飞机蒙皮等平整表面上。

6) 试验

新支线飞机对 4 种隔热隔声层构型、4 种阻尼层构型和 2 种新型声学包构型进行测试,如表 4.19、图 4.130 和图 4.131 所示。

表 4.19　ARJ21 声学元件级试验

编号	试 验 组 合
A00	光壁板
B00	
A01	光壁板＋(2in＋3in＋2in)大块隔音棉
B01	

（续表）

编 号	试 验 组 合
A02	光壁板＋(3/8in＋3in＋3/8in)大块隔音棉
A03	光壁板＋小块隔音棉＋(3/8in＋3in＋3/8in)大块隔音棉
B03	
A04	光壁板＋薄闭孔泡沫＋(3/8in＋3in＋3/8in)大块隔音棉
A05	光壁板＋低面密度约束层阻尼＋(3/8in＋3in＋3/8in)大块隔音棉
A06	光壁板＋中面密度约束层阻尼＋(3/8in＋3in＋3/8in)大块隔音棉
B06	光壁板＋小块中面密度约束层阻尼＋(3/8in＋3in＋3/8in)大块隔音棉
A07	光壁板＋高面密度约束层阻尼＋(3/8in＋3in＋3/8in)大块隔音棉
A08	光壁板＋小块 NAM‐1412 板＋(3/8in＋3in＋3/8in)大块隔音棉
B08	光壁板＋小块 NAM‐1501 板＋(3/8in＋3in＋3/8in)大块隔音棉

光壁板

3/8in＋3in＋3/8in 大块隔音棉

小块隔音棉

薄闭孔泡沫

阻尼层

小块 NAM‐1501 板

图 4.130　测 试 照 片

7）验证

根据 ISO 5129，通过飞行试验验证新支线飞机舱内声学设计方案以及舱内噪声水平对设计指标的符合性。

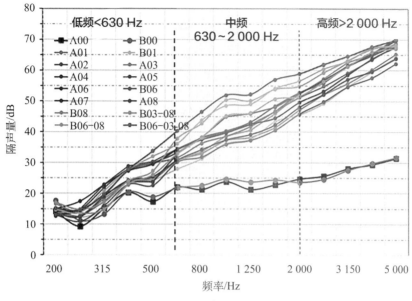

图 4. 131　隔声量实测曲线

4.7　基于 MSG‑3 的结构维修技术

4.7.1　背景

对于民用飞机来说,检查维护是保障飞机在其使用寿命中安全运营的一个关键必要的手段。特别是对于机体结构来说,要保证损伤容限等设计方法的有效,就需要在设计中贯彻相应的检查维护要求。对于民用飞机,必须考虑疲劳、环境损伤或偶然损伤引起的结构恶化,形成一套完整有效的维修大纲,这也是适航法规的要求,与维修大纲相关的条款有 CCAR25.571、CCAR25.1309、CCAR25.1529、CCAR25.981和 CCAR25 部的附录 H 部分。

而在满足适航要求和安全运行的前提下,如何形成一套简洁高效的维修大纲,是所有航空公司和飞机生产制造商都要面对的问题。目前营运中,以及研制中的民用飞机均采用了 MSG‑3 分析方法,对飞机维护性进行设计分析和界定,以此来形成相应的维修大纲。

4.7.2　发展历程

1968 年 7 月,美国几家航空公司和飞机制造厂代表组织了一个维修指导小组(MSG),该小组制定出一个用逻辑分析决断制定维修大纲的方法,被工业界称为"维修评审和大纲制定手册"(MSG‑1 手册),并用于第一代宽体的波音公司的 B747 飞机的预订维修大纲的制定,结果表明该大纲是非常成功的,降低了维修费用,减少了维修工作等。

MSG-2 又称"航空公司/制造厂维修大纲计划文件",是在 MSG-1 的基础上,去掉了有关 B747 飞机的专用内容,使其成为一个制定新型号飞机维修大纲的通用文件,该文件后来在民用和军用飞机上,取得了广泛的应用。

1980 年,在美国 FAA,英国 CAA,美国航空工程师协会(AEA),美国和欧洲的飞机、发动机制造厂家,美国和其他国家航空公司以及美国海军的参与下,对 MSG-2 进行了修订,形成了 MSG-3。目前 MSG-3 被民用飞机广泛使用。

ATA 于1980年10月颁布新的维修大纲制定文件 MSG-3 之后,多次对 MSG-3 进行了修改,目前最新版本为 2005 版。

MSG-3 分析方法涵盖了系统/动力装置分析程序、结构分析程序、区域分析程序和闪电/高强度辐射场分析程序。

根据目前正在运营或研制中的民用飞机研发情况来看,制定预定维修工作和间隔的目的如下:①保持飞机装备的固有安全性和可靠性;②在设备性能恶化时,将其安全性和可靠性恢复到固有水平;③对某些安全性、可靠性差的项目提出重新设计的要求;④保证以最经济的手段完成上述任务。

4.7.3　维修设计标准

新支线飞机是 78～90 座级以涡扇发动机为动力的中、短航程支线飞机,采用每排五座双圆切面机身、下单翼、尾吊两台以 CF34-10A 先进涡扇发动机为动力的短涵道分离流(SDSF)动力装置、高平尾、前三点式可收放起落架布局。驾驶舱采用两人制,航电系统采用总线技术、LCD 平板显示并高度综合化,飞行控制系统为电信号控制、液压或机电作动的电飞行控制系统,并采用国际成熟的先进技术。采用较大后掠角的超临界机翼和一体化设计的翼梢小翼以获得较高的巡航升阻比,从而降低巡航阻力、改善使用经济性。结构以铝合金等金属为主,次要结构采用复合材料以降低结构重量。

新支线飞机的设计标准客座数为 78 座,前货舱容积为 14.643 m³,后货舱容积为 5.502 m³;最大起飞重量为 40 500 kg,最大着陆重量为 37 665 kg(83 036 lb);使用空重为 24 955 kg;最大商务载重为 8 935 kg;标准每座载重为 90.72 kg。

新支线飞机制定所参照的飞机设计利用率如下:

(1) 平均 2 720 飞行小时/年,2 091 飞行循环/年。

(2) 平均 8 飞行小时/天,6.15 飞行循环/天。

(3) 平均 1.3 飞行小时/飞行循环。

(4) 最小 1 500 飞行小时/年。

在编制新支线飞机维修大纲的过程中,设计更改可能会影响之前的 MSG-3 分析。当设计发生设计更改时,由相关工作组分析人员评估此设计更改是否对当前 MSG-3 分析产生影响。若评估结果为影响 MSG-3 分析,则对相应 MSG-3 分析报告进行修改,按需提交工作组会议审核,审核通过后,提交 ISC 会议审查。

MSG-3 分析是一种确定预定维修要求的分析方法。这里所说的预定维修主要包括维修工作和维修间隔的要求。维修工作主要分为润滑/勤务、使用/目视检查、检查/功能检查、恢复和报废。维修间隔为两次维修工作之间的时间间隔,如字母检(A 检、多重 A 检、C 检、多重 C 检)或者参数检(日历时间、飞行小时、飞行循环等)。使用 MSG-3 分析确定维修任务后,工作组将根据使用经验、工程判断和类似机型的相关数据确定检查间隔。对新支线飞机来说,建议检查间隔不使用字母检,每项预定维修工作根据参数敏感性以飞行小时(flight hour,FH)和/或飞行循环(flight cycle,FC)和/或日历时间(year,YR 或 month,MO)为使用参数来表示检查间隔,在制订飞机维修大纲(MRBR)时,所有初始建议检查间隔都要得到工业指导委员会(ISC)的同意与维修审查委员会(MRB)的批准。

对于系统和动力装置的维修工作,由于其故障主要与飞行小时有关,所以大多以飞行小时来作为检查间隔的参数,但对于发动机/辅助动力装置的检查间隔也可以用工作循环/小时来表示。对于结构部分,疲劳损伤和偶然损伤分析得出的所有任务基本都用飞行循环作为间隔参数;对于结构中的环境损伤,由于它主要与日历时间有关,所以检查间隔参数用日历时间来表示。对于区域检查大纲和闪电/高强度辐射场防护系统大纲,主要工作是一般目视检查,该部分主要采用日历时间、飞行小时来确定检查间隔。

结构 MSG-3 分析的目的是制定有效的结构检查大纲,在飞机使用寿命内,以探测和预防由疲劳、环境损伤、偶然损伤引起的结构恶化。

通常发生在飞机结构的损伤按其产生原因可分为偶然损伤、环境损伤和疲劳损伤。而针对每一种损伤,由于其产生原因不同,因此对于 SSI 进行维修检查的首次时间间隔也不同,其分析方法也略有不同。

(1)偶然损伤:对于偶然损伤,由于一般发生的概率是随机的,所以认为其门槛值与重复检查间隔相等。

(2)环境损伤:对于首次检查时间,应该根据使用单位对类似结构的使用经验以及保守的工龄探索方法来确定。

(3)疲劳损伤:与出现初始可检裂纹的时期有关。

结构 MSG-3 分析的最终结果将体现为检查任务和检查间隔,如图 4.132 所示,并以结构分析报告的形式服务于维修大纲,作为飞机维修大纲的重要组成部分。

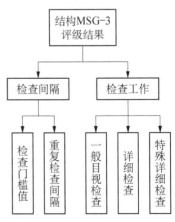

图 4.132 结构 MSG-3 分析目的

4.7.4　分析流程

新支线飞机结构 MSG‒3 分析典型流程如下：

（1）对飞机结构按照 ATA2200 进行划分。

（2）对飞机结构项目进行区域划分。

（3）确定 SSI 项目。

（4）确定其他结构项目维修工作和间隔。

（5）对 SSI 项目进行分类。

（6）损伤容限项目进行疲劳分析。

（7）SSI 进行偶然损伤（AD）、环境损伤（ED）分析。

（8）ED 与 CPCP 工作兼容性分析。

（9）SSI 中的属于一般目视检查的工作项目进行转移。

（10）SSI 的工作汇总。

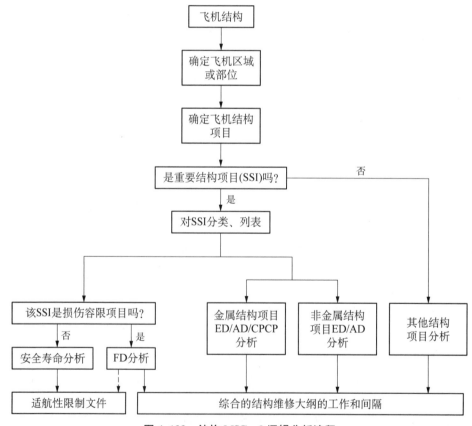

图 4.133　结构 MSG‒3 逻辑分析流程

根据 SSI 项目的定义,对其选择的原则应当从故障后果和故障可能性两方面来考虑。从定义来看,那些承担主要气动、操纵等方面载荷并在失效后影响飞机安全所必须的结构完整性的结构,都是 SSI 项目。而根据结构发生故障的可能性,需要针对性地对主要元件间的连接件、需要润滑以防止磨损的静态连接、疲劳敏感区域、腐蚀敏感区域、易受到外部原因和维修活动造成偶然损伤的项目/区域、安全寿命项目进行分析。

从以上两个方面可以比较全面地选择 SSI 项目,但在分析过程中根据各机型的实际情况和航空公司或局方的经验性建议,可以适当增减 SSI 项目。

4.7.5 金属疲劳损伤分析程序

疲劳损伤是飞机使用(飞行循环)过程损伤持续累积的结果,对疲劳损伤进行的疲劳和损伤容限分析是定量分析,得到裂纹扩展、剩余强度和可探测性数据,所有 SSI 都需要进行疲劳和损伤容限分析(FD 分析)。

疲劳损伤分析需要从以下几个方面考虑:

(1)不同检查级别的可检裂纹尺寸及其门槛值(即裂纹可检性评估)。

(2)结构或材料在可检裂纹存在的情况下的剩余强度值。

(3)计算临界裂纹长度。

(4)裂纹扩展率的评估。

(5)机队规模和使用情况评估,FD 取样可行性分析。

FD 分析不同于其他种类的损伤分析,是首先确定初始的疲劳损伤评级,在计算剩余强度、裂纹扩展速率的基础上,确定相应的检查等级、检查方法和检查周期,如图 4.134 所示;因此,FD 分析是通过大量的疲劳强度计算和试验作为支撑,覆盖所有的 PSE 部位,而并不依赖于 MSG-3 分析逻辑和航空公司运营经验。但对于计算结果准确性的验证,一方面需要对比全机疲劳试验的数据,另一方面需要在具体的运营机队中安排取样检查项目,来进一步修正 FD 分析的结果。

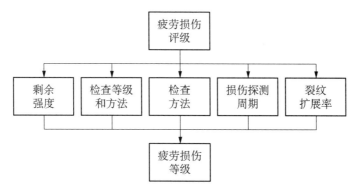

图 4.134 结构 MSG-3 疲劳损伤分析

疲劳损伤分析步骤如下：

（1）计算平均疲劳寿命（TC）及从可检裂纹尺寸扩展到临界裂纹尺寸的裂纹扩展寿命（RC）。

（2）确定检查项目的检查方式，针对结构项目的检查方式一般可采用一般目视检查（GVI）、详细目视检查（DET）和特殊详细检查（SDI）。

（3）确定最低的检查等级的可检裂纹长度，可检裂纹长度根据检查方式 GVI、DET 和 SDI 的不同而有所不同，如图 4.135 所示。

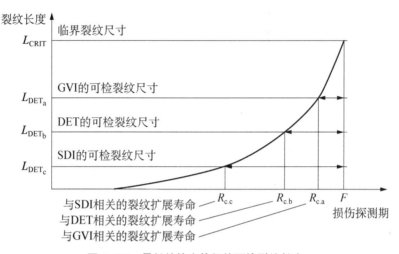

图 4.135 最低的检查等级的可检裂纹长度

（4）建立从初始裂纹长度扩展到临界裂纹长度的裂纹扩展寿命曲线。

（5）根据裂纹扩展曲线和给定检查等级的可检裂纹长度，确定检查门槛值 T_t 和重复检查间隔。

（6）若该等级的结果不能接受，则必须选择高一级的检查等级，并重复迭代，直到产生可接受的检查工作。

4.7.6 环境损伤分析程序

1）概述

环境损伤（ED）指的是腐蚀或者是应力腐蚀，它一般是由于不利环境造成结构功能恶化，其检查间隔通常通过日历时间确定。因此环境损伤不但要考虑结构所使用的材料对环境腐蚀和应力腐蚀的敏感性，还要考虑结构所暴露在不同环境的恶劣情况，如图 4.136 所示。

环境损伤评级考虑因素如下：SSI 项目的可见性（可检性）、对环境损伤的敏感性、对结构所施加的环境保护、暴露于不利环境的影响。一般 ED 等级等于上述指标之和。

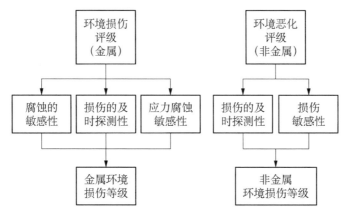

图 4.136 结构 MSG‑3 环境损伤分析

2）指标说明

（1）SSI 的可见性（VR），这个指标对所有的损伤评级均有较大影响。可见性主要有以下几个考虑因素：对 SSI 进行检查时需要通过的口盖大小（VR_1）可否允许进入手臂或身体；眼睛与 SSI 的距离（VR_2）则影响目视检查的准确性；检查通路上结构或系统的稠密度等级（VR_3）影响检查的难度，可见性等级为

$$VR = \frac{VR_1 + VR_2 + VR_3}{3}$$

其结果直接作用于检查间隔的评定。

（2）对环境损伤的敏感值（SC），主要受 SSI 项目的材料性能影响，按照金属和非金属材料分别考虑。

对于金属结构，基于所使用的材料本身特性，需要对其应力腐蚀敏感性（SC_1）和暴露腐蚀敏感性（SC_2）进行分析，根据材料特性和易产生的腐蚀种类整理出相应原则，评定材料的腐蚀敏感性，其总等级为

$$SC = \frac{SC_1 + SC_2}{2}$$

对于非金属结构，主要与非金属材料易受到不良影响的紫外线辐射（SC_3）、液体（SC_4）、湿气（SC_5）、温度（SC_6）和异常损伤（SC_7）有关，其总等级为

$$SC = \frac{SC_3 + SC_4 + SC_5 + SC_6 + SC_7}{5}$$

需要注意的是，SC 值是材料本身对腐蚀敏感特性，应该仅与结构所用材料相关，与结构形式和所处环境无关。

（3）环境保护（PR，金属/非金属相同），是对结构设计中所采用的表面保护情况

进行分析评级,主要从以下几个方面考虑:保护类别、密封分界面、填充密封和紧固件湿安装情况等,在分析中需要针对具体的结构保护措施和结构部位,根据工程经验或参考类似分析结果给出一个等级评价原则,各种结构表面保护依照相应原则直接给出评级。

(4)不利环境的影响(EV),对于金属和非金属有不同的作用,均是对不同环境因素产生概率的一种分析评估,经常由相似性分析结合航空公司工程经验给出评级。

对于金属结构,需要考虑电解反应和灰尘积聚的概率(EV_1),此指标主要衡量电化腐蚀产生的概率,与结构的位置、环境和几何形状有关;湿气出现(EV_2),主要的来源为水蒸气凝结;泄露概率(EV_3),与机体结构内可能出现的液体物质的泄露有关(如厨房、卫生间、货仓等位置);其他异常情况(EV_4),主要衡量振动、腐蚀、磨损等情况对保护层的破坏概率。其总等级为

$$EV = \frac{EV_1 + EV_2 + EV_3 + EV_4}{4}$$

对于非金属结构,则需要考虑如下几个方面的影响:紫外线影响(EV_5),即结构在紫外线中暴露的概率,一般外蒙皮为重要考虑对象;湿气出现(EV_6),同金属结构;液体影响(EV_7),这里特指腐蚀性液体出现的概率;温度影响(EV_8),此指标主要考虑高温或低温情况会对非金属材料产生不良影响;其他异常情况(EV_9)。其总等级为

$$EV = \frac{EV_5 + EV_6 + EV_7 + EV_8 + EV_9}{5}$$

3)分析步骤

(1)选择要分析的飞机区域,该区域包含的所有 SSI 都要进行分析。

(2)填写指标等级工作单。

(3)计算每项 SSI 的环境损伤等级。

(4)根据环境损伤等级确定环境损伤检查工作和间隔。

(5)判断 ED 分析结果是否满足 CPCP 要求。这里所说的腐蚀预防和保护大纲(corrosion prevention and control program,CPCP)要求即通过 ED 相应分析结果得出的检查方式和间隔,可以保证结构腐蚀被控制在一级或更好水平,每个机型的 CPCP 要求是根据总体设计目标和结构设计实际情况分别定义的。

4)分析实例

新支线飞机垂尾与平尾的连接为 SSI 项目,如图 4.137 所示,以下针对此结构进行环境损伤分析过程如下。

垂尾与平尾的连接结构包容于垂尾翼盒之内,需要通过结构维修口盖进行检修,根据结构口盖和系统布置的实际情况可以得出可见性评级;根据结构所选用的铝合金材料特性,查阅相应的指导文件可以得出环境损伤敏感性评级;在进一步分

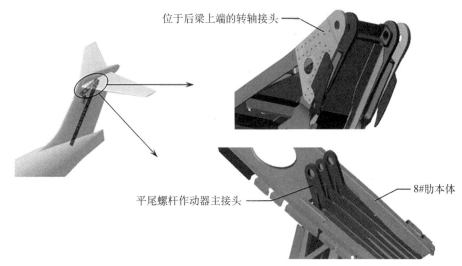

位于后梁上端的转轴接头

平尾螺杆作动器主接头

8#肋本体

图 4.137　新支线飞机垂尾翼与平尾连接结构

析结构项目表面保护情况和所处的环境情况，该结构表面保护措施良好，且处于垂尾盒段内部，可能遭受的各种环境腐蚀概率均较低，由此可以给出表面保护和不利环境影响的评级结果。将以上结果带入相应的评级表格中，如表 4.20 所示，可计算出该 SSI 项目的环境损伤等级。

表 4.20　金属结构环境损伤分析示例

SSI 编号	名称	VR			SC		PR	EV				VR	SC	PR	EV	EDR
		VR_1	VR_2	VR_3	SC_1	SC_2	PR_1	EV_1	EV_2	EV_3	EV_4					
金属结构 SSI 的 ED 分析								ATA：55				区域			内部	
	垂直安定面主承力翼盒与平尾的连接															
	后梁与平尾中央盒段的连接	2	2	1	2	1	2	2	2	2	2	1.67	1.5	2	2	7.17
	8#肋与平尾操纵螺杆的连接	1	2	1	2	1	2	2	2	1	2	1.33	1.5	2	1.75	6.58
备注：											适用性：					

4.7.7　偶然损伤分析程序

1）概述

偶然损伤（AD）是指由于偶然原因导致结构固有剩余强度降低的损伤，一般是外来物撞击、维修不当或突发外力导致的,发生偶然损伤的概率在整个飞机寿命期间视为不改变的。

针对在飞机使用期间一些偶然物体的接触或碰撞,以及由于使用或维修中的不当活动引起的损伤进行分析。显然,损伤源分为制造缺陷和使用/维修过程引起的偶然损伤,如图4.138所示。

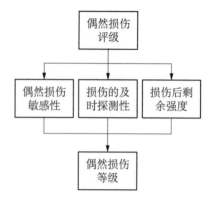

图 4.138　结构 MSG‑3 偶然损伤分析

2) 指标说明

(1) 可见性(VR)偶然损伤的可见性指标区分和评级方法与环境损伤中所使用的一致,这里不再赘述。

(2) 对损伤的敏感性(SD),也是从材料自身特性出发进行分析的,因此按照金属和非金属材料分别考虑。

对于金属结构,应力水平(SD_1)反映工作载荷产生的名义工作应力强度,断裂强度(SD_2)是金属材料承受裂纹和应力的能力,其总等级为

$$SD = \frac{SD_1 + SD_2}{2}$$

对于非金属结构,应力水平(SD_1)同样反映工作载荷产生的名义工作应力强度,对损伤扩展的敏感性(SD_3)则表明了非金属材料损伤扩展的速度,其总等级为

$$SD = \frac{SD_1 + SD_3}{2}$$

(3) 剩余强度(RS,金属/非金属相同),主要考虑结构当前设计状态受载情况下的剩余强度,用于评估结构受偶然损伤后的承载能力,与临界损伤的尺寸有关。

(4) 受损伤的概率或称可能性(LK),是对飞机所有可能遭遇偶然损伤的情况进行概率分析,主要考虑地面操作设备(LK_1)、货运设备(LK_2)、人为失误损伤(LK_3)、雨水冰雹等(LK_4)、跑道的碎片残骸(LK_5)、雷击(LK_6)、液体浸泡(LK_7)和其他因素(LK_8,如鸟撞等)等造成的影响。最终可能性评级取所有影响因素中影响最严重的一个影响因素指标值,即

$$LK = \min\{LK_1, LK_2, LK_3, LK_4, LK_5, LK_6, LK_7, LK_8\}$$

对SSI受到不同偶然损伤的敏感性进行评估,还需要对于偶然损伤是否被另外一个SSI覆盖进行评估。对预期的损伤类型、位置和尺寸进行评估,并考虑环

境损伤带来的影响和疲劳损伤带来的影响,对非金属材料还要考虑与环境损伤相关的非化学作用造成的损伤增长,如交替出现的冰融化引起脱胶或分层的损伤增长等。

3) 分析步骤

(1) 选择要分析的飞机区域,该区域包含的所有 SSI 都要进行分析。

(2) 填写指标等级工作单。

(3) 计算每项 SSI 的偶然损伤等级。

(4) 根据环境损伤等级确定环境损伤检查工作和间隔。

在经过上述各类 MSG-3 分析工作后,根据分析的评级结果,对照相应机型的维修大纲制定政策和程序手册(即 PPH)要求进行汇总,得出相应结构检查任务。

4) 分析实例

新支线飞机方向舵为复合材料结构,如图 4.139 所示,该结构中复合材料梁为 SSI 项目,以下针对此复合材料梁为例进行偶然损伤分析。

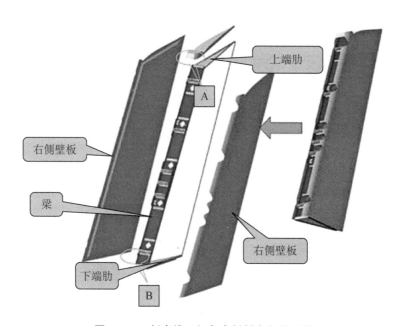

图 4.139　新支线飞机复合材料方向舵结构

首先方向舵梁在舵面偏转的情况下通过后缘与多面的间隙可以进行目视检查,因此可见性较为一般;由于采用了中模中强度的碳纤维预浸料进行设计,因此其材料性能和剩余强度情况都较好;而针对可能出现的偶然损伤情况中,人为损伤、雨水冰雹和其他异常情况出现概率较高,其他可能性均较低。综合以上的分析可以得出相应的分析评级结果,如表 4.21 所示。

表 4.21 非金属结构偶然损伤分析示例

表格 S-5B		非金属结构 SSI 的 AD 分析						ATA: 55		区域 324				内部				
SSI 编号	名称	VR			SD		RS	LK								VR	SD	RS	LK	ADR
		VR₁	VR₂	VR₃	SD₁	SD₃	RS₁	LK₁	LK₂	LK₃	LK₄	LK₅	LK₆	LK₇	LK₈	VR	SD	RS	LK	ADR
	方向舵梁	1	1	2	2	2	2	2	2	1	1	2	2	2	1	1.33	2	2	1	6.33
备注:														适用性:					

4.7.8 结构维修大纲编制

根据分析的评级结果,对照相应机型的 PPH 要求进行汇总,得出相应结构检查任务。

4.8 结构修理手册规划和编制

4.8.1 背景

据统计,在民用飞机全寿命使用过程中,维修使用成本占运营成本的比例已经超过 40%。民机市场的竞争很大程度上是维护工程的竞争。结构维护工作在飞机维护工作中占据主要地位,结构修理是否合法并且合理,不仅影响飞机的安全,还严重影响到结构修理乃至整个飞机的维护使用成本。飞机结构修理手册(SRM)通常由飞机研制公司工程部门制定,是飞机运营商进行结构修理的依据,在飞机投入运营前,SRM 需取得适航当局批准和航空公司认可,保证飞机获得型号合格证,顺利投入运营。在飞机投入运营后,高质量的 SRM 手册可保障飞机尽可能减少停场时间,提高飞机利用率,最大限度地降低运营成本,降低技术支援压力。

4.8.2 适航要求

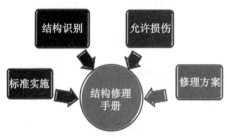

图 4.140 结构修理手册组成

中国民用航空规章 CCAR25 部附录 H25.3(e)、(f)条、CCAR26.43 条款和咨询通告 AC-91-11《航空器的持续适航文件要求》规定:结构修理文件(SRM)是航空器在服役中预期的结构修理种类和准则的描述,是需经型号审定部门批准的一种持续适航文件。一般地,维修手册需包含结构防护处理所需的资料和将结构强度和寿命其结构恢复到满足设计功能要求状态所需要的维修方案资料。所以,典型飞机结构修理手由标准施工程序、主要(基本)/次要(辅助)结构的结构识别、允许损伤和典型修理方案等四大部分技术资料,如图 4.140 所示。

4.8.3　编制标准

国际上有两种通用的技术出版物编制标准,分别是 ATA 2200 标准和 S1000D 标准。两种标准中都规定了 SRM 的编制方法和要求。ATA 2200 标准只针对航空器产品,而 S1000D 标准涵盖了如航空器、汽车、轮船等许多工业产品。

两个标准作为技术出版物现行标准,都具备内容完整准确、与飞机产品全寿命周期紧密关联、技术信息结构化、数据交换要求明确具体等特点。其中,ATA 2200 规范作为民用航空领域最为成熟、应用最为广泛的标准,其最大优点是具备较强的实践基础。如 B737NG、A320、ERJ190 和 CRJ 系列飞机和新支线飞机的结构修理手册均是采用 ATA 2200 标准编制的,而 S1000D 则是一个面向未来的标准,其具有广泛组织支持、拥有完善维护机制、技术基础雄厚及具备合理发展计划等特点,具有良好的发展前景。如 A380、B787 和 A350 等新机型的结构修理手册则按照 S1000D 标准编制。

随着航空领域技术和产品的不断创新,美国航空运输协会早期出版发行的航空产品技术资料编写规范,即 ATA 100 标准已经远远不能满足现今航空公司的需求。为了实现技术文档的电子化形式,编制了 ATA 2200 规范。ATA 2200 规范旨在为制定和使用飞机产品支援的最佳实施方法及高效先进的信息流程提供机会。该规范无疑成了飞机制造商和航空公司之间信息交流的一座桥梁。

ATA 2200 航空维修资料标准中第 3-3-2 章节“结构修理手册”规定了飞机结构修理手册的具体内容。一般地,结构修理手册(SRM)是由正文前资料和正文两部分构成,正文部分包括 51 章(标准实施和结构——通用)、52 章(舱门)、53 章(机身)、54 章(短舱/吊架)、55 章(尾翼)、56 章(窗)和 57 章(机翼)。新支线飞机 SRM 采用 ATA 2200 标准制定。

4.8.4　ATA 51 章编写规划和要求

第 51 章为标准实施、通用程序、定义、主要结构要素,主要包括飞机数据参数、气动光滑度要求、工艺实施程序、材料、紧固件、修理支撑和配平、通用修理等方面内容,如图 4.141 所示。该类文件为后续涉及标准实施和结构参数等信息的文件提供指引。因此,标准实施文件是整个结构修理手册关键,对手册是否能够在航线结构修理中顺利实施起到决定性作用。

4.8.5　ATA 52～57 章编写规划和要求

SRM 中 ATA 52～57 章中均是飞机结构大部件的修理资料描述,每一个章节都包含结构识别、允许损伤和修理三大部分内容。

1) 结构识别

结构识别部分表述飞机结构所包括的结构件位置示意、参考图号、结构件装配关系、零件材料及热处理状态清单等方面的内容,如图 4.142 所示,以使用户能够获

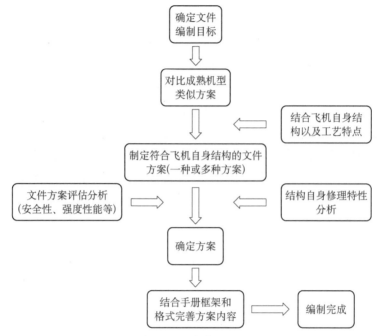

图 4.141 标准实施章节编制规划和要求

得足够的资料,清楚地了解所修理的项目,从而满足结构修理的需要,结构识别的每一章节页码从 1 开始,到 99 结束。

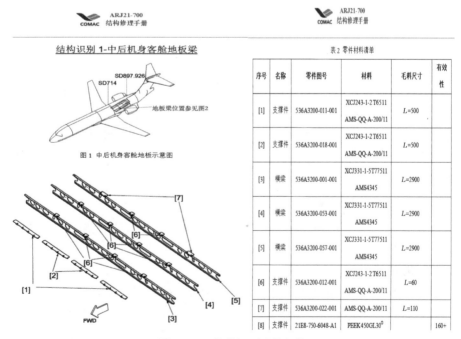

图 4.142 结构识别文件架构

编写结构识别时遵循六方面原则。

（1）结构识别部分包括所有主要结构元件的描述，其中当 SRM 中的主要结构元件与维修大纲（MPD）中的重要结构项目（SSI）不一致时，应以维修大纲中的 SSI 为准。

（2）叙述次要结构时，详细地给出一切必需的资料，以使用户能根据结构识别信息，实施 51 章的通用修理或典型修理。

（3）叙述主要结构时，给出材料牌号及装机状态，毛料尺寸、相关零件的零件号和具体修理的参考等信息。

（4）结构识别部分指出已经投入生产的或恢复投产的同一型号飞机之间的结构差别，从而使用户能清楚地识别其机队中每一架飞机的重要结构件。

（5）结构识别部分以文字、图示和明细表格相结合的形式表达内容。

（6）结构图示以结构图样为依据。

2）允许损伤

允许损伤是指不影响结构完整性或者降低部件功能、不需要加强或者换件修理的轻微损伤（如擦伤、划伤、凿伤以及轻微腐蚀等），如图 4.143 所示，允许损伤的每一章节的页码从 101 开始，到 199 结束。

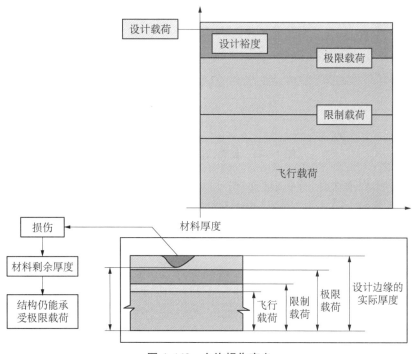

图 4.143　允许损伤定义

允许损伤需给出所有的允许损伤数据、定义，以便用户判定受损伤的飞机是否可以不必修理而恢复使用。允许损伤部分指出无须修理或需做小量修理的工作（如清洁、钻止裂孔等），这些小量修理工作不会降低有关结构的性能指标，对结构承受的载荷无影响，仍能使用飞机的数据指标或临界范围，如图 4.144 所示。另外还给出小量修理的详细程序，以便将飞机恢复至可使用状态。允许损伤部分列在同一题目的结构识别之后，该部分应采用图形和表格形式详细说明允许损伤限制。如果一个结构元件不允许有任何损伤，那么该部分内容应空缺不编或填写不允许。

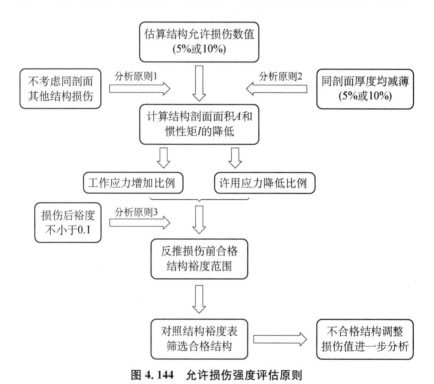

图 4.144　允许损伤强度评估原则

　　在编制允许损伤时，首要根据损伤不同类型来确定结构的适用性，经过强度评估后给出具体的允许损伤数值，同时还应提供去除损伤以及后续的工艺规程，如图 4.145 所示。允许损伤架构主要包括适用范围、概述、引用文件、允许损伤及其他特殊要求等五个部分组成，如图 4.146 所示。

　　3）修理方案

　　修理方案章节叙述了超出允许损伤部分规定限度的所有损伤典型修理内容，一般采用等强度或加强方案，将加强件和损伤结构通过紧固件连接在一起，已达到适航的目的，如图 4.147 所示。修理方案章节的页码组是 201～999。一般包括适用范围、概述、引用文件、施工要求和特殊检查要求（按需）等内容，修理方案的每一章节的页码从 201 开始，到 299 结束。

　　修理方案需考虑损伤类型、施工经济性，并进行相应的设计分析，如图 4.148 所

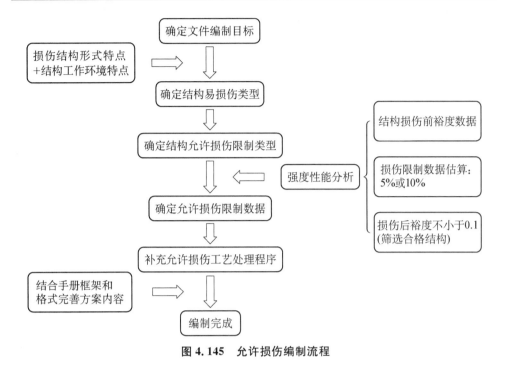

图 4.145　允许损伤编制流程

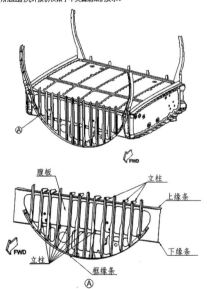

(a)

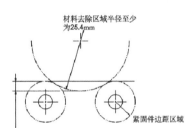

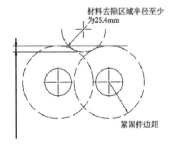

(b)

图 4.146　允许损伤文件架构

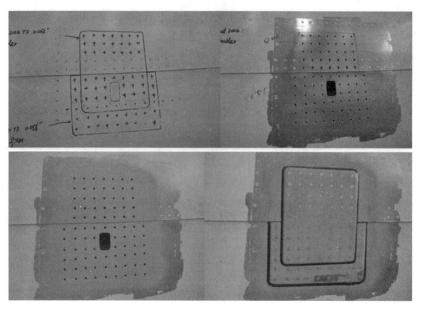

图 4.147 典型的加强修理

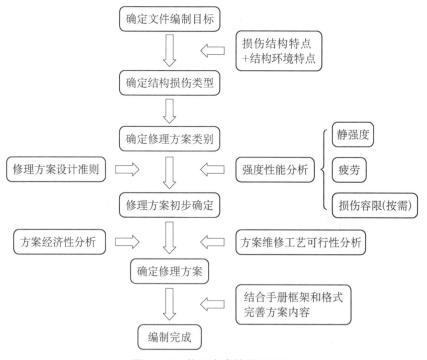

图 4.148 修理方案的编制流程

示。编写时应遵循五方面原则：

（1）修理部分叙述所有主要结构和主要结构元件的修理数据。

（2）SRM 中给出两种修理的具体修理数据：经过损伤容限评估和分析的 A、B 或 C 类修理；未经过损伤容限评估和分析的修理（永久修理、过渡修理和限时修理）。

（3）通常情况下，A 类修理是对不超出允许损伤限制的所有损伤进行的修理，修理部分一般不列出 A 类修理的内容，这些内容应在允许损伤部分或维修计划文件及其相关文件中给出。

（4）B 或 C 类的修理一般包括补充检验、修理类型、检验临界值、以图示方式给出的检查区域定义、在修理图解上对修理后如何进行检查的说明、检验技术和相应的间隔以及与检查时间间隔有关的参考等信息。C 类修理还给出更换/再加工的临界值（时限）。

（5）过渡修理和限时修理也需要辅助的检验和时间间隔，并且也应包括类似于 B 类和 C 类修理的必要信息。

4.9 舱门适航验证技术

4.9.1 背景

新支线飞机 2014 年 12 月 30 日获得中国民航局型号合格证，标志着其符合《中国民用航空规章》第 25 部《运输类飞机适航标准》要求。

由于舱门为高频率使用的运动部件，且开口大、承受机身气密载荷，所以民机结构研发中，适航对舱门的要求是最详细、复杂和全面的。舱门不但需要满足 CAAC 条款要求，还要同时跟踪 FAA/EASA 的最新有效条款变动和修正案的更新。当时有效的 CCAR-25-R3 第 25.783 条机身舱门条款是基于 1996 年发布的 FAR 25-88 修正案修订的，在此期间，美国联邦航空局先后发布了多部重要修正案对适航条款进行大幅度完善，其中针对舱门相当重要的就有 2004 年发布的 FAR 25-114 和 FAR 25-116 修正案，进一步提高了舱门的安全标准，2011 年 12 月发布的 CCAR-25-R4 已纳入 FAR 25-114 修正案的相关内容。

4.9.2 适航要求

新支线飞机舱门需符合条款 CCAR-25-R3 第 25.783 条和第 25.809 条的要求，详细内容如表 4.22 所示。

表 4.22 舱门适航要求

序号	条款内容[①]
1	25.783
	(a) 每个座舱必须至少有一扇易于接近的外部舱门。

[①] 楷体部分为条款原文，本书照原文录入，后文再出现时不再标注。

（续表）

序号	条款内容
2	25.783 (b) 每扇外部舱门必须有措施锁定并保险，以防止飞行中打开（被人无意中打开或是由于关闭时或关闭后机构损坏或单个结构元件损坏而打开）。开门装置必须简单明显，其设置和标记必须使得即使在黑暗中也易于辨明位置和操作。
3	25.783 (c) 每扇外部舱门必须能合理地避免在轻度坠损中因机身变形而卡住。
4	25.783 (e) 必须有对锁定机构作直接目视检查的措施，来确定那些打开时首先作非内向运动的外部舱门（包括旅客门、机组门、服务门和货舱门）是否完全关闭并锁定。
5	25.783 (e) 此外，如果有任何外部舱门未完全关闭并锁定，必须有目视警告装置来告知有关的飞行机组成员。
6	25.783 (f) 外部舱门必须有措施防止在舱门未完全关闭和锁定的情况下开始将飞机增压到不安全的水平。
7	25.809 (b) 每个应急出口必须能从内外两侧开启，但如果从飞行机组区域能方便而迅速地接近其它经批准的出口，则该区域的滑动窗户应急出口不必能从外侧开启。在下列条件下，当机身无变形时，必须能打开每个应急出口： (1) 飞机处于正常地面姿态，和在一根或几根起落架支柱折断时的每一种姿态； (2) 从开门装置启动到出口完全打开，不超过10秒钟。
8	25.809 (c) 开启应急出口的措施必须简单明了，且不得要求特别费力。
9	25.809 (f) 必须有措施锁定每个应急出口并保险，防止在飞行中被人无意地或因机构损坏而打开。
10	25.809 (f) 此外，打开时首先向外运动的每个应急出口，必须有措施使机组成员能对门锁机构进行直接目视检查，以确定是否完全锁定。
11	25.809 (g) 必须有措施使应急出口在轻度撞损着陆中因机身变形而被卡住的概率减至最小。

第 25.783 条是对民用运输类飞机舱门功能性提出的主要要求，该条款是舱门功能性验证的主要条款。该条款要求继承自 CAR4b.356，自 FAA 发出 25-0 修正案后，又经过了 25-15、25-23、25-54、25-72、25-88 和 25-114 修正案的改进，随规章要求的不断的改进，舱门验证工作量和验证难度也在不断增加。

对第 25.783 条产生重大影响的修改来自 FAA 的 25-114 修正案，通过该修正案，第 25.783 条不仅内容扩展了很多，验证内容也有很多变化，主要变化如下：

（1）对原第 25.783(a)(d) 款进行了彻底修改，内容在原条款上进行了大幅度的细化。对舱门有了明确具体的定义，尤其对于舱门的机构设计提出了更高的要求，在机构设计上要求锁系统和闩系统之间必须具有独立性，同时又要求了锁和闩在功能上逻辑关联，并要求考虑环境因素对机构的影响，考虑动力系统（如有）对机构的影响，考虑操纵者对机构的影响，考虑结构变形对机构的影响等。

（2）提出了将舱门被人为有意开启的概率将至最低的要求，而原第 25.783 条对此认为飞机在压差很低时进近、起飞、着陆，可能发生舱门的人为有意开启，但是在这么短的时间内，认为所有的乘客都坐在座椅上并系好了安全带，因此不考虑有意开启的情况。

（3）将轻度坠损情况下舱门不会因变形而卡住的要求移到第 25.809 条中。

（4）将舱门锁定机构的目视检查要求扩展到所有飞行中打开会造成危险的舱门，而原第 25.783 条的要求仅适用于打开时首先作非内向运动的外部舱门。

（5）细化了原第 25.783 条中增压预防措施的要求，明确了该措施发生失效的概率要求。

（6）细化了舱门在未关闭情况下的警告、警示要求，并将该要求限制到开启会导致危险的舱门及每一承压和打开时首先作非内向运动的门，而原第 25.783 条适用于所有的飞机舱门。

上述要求的变化不仅使对舱门的适航要求更多更明确，也使验证工作的实施更有依据。

国际上常用的民用飞机适航标准主要是 FAR 与 CS，前者由美国联邦航空局负责编制，后者是欧洲航空安全局负责编制。随着航空业的发展，特别是波音公司与空中客车公司在民用航空界垄断地位的日益巩固，FAR 与 CS 的 25 部标准除少部分还有少量差异外，大部分要求基本是一致的。

具体到第 25.783 条来说，除文字、表达方式等方面的差别外，验证要求的差别主要集中在以下几个方面：

（1）第 25.783(b) 款的主要意思为：对于每个舱门，都要有措施防止在飞行中的无意开启，也要有措施将人为有意开启的概率降至最低。如果这些措施使用了失效会导致舱门处于不安全状态的辅助装置的话，则这些辅助装置及其系统要满足以下两个要求：单个失效不能妨碍多个舱门的开启，不可能发生着陆后因其失效导致的舱门无法开启。对于什么是"概率降至最低"，CS25 和 FAR25 之间有一定差别：CS25.783 要求失效概率为"remote"，而 FAR25.783 要求的失效概率为"improbable"，从概率数值来讲，后者为 10^{-9}，前者为 10^{-7}。尽管由条款的字面可知，CS25.783 的要求比 FAR25.783 要严格，但是从研制和验证工作的实质来说，没有区别。

（2）CS25.783(d)(8) 的要求是：对于不关上会导致危险的舱门，必须采取措施防止锁闩移动到闩上位置,除非能够表明在飞行前,未关上的舱门是清晰可见的。在 FAR25.783 中无此要求。从设计角度来说,CS25.783 比 FAR25.783 要做少量的设计更改;从验证角度来说,CS25.783 比 FAR25.783 多了此要求,以防止此类舱门出现虚假指示。因此对于本要求,CS25 要求略高于 FAR25。

(3) 从条款字面来说,CS25.783(b)仅要求对开启会带来危险的舱门要求采取预防措施,降低飞行中人为有意开启的风险,而 FAR 则要求所有的舱门都要采取措施降低飞行中人为有意开启的风险,而不考虑开启是否会对飞行安全带来影响。因此对于本要求,FAR 要求高于 CS25。

4.9.3　适航验证

对新支线飞机来说,舱门需要验证的主条款为第 25.783 条,需要验证的对象包括登机门、服务门、左/右应急门、前/后货舱门、E/E 舱门、通风窗,此外还包括盥洗室舱门。为表明符合性而采取的验证方法主要有说明性文件、安全评估及机上检查。

1) 第 25.783(a)款的符合性验证工作

该款要求适用于登机门、服务门、左/右应急门。

为表明对该条款的符合性,编制了新支线飞机外部舱门的易接近性的符合性报告,该报告对客舱段外部舱门的设置及舱门可接近性进行了描述;此外,还进行了舱门机上检查,确认了客舱段的 4 个舱门(登机门、服务门、应急门)是易于接近的,表明了对本款要求的符合性。

2) 第 25.783(b)款的符合性验证工作

该款要求适用于新支线飞机登机门、服务门、应急门。

为表明符合性,新支线飞机的登机门、服务门、应急门都具有锁定和保险措施,能够避免飞行中的舱门打开。通过舱门开启方式及手柄位置的设置,能够在飞机内侧有人拥挤在门上的情况下,每扇舱门均能从内外两侧开启,为表明符合性开展了机上检查工作。

为表明开门装置简单明显,其设置和标记必须在黑暗中也易于辨明位置和操作,编制了新支线飞机内设舱内标记标牌适航符合性说明,该报告表明登机门、服务门、应急门的开门装置标记即使在黑暗中也是易于辨识并进行操作的;此外还进行了舱门机上检查工作,就登机门、服务门、应急门的舱门锁定及保险措施、黑暗条件下开门装置设置及标记的明显性、人员拥挤在舱门上时内外两侧开启舱门等内容进行了验证。

3) 第 25.783(c)款的符合性验证工作

该款要求适用于新支线飞机登机门、服务门、左/右应急门、通风窗。

编制了新支线飞机舱门对第 25.783(c)款和第 25.809(g)款的适航符合性报

告,在本报告中对"每扇外部舱门能够合理避免在轻度坠损中因机身变形而卡住"进行了验证。

4）第 25.783(e)款的符合性验证工作

该款要求适用于新支线飞机左/右应急门。

新支线飞机打开时首先做非内向运动的舱门为左/右应急门,该舱门具有直接目视检查措施。

为表明在外部舱门未关闭并锁定情况下飞行机组能够收到目视警告信息的符合性,进行了舱门机上检查,通过检查表明,登机门、服务门、应急门、前/后货舱门、E/E 舱门在未完全关闭并锁定时,驾驶舱多功能显示器目视警告告知驾驶员,此外,还通过舱门机上检查,表明了新支线飞机登机门、服务门、应急门、前/后货舱门、E/E 舱门满足对本款要求的符合性。

新支线飞机舱门打开时首先做非内向运动的舱门为左/右应急门。针对该舱门编制了安全性评估报告、功能危险性分析报告、故障模式及影响性分析报告、故障树分析报告,说明该舱门的设计使得导致误视关闭并锁定的任何故障或故障组合的概率很小。

5）第 25.783(f)款的符合性验证工作

该款要求适用于新支线飞机登机门、服务门、左/右应急门、前/后货舱门、通风窗。

为表明对该款要求的符合性,编制了新支线飞机空调系统适航符合性说明,表明空调系统的综合空气系统控制器在收到舱门关闭信号后才能启动座舱增压程序,压调系统具有预增压功能,可以防止在舱门未完全关闭和锁定的情况下将飞机增压到不安全的水平。为了验证符合性,通过试飞,其结果表明增压预防措施是有效的。

对登机门、服务门、左/右应急门、前/后货舱门、通风窗进行了安全性分析,通过分析表明,上述舱门的偶然打开的概率均小于 10^{-9},满足条款要求。

6）第 25.783(g)款的符合性验证工作

该款要求适用于新支线飞机前/后货舱门。

由于新支线飞机的服务门属于应急出口,所以本款仅适用于货舱门,即货舱门仅需要满足本条(e)(f)款,并能防止在飞行中因机械损坏或单个结构元件损坏而打开。

通过安全性分析报告表明了在飞行中货舱门不会因机械损坏或单个结构元件损坏而打开,表明了货舱门满足(e)(f)款的要求。

7）第 25.783(h)款的符合性验证工作

该款要求适用于新支线飞机登机门。

新支线飞机的登机门属于Ⅰ型门,满足第 25.807 条到第 25.813 条"对Ⅱ型或更大的旅客应急出口的适用要求",通过机上检查表明了登机门对于此条款的符合性。

8) 第 25.783(j)款的符合性验证工作

该款要求适用于新支线飞机盥洗室门。

进行了盥洗室机上检查,通过检查表明盥洗室在内部锁住的情况下,不需要利用工具即可从外部打开。

4.10 标准件

4.10.1 背景

民用飞机是一项复杂的综合性制度工程,其中标准件,特别是紧固件,是全机最多数量的零件,新支线飞机标准件选用原则如下:

(1) 标准件必须满足民用航空适航标准 CCAR25.603 相应条款的要求,紧固件的选用还需符合 CCAR25.607 条款的要求。

(2) 选用有使用经验的标准件,优先选用国外成熟民机正在使用的标准件,保证飞机的可靠性、安全性及先进性。

(3) 在满足设计的前提下,尽量选用国际市场上主流的、成本低的标准件,且尽量减少标准件的品种与规格,保证可采购性。

(4) 国产标准件应取得相应的技术标准规定项目批准书(CTSOA)或获得中国民用航空局(CAAC)的适航批准。

(5) 在部分特定区域选用钛合金紧固件、无铆托板螺母、大底脚抽芯铆钉等先进紧固件,即起到减重的作用,同时提高飞机的连接强度。

新支线飞机全机选用标准件六大类共选用 302 项,规格 4 054 个,合计约 60 万件。其中紧固件 167 项,规格 3 342 个;机体构件 8 项,规格 25 个;卡箍、衬套、弹簧 27 项,规格 194 个;管路件 66 项,规格 378 个;操纵系统件 34 项,规格 39 个;轴承 35 项,规格 76 个,类型有如下几项:

(1) 紧固件包含螺栓、高锁螺栓、螺钉、螺母、自锁螺母、高锁螺母、螺套、垫片垫圈、挡圈、铆钉、环槽铆钉、抽心铆钉和销轴共 13 类 181 项。

(2) 机体构件包含口盖、锁、撑杆、铰链和按扣共 5 类 23 项。

(3) 卡箍、衬套、弹簧包括卡箍、衬套和弹簧共 3 类 35 余项。

(4) 管路、密封通用件包括直通管路连接件、管袖、螺母、转接头、弯管接头、三通接头、四通接头、软管及软管组件、密封圈、堵帽、管塞、润滑接头、刚性管连接件和柔性接头共 14 类 97 项。

(5) 操纵件包括钢丝绳接头、滑轮、松紧螺套、拉杆连接件、传动件、护环共 6 类 34 项。

（6）轴承包括球轴承、滚柱轴承、关节轴承和滑动轴承共 4 类 30 项。

为与现有航空公司维修用标准件体系接轨，保障新支线飞机的可维修性并降低运营成本，新支线飞机标准件采用的标准来自两类，均为英制标准，第一类为 NAS（美国国家飞机标准）、MS（美国军用标准）及 SAE AS（美国汽车工程师协会飞机标准）等国际航空行业标准，共 321 份，第二类采用国外标准件主流供应商的企业标准（如 HST 和 CR 等标准），共 79 份。

4.10.2 通用要求

新支线飞机标准件的通用要求包括如下几条：

（1）应尽量避免紧固件的安装相互反方向。

（2）松脱会影响飞机飞行安全的螺纹紧固件必须带有开口销、保险丝或其他保险装置。

（3）钛、蒙乃尔、A286 和铝紧固件的磁性较弱，适用于无磁性处，低合金钢材料不能用于这些地方。

（4）当需要使用沉头紧固件时，锪窝板必须足够厚以容纳整个锪窝。锪窝的深度应与板厚匹配，至少应保证 $(t-h)$ 有一定净值，如图 4.149 所示。

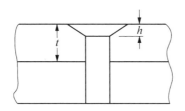

图 4.149 锪窝示意图

（5）不同金属的连接，必须考虑采取防护措施，相应的防腐蚀基本原则如表 4.23 所示。

表 4.23 防腐蚀基本原则表

连接结构的材料	紧固件材料		
	推荐的	可接受的	禁止的
铝-铝	铝（阳极化）[a]	钛[c]、A286[c]、INCONEL[f]、镀镉钢或镀镉蒙乃尔	蒙乃尔、铜[b]、黄铜
钛-钛[g]、钛-不锈钢、钛-镍基合金	钛[a]、A286[a]、INCONEL[a]	蒙乃尔[a]	镀镉钢或镀镉蒙乃尔[d]、涂铝钢[a]、铝[e]
铝-不锈钢	钛[f]、A286[f]	镀镉蒙乃尔[f]	铝
铝-钢	镀镉钢或蒙乃尔[a]	钛[f]、A286[f]、镀镉不锈钢[a]	铝

（续表）

连接结构的材料	紧固件材料		
	推荐的	可接受的	禁止的
钛-铝[g]	钛[c]	A286[c]	蒙乃尔[b]、镀镉钢或镀镉蒙乃尔[d]
碳纤维复合材料-所有金属合金材料	钛[f]、INCONEL[f]	A286[f]、蒙乃尔[f]	镀镉钢或镀镉蒙乃尔、铝

[a]：相容，无处理要求。

[b]：这些材料的紧固件在铝合金上能引起严重的电化效应。

[c]：钛和 A286 紧固件装配在铝或铝-钛结构上时必须湿安装。

[d]：镉或铝层当与钛接触时，在短时间内将发生电化腐蚀，使紧固件处于无保护状态。

[e]：少量的铝（紧固件）与大量的钛合金结构连接时，将在很短时间内产生电化腐蚀。

[f]：装配时必须湿安装。

[g]：镉和银层在与钛接触的限制：镀镉或镀银的垫圈、干涉配合衬套或干涉配合紧固件均不可与钛零件一起使用，除此以外，满足如下条件的情况下钛零件可与镀镉或镀银零件一起使用：

（1）温度不超过 200 ℉。

（2）对于装在钛紧固件上的有干膜润滑剂的镀镉螺母，温度不超过 300 ℉。

（3）与镀镉零件，温度不超过 400 ℉；与镀银零件，温度不超过 500 ℉，只要在这些电镀表面采用一个未电镀的耐蚀钢垫圈使得与钛零件隔离。涂层或干膜润滑剂不能作为隔离层。

（6）安装成本。

a. 在满足设计的前提下，应选用成本最低的材料。材料成本由低到高依次排列如下：合金钢＜铝＜蒙乃尔＜A286＜钛合金＜PH13－8 合金钢＜H－11 合金钢＜INCONEL。

b. 紧固件总安装成本由低到高依次排列如下：铆钉＜环槽铆钉＜高锁螺栓＜螺栓。

c. 紧固件的使用量非常大，为降低项目成本，应使用设计允许的最大紧固件间距，按照可靠的设计惯例选择成本最低的紧固件。

d. 应尽量选用标准孔的尺寸和公差。

4.10.3 典型紧固件

1）螺栓、螺母与垫圈

新支线飞机常用的螺栓有 NAS6203～6220、NAS6303～6320、NAS6403～6420、NAS1580 和 NASM21250 系列。

新支线飞机常用的螺栓有 NASM21042、NASM21043、NAS1473、NASM14144、NASM14145、NASM21075 和 NASM21076 系列。

新支线飞机常用的垫圈有 NAS620、NAS1149、NAS620、NASM35333、NASM35338、NASM20002 和 NAS513 系列。

螺栓、螺母及垫圈的选用原则如下：

（1）螺栓、螺母和垫圈是最普通的连接手段，用在必须能拆卸或替换的高负载结构件上。

（2）设计螺栓连接时，要考虑其对称性，对于具有对称性的被连接部分，螺栓的布置也应有对称性；对于非对称性的被连接部分，则要根据结构和力流的流向而相应地安排传力点。无论被连接部分和螺栓的位置有无对称性，都应尽可能使需要传递的工作载荷（拉力或剪力）通过螺栓组的形心位置线。

（3）在设计螺栓连接时，必须区分是受拉螺栓还是受剪螺栓，或受拉受剪螺栓。对传递横向力的受剪螺栓连接，沿传力方向的螺栓不宜过多，以免造成各个螺栓严重受力不均。对传递旋转力矩的受剪螺栓和翻转力矩的受拉螺栓连接，合理安排螺栓位置可以减小各个螺栓的受力差别，并且能减小受力最大螺栓的工作载荷。

（4）水平或垂直安装的螺栓应尽可能使其头部朝上、朝外、朝前。当必须头朝下安装单个连接螺栓，且该螺栓脱落会影响飞行安全时，螺栓头部必须采取保险措施。除了转动接头以外，若安装空间不够，则可反装螺栓。

（5）任何影响飞机安全、操作能力或可靠性的螺栓，都应有保险措施防止松脱。防松的要领在于防止螺纹副的初始相对转动，而不在于防止螺母或螺栓相对于被连接结构的转动，必要时，可采取双重防松措施。

（6）螺栓连接分成6种配合级别，设计时可根据具体结构连接要求选择。为维修方便，降低成本，某些部件、组件和零件须能互换。在符合应力要求的前提下，选取最大的螺栓与孔的间隙。

（7）在确定螺纹是否落入夹层时，应采用最大的连接厚度和最小的螺栓光杆长度。在主要结构的受剪连接部位，螺纹不得受挤压。如螺栓不受剪切载荷，则螺纹落入夹层的圈数不受限制。

（8）对于次要结构或非结构零件，螺栓的螺纹可以落入夹层中，除非载荷或振动会造成零件的过度损伤。

（9）螺栓的长度应是能连接夹层所需的最小值并满足：

a. 螺母下至少有一个垫圈。

b. 露出螺母部分至少有一整圈或全部倒角。

c. 如有需要，可以装开口销。

（10）相对于非自锁螺母，应优先采用自锁螺母。但自锁螺母不能用于发动机进气道、操纵系统、单个螺栓连接或螺栓丢失会影响飞行安全之处。非自锁螺母应按需要用保险丝或开口销保险。

（11）为了有互换性和便于制造，在设计强度允许的部位使用游动型螺母，而成组游动托板螺母应优先于单个托板螺母。

（12）垫圈有如下的作用，设计时可根据需要选择：

a. 保护被连接件的表面，以免在拧紧螺母或螺栓时被划伤。

　b. 增大被连接件的接触面积。

　c. 补偿不平的(圆弧或倾斜的)接触表面。

　d. 遮蔽螺纹不工作部分以保证拧紧螺母或调整连接件的厚度。

　e. 利用厚垫圈改善连接处的疲劳性能。

　f. 防止材料间的电化腐蚀,特别是在复合材料制的被连接件上。

　g. 防止连接松动。

　h. 密封。

(13) 在任何的螺栓、螺母连接的转动元件下必须使用垫圈,其目的是避免支承面的擦伤,以及减少或消除不同金属的接触。

(14) 为了改善螺栓的抗疲劳寿命,可选用预载指示垫圈。

(15) 锁紧垫圈不应用于机体结构。

2) 高锁螺栓与高锁螺母

高锁螺栓为单面安装的永久性高强度连接件,如图 4.150 所示,用于那些需要高强度连接且受安装环境限制不能使用环槽钉的场合。

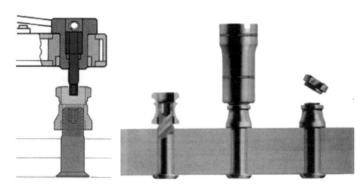

图 4.150　高锁紧固件

高锁螺栓和高锁螺母连接的优点是重量轻,疲劳性能好,自锁能力高,可保证较高的稳定预紧力,可实现单面拧紧。

新支线飞机常用的高锁螺栓有 HST10、HST11、HST12 和 HST13 系列。

新支线飞机常用的高锁螺栓有 HST75、HST78、HST79、HST82 和 HST97 系列。

高锁螺栓及高锁螺母的选用原则如下:

(1) 剪切型高锁螺栓配用铝制的高锁螺母,抗拉型高锁螺栓必须使用抗拉型高锁螺母,不能混用。

(2) 高锁螺母是由保留部分和拧断部分组成的一个整体零件,安装后只存保留部分。安装高锁螺栓的拧紧力矩取决于高锁螺母的拧断力矩,相同规格不同牌号的高锁螺母拧断力矩是不同的,应根据需要选用,设计图样中不用再给出拧紧力矩。

(3)在高锁螺栓使用时,通常不需要加垫圈,仅在防止电位腐蚀、压损结构,调节加大高锁螺栓杆部时使用;当安装环境受限不能使用高锁螺母时,允许用自锁螺母替代,与高锁螺栓配套使用,如用普通自锁螺母,则必须要在自锁螺母下安装垫圈,以补偿高锁螺栓长度与夹层厚度之差。

(4)高锁螺栓选用主要根据结构空间和使用条件来选择头部形状,按受力大小和环境条件来选择材料。

(5)安装精度等级主要根据受载荷性质决定,特别是剪切力,通常在连接铝合金结构时使用干涉连接,可提供结构的疲劳的性能,连接复合材料、钛合金、钢结构时使用间隙配合。

(6)高锁螺栓不得用于发动机进气口或其正前方处。

(7)干涉配合高锁螺栓及高锁螺母连接不用于复合材料及易发生应力腐蚀开裂且承受严重环向应力的金属材料。

3)实心铆钉

铆钉连接(铆接)是一种不可拆卸的不动连接,如图 4.151 所示。

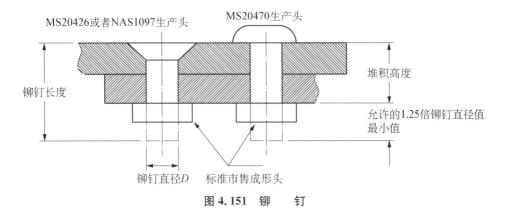

图 4.151 铆 钉

实心铆钉由可锻材料制成,单件,开敞安装,杆尾形成镦头产生夹紧力来完成紧固件的定位。

铆钉是作为抗剪紧固件使用的,在主承力结构中,不用于抗拉;在次承力结构中,也应避免使用铆钉作为抗拉紧固件。

新支线飞机常用铆钉有 NASM20470/NASM20426/NAS1097 和 NASM20615/NASM 20427。

新支线飞机铆钉设计原则如下:

(1)铆钉的直径应该与被连接件厚度匹配。

(2)应采用设计允许的最大铆钉间距。

（3）铆钉是优先选用的抗剪紧固件，不用于抗拉部位。

（4）当需要铆接不同的材料时，应以相对较软材料的铆接要求铆接。强度高的零件不应夹在强度低的零件之间，厚的、刚性大的零件布置在外侧。

（5）当薄蒙皮与厚蒙皮铆接时，铆钉的已成头应在薄蒙皮一面；当软材料与硬材料连接时，已成头应在软材料一面。为减少铆接变形，铆钉镦头可以交替安排在被铆接件的两面。当蒙乃尔铆钉铆在铝上或铝铆钉铆在软材料上，必须在镦头下加垫圈以防止软材料损伤。

（6）在下列情况下不应采用实心铆钉：

a. 无法提供最小顶把所需空间。

b. 可达性已到临界状态，会影响操作员正确地将钉杆尾端镦成头。

（7）实心铆钉用于碳/环氧层压板是受限制的，具体限制如下：

a. 蒙乃尔铆钉最大直径为 1/8 in。

b. 铆钉镦头下应有不锈钢垫圈或金属圈。

c. 铆钉仅用于压铆安装，禁止用铆枪镦制。

（8）无头铆钉应用于需大批铆钉铆接处，特别是有压力和液密要求处，铆钉头允许埋头或凸头；埋头钉因重量轻，所以应优先采用。

（9）被铆接的零件层数不能过多。

4）环槽铆钉

环槽铆钉及钉套连接有较高的夹紧作用，主要用于干涉配合孔代替铆钉作为永久性高强度连接，如图 4.152 所示。

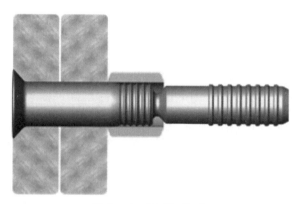

图 4.152　环　槽　铆　钉

（1）环槽钉相较螺纹紧固件轻，价格便宜，用在铆钉不能满足强度要求的永久性结构上。

（2）环槽铆钉有埋头和凸头，抗剪拉铆型和抗拉拉铆型以及抗剪镦铆型和抗拉镦铆型。新支线飞机项目不选用镦铆型环槽铆钉。当用同样环套材料安装时，埋头抗拉头环槽钉比埋头抗剪头环槽钉有更大的头部支承区域,所以在受到强烈振动载荷的区域应采用前者。此处的板厚选择应保证紧固件能合适地安装。

（3）环槽钉通常以干涉配合安装。

（4）当钛合金环槽钉用于碳纤维复合材料结构连接时,铝钉套下必须加装隔离垫圈,以防止发生电位腐蚀。

（5）干涉配合环槽铆钉及钉套连接不用于复合材料及易发生应力腐蚀开裂且承受严重环向应力的金属材料。

4.10.4　典型轴承

1）关节轴承及轴衬

新支线飞机主要使用的关节轴承及轴衬（见图 4.153）包括 AS81820 系列、AS81935 系列及 AS81934 系列自润滑关节轴承及轴衬。

图 4.153　关节轴承和轴衬

自润滑关节轴承特点及应用场合如下:

（1）摩擦力矩大,适用于对启动力矩和操作力没有严格要求的部位。

（2）适用于低速倾斜运动（调心）或低速摆动运动。

（3）用于传递径向载荷或联合载荷。与同尺寸滚动轴承相比,承受载荷能力大。

（4）调心性能好。

自润滑轴衬的特点及应用场合:除不能调心且无法传递轴向载荷外,与自润滑关节轴承相似。

2）球轴承

新支线飞机主要使用的球轴承（见图 4.154）为AS7949 系列机体用球轴承。

机体用球轴承的特点及应用场合如下:

（1）启动力矩最小。

（2）适用于摆动运动或低速转动（500 转/分

图 4.154　球轴承

以下）。

（3）用于传递径向载荷或联合载荷。与同尺寸其他轴承相比，承受载荷能力较小。

（4）大部分球轴承无注油口，全寿命依靠预装填的润滑脂工作。

（5）具有良好的轴向及径向精度。

3）滚针轴承

图 4.155　滚针轴承

新支线飞机主要使用的滚针轴承（见图 4.155）为 AS39901 系列机体用滚针轴承。

机体用滚针轴承的特点及应用场合如下：

（1）启动力矩较小。

（2）适用于摆动运动或低速转动（100 转/分以下）。

（3）用于传递径向载荷，承载能力较大，不能传递轴向载荷。

（4）轴承径向结构尺寸紧凑，适用于径向尺寸受限制部位。

（5）为减小磨损，要求有充分的润滑，且摆动角度稍大时更为有利。

（6）不能调心，对中性能要求高。

4）轴承的安装

（1）轴承在座孔中的安装和固定。

球轴承、外圈边缘倒角的关节轴承及安装于座孔中的滚针轴承，通常采用对座孔进行挤压/冲点的方式进行安装固定。外圈边缘开槽的关节轴承，应采用对轴承上的 V 形安装槽进行挤压/冲点的方式进行安装固定。对于关节轴承来说，对轴承上的 V 形安装槽进行挤压的固定效果较好，且对轴承启动力矩的影响相对较小。因此，关节轴承应优先选择外圈边缘开槽的型号并采用此方法进行安装固定。新支线飞机早期多使用对座孔进行挤压/冲点的方式对关节轴承进行安装固定，后逐步更改为对轴承上的 V 形安装槽进行挤压/冲点的方式，解决了部分轴承安装后过紧（启动力矩过大）的问题。

采用挤压/冲点的方式固定于座孔中的轴承，其实际轴向承载力通常受座孔对轴承支撑能力的限制（即支撑能力小于轴承标准中规定的轴向限制载荷）。

轴承通常采用压配合的方式进行安装。

（2）滚针轴承内圈在销轴上的安装。

与关节轴承和其他类型滚动轴承不同，滚针轴承不可用于传递轴向载荷，为避免轴向力损坏轴承，轴承内圈两端的支撑面的外径不得小于轴承标准中规定的夹位直径，轴承内圈两端夹紧时对端面挡圈的压力不得超过轴承标准或技术规范中规定的轴向承压力，如图 4.156 所示。

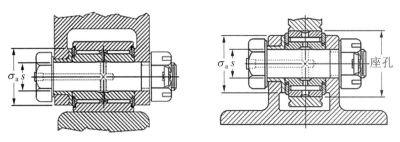

图 4.156　滚针轴承安装

（3）带杆滚轮滚针轴承的安装和固定。

带杆滚轮滚针轴承上已集成了头部带有螺纹的销轴，安装时销轴穿过结构安装孔并使用螺母固定，螺母的安装力矩（对于润滑螺纹）不得超过轴承标准或技术规范中规定的规定值，如图 4.157 所示。

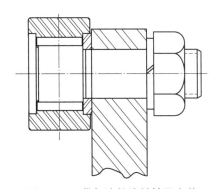

图 4.157　带杆滚轮滚针轴承安装

（4）杆端轴承的安装和固定。

杆端轴承是轴承与杆端体集成的零件，可采用合适的标准螺母、锁紧垫片和保险丝安装，如图 4.158 所示。

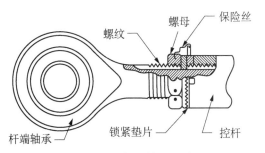

图 4.158　杆端轴承安装

5 内饰设计和设备选用

5.1 设备/装饰系统方案

5.1.1 概述

民机内部设备和装饰系统是工程与艺术有机统一的系统,是飞机舱内环境设计与设备配置有机结合的系统,是与人的生理感受和心理感受直接相关的系统,也是航空公司主要关注、构型选项较多的系统。它是驾驶舱、旅客舱和货舱内部环境装饰以及生活设备和应急救生设备配置的综合。

设备/装饰系统由驾驶舱装饰、驾驶舱设备、客舱装饰、客舱设备、货舱装饰、货舱系留和舱内标记标牌等组成。

5.1.2 驾驶舱装饰

驾驶舱内部造型为新颖现代的弧线形,简洁、圆润、温馨的设计特点,提升驾驶员的操纵感,色彩运用灰色与米色相间的色调,宁静而舒适。驾驶舱的色彩设计在满足"静暗座舱"的前提下,避免单调。

驾驶舱装饰由天花板、风挡窗框装饰罩、侧壁板、主仪表板下方空间的装饰等组成,如图 5.1 所示。驾驶舱天花板由左右天花板和驾驶舱入口至顶部控制板之间的驾驶舱入口天花板组成,其材料为表面喷涂米色漆的聚碳酸酯板。主照明灯、个别通风嘴和个别阅读灯安装在造型新颖的左右天花板凹槽内,同时保持天花板上的空调通风格栅、广播喇叭的透音孔和救生绳口盖与天花板同色,这样不仅能够与天花板整体外形和色调融为一体,还能减弱天花板上这些设备的视觉感受,达到扩大驾驶舱上部空间感的效果。驾驶舱窗框装饰罩材料也为聚碳酸酯板,表面喷深灰色漆,由于分段拼接安装在风挡窗框上,因此不会减少驾驶员应具有的视界宽度。表面同样喷涂米色漆的聚碳酸酯板驾驶舱侧壁板呈双曲面造型,安装在窗框和左右侧操纵台之间。其前端与遮光罩和主仪表板相邻,后部延伸至电源中心前壁板,左侧至电源中心,右侧则至一号厨房前壁板。主仪表板下方空间的装饰可以避免杂物掉入驾驶舱以下空间,保证了飞机飞行的安全。

新颖而又现代的弧线、灰色与米色相间的色彩和宁静而舒适的环境,使驾驶舱内部造型在满足飞机静暗空间要求的同时又扩大了空间感,十分适于飞机的飞行操纵。

图 5.1　驾　驶　舱

除此之外,驾驶舱地板上还铺有阻燃、防静电的羊毛地毯。装饰板与结构的安装固定采用的角片连接方式简洁方便,还兼具减震效果,同时还能保证易于拆卸,给飞机结构的检查和维修提供了最大的方便。

5.1.3　驾驶舱设备

驾驶舱储藏设备由灰色调的正、副驾驶员左右操纵台组成,其造型新颖,结构紧凑,布置合理,同时还能保证驾驶员进出座位和操作设备的方便。

另外,通过市场调研和听取航空公司的意见,驾驶舱还配备了目视定位仪、遮阳板、遮阳帘、插笔袋、文件夹、可卸式烟灰缸、杯托、适航证夹、无线电许可证夹、国籍登记证夹等杂项设备,为航空公司运营飞机提供了必要的便利。

5.1.4　客舱装饰

支线飞机客舱运用和谐的圆润造型,线形简洁清晰,内饰空间匀称而舒缓,具有良好的视觉扩张感,客舱布局运用 3+2 的布局,搭配创新运用浅花青客舱蓝色的沉闷,更增加了一种亲和感。客舱中地毯、座椅和门帘通过蓝绿色系搭配,让客舱更具层次和韵律,利用客舱内的光影搭配更显精致。

客舱装饰包括前服务区装饰、主客舱装饰、后服务区域装饰和地板覆盖层。

前服务区域装饰包括前服务区天花板,登机门/门框装饰,服务门/门框装饰,电源中心装饰板,驾驶舱门侧装饰板,防水地板覆盖物和门帘等,如图 5.2 所示。天花板、电源中心装饰板和驾驶舱门侧装饰板为复合材料蜂窝夹心结构平板,表面喷涂米白色面漆。天花板和电源中心装饰板均可快速拆卸,以便于对天花板上部的各种设备以及电源中心柜内的电气设备进行维护。登机门和服务门装饰板均为复合材料层压板结构,在登机门和服务门装饰板上装有观察窗组件、应急撤离滑梯罩和铰链盒,同时在门的四周还设置有密封条,如图 5.3 所示。同时登机门门框和服务门门框上还安装有辅助手柄,可以用于辅助乘务员打开舱门。在电源中心装饰板上设置有前乘务员控制面板。前服务区地板上铺有阻燃、防静电、防滑、防水的地板覆盖层。门帘采用符合适航阻燃要求并具有一定下垂性的装饰布,分别用于分隔厨房工作区和入口区,以及前服务区和主客舱。

图 5.2　前服务区域装饰

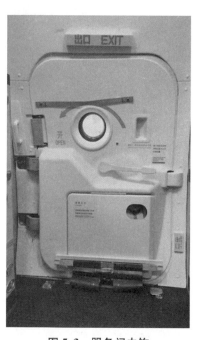

图 5.3　服务门内饰

主客舱装饰主要包括天花板,侧壁板,分舱板和地毯等。

主客舱天花板为海鸥式的新颖弧形天花板,主客舱天花板横向分为中间天花板和左、右外侧天花板三块,如图 5.4 所示。中间天花板通过贯穿主客舱的两根 C 字槽型材与结构连接,左侧采用快卸销连接,右侧采用弹簧卡夹连接。左、右外侧天花板的纵向分块与中间天花板相同。外侧天花板的上缘通过插入中间天花板上的弹性卡夹得到固定,下部则通过紧固件与行李箱相连。外侧天花板上带有客舱上出风口的缓冲腔,空调系统的主分配管通过软管与该缓冲腔连接,确保了客舱上部的空调出风。天花板为复合材料蜂窝夹心板，表面贴附耐磨纹理的 TEDLAR 装饰膜搭配客舱整体的米白色颜色，可以增大客舱的高度感。

图 5.4　主客舱天花板

主客舱侧壁板为新颖的配置有大观察窗造型的双曲面板，其布置在主客舱左右两侧的行李箱与地板之间。侧壁板的上部为观察窗壁板，下部为踢脚板，观察窗壁板与踢脚板连为一体，为复合材料蜂窝夹心板。观察窗壁板表面覆贴耐磨的带纹理的米白色 TEDLAR 装饰膜，可以突显新支线飞机客舱的宽敞，再加上蓝灰色的踢脚板，上浅下深的搭配使得客舱空间呈现沉稳的感觉。侧壁板与结构的连接采用减震形式，可以减少舱内的噪声。观察窗窗框组件带有一个可上下抽拉的遮阳板，可在不拆卸侧壁板的情况下单独拆卸，方便对窗框组件的维修，如图 5.5 所示。

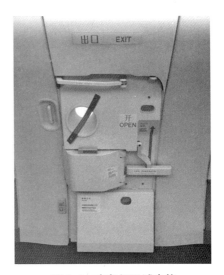

图 5.5　客舱观察窗　　　　　图 5.6　应急门区域内饰

　　应急门内饰采用米白色的玻璃纤维层压板，设计时充分考虑空间提升与细节整体性，整个门内饰造型整体统一，在有效遮盖结构的同时可以保证应急门的正常开启和滑梯的顺利抛放，如图 5.6 所示。

　　客舱内公务舱全景如图 5.7 所示，经济舱全景如图 5.8 所示。

图 5.7　公务舱全景

图 5.8　经济舱全景

　　后服务区域装饰包括天花板，侧壁板和隔板，材料均为复合材料蜂窝夹心板，如图 5.9 所示。天花板设计成整体维护口盖的形式，可方便对天花板上部的设备和结构进行维护和修理。侧壁板是一整块带有窗台式鼓包的曲面板。隔板上的后储藏室设有双锁的维护门，可以便于乘务员从外部或内部进行开闭。

　　与其他航线飞机类似，新支线飞机的侧壁板、隔板、门帘、地毯提供了多种样式

图 5.9 后服务区域全览

供客户选择。

5.1.5 客舱设备

1）储藏设备

客舱储藏设备有顶部行李箱和后储藏室,78 座的客舱布置构型还装有可快速拆装的前储藏室和前衣帽间,以及可由用户选装的狗窝式储藏箱。

行李箱根据左二右三的座椅布局布置为不对称形式,左侧为标准行李箱,能以拉杆箱的宽度方向放进 22 英寸的便携式拉杆箱;右侧为大深度的行李箱,能以拉杆箱的长度方向放进 22 英寸的便携式拉杆箱。行李箱由复合材料蜂窝夹心结构板组合而成,其设有向上开启的行李箱门,行李箱门与天花板造型相似,也采用了海鸥展翅的凹凸线形,并与行李箱门锁的造型相协调,如图 5.10 所示。行李箱门形成的分割与天花板、侧壁板的分块一致,增强了新支线飞机客舱的整体感。行李箱外侧带有客舱下出风口的缓冲腔,该缓冲腔通过软管和上出风口缓冲腔连接,可以保证客舱侧壁的空调出风。此外,下出风口缓冲腔的外侧还设置了客舱侧壁灯的安装支架和侧壁灯罩。行李箱垂向和侧向方向通过支架和结构框连接,航向通过拉杆和长桁连接,使行李箱所受的前后、上下和侧向载荷可以有效地传递到飞机结构上,也可避免飞机在飞行中由于结构变形而导致的行李箱变形损坏。根据用户的需求,新支线飞机可还选择对称布置的标准行李箱。

在后服务区后部布置有聚碳酸酯板制

图 5.10 顶部行李箱

成的固定式小储藏室,用以存放机上乘务员的随身行李和应急设备。

除了与 90 座客舱布置构型一致的内饰件和设备外,78 座混合级客舱布置还在公务舱和经济舱之间设有分舱板组件,该组件由左、右分舱板,门楣及门帘组件组成。左右分舱板为复合材料蜂窝夹心板,表面同样贴覆 TEDLAR 装饰膜。

在公务舱座椅前部左、右侧各布置有一个可整体快速拆卸的储藏室和衣帽间,为公务舱旅客提供衣帽及乘务员随身行李和设备的存放。采用复合材料蜂窝夹心结构板制成,面向客舱的表面贴 TEDLAR 装饰膜。储藏室内部分为上下两层,中间用隔板隔开,衣帽间内部装有推拉式的挂衣杆。

狗窝式储藏箱是可供客户选装的设备,根据需要,可在混合级布置的客舱分舱板前左右各选装一个狗窝式储藏箱,狗窝式储藏箱可用于存放应急设备,以节省行李箱的空间供旅客存放行李。

2) 旅客服务装置

旅客服务装置布置在两侧行李箱的底部,其中 90 座全经济级客舱左侧配备有 18 套两人用旅客服务装置,右侧配备有 18 套三人用旅客服务装置;78 座混合级客舱内,左侧配备有 14 套两人用旅客服务装置,右侧配备有 2 套两人用旅客服务装置和 14 套三人用旅客服务装置。每套旅客服务装置包括供旅客使用的个别阅读灯、个别通风嘴(冷空气出口)、15/22 分钟化学氧发生器、氧气面罩、旅客扬声器、带指示灯的客舱乘务员呼叫开关、"请勿吸烟"和"系紧安全带"旅客提示标志,如图 5.11所示。

图 5.11　旅客服务装置

3) 厨房及厨房插件

在前服务区布置有两个整体式厨房,一号厨房安装在客舱右侧服务门的前侧,二号厨房安装在客舱右侧服务门的后侧,如图 5.12 所示。其中厨房结构由复合材料蜂窝夹心板组成。厨房顶部通过支架和拉杆与结构连接,底部通过支架与地板梁和座椅导轨连接。厨房上配备有断路器板,用于控制厨房电气设备的电路开合。

一号厨房内配有 1 个水煮沸器、1 个咖啡器、1 个热杯、1 个废物箱、2 个冰抽屉、1 个水槽、1 个半尺寸餐车和 1 个半尺寸垃圾车。二号厨房内配有 2 个蒸汽烤箱、3 个全尺寸餐车和 1 个废物箱,以及可收起的工作台。厨房电插件均采用 115V/400Hz 三相交流电,其中咖啡器符合 ATLAS 标准,具有咖啡、茶、热水、冷水等制作功能,可以每 4 min 煮制 1.4 L 咖啡;水煮沸器符合 ATLAS 标准,可在 5 min 内加热 4 L 水;蒸汽烤箱可一次性加热 48 份餐食,还可根据不同食材选用不同的加热模式,同时具备干烤箱功能;热杯容量为 1 L。这些插件设备可由客户进行选择配置。

图 5.12　一号和二号厨房

4)盥洗室

在前服务区左侧登机门后侧和后服务区右侧各布置有一个整体式盥洗室,其结构由复合材料蜂窝夹心板组成。盥洗室顶部通过支架和拉杆与结构连接,底部直接与座椅导轨相连。

盥洗室内部安装有供机上人员使用的相关设备,主要有烟灰缸(盥洗室门内外)、辅助手柄、挂衣钩、个别通风嘴、扬声器、烟雾探测器格栅、氧气面罩箱、镜子和镜灯、带盥洗盆的梳妆台、冷热水龙头、皂液分配器托架、纸杯存放盒、面巾纸分配器、卷纸分配器、呕吐袋存放盒、马桶冲洗按钮、马桶坐圈纸存放盒、耐火废物箱、存放灭火瓶的废物隔间、速回座位和呼叫服务员按钮、带马桶坐圈和马桶盖的装饰罩和婴儿护理板等,如图 5.13 和图 5.14 所示。

图 5.13　盥洗室内景　　　　　　　　图 5.14　盥洗室内景

5）机组座椅

机组座椅包括驾驶员座椅、观察员座椅和乘务员座椅。

在驾驶舱内布置有正、副两个驾驶员座椅，正、副驾驶员座椅完全沿飞机轴线对称安装。左侧为正驾驶员座椅，右侧为副驾驶员座椅。驾驶员座椅由头靠、腰靠、背靠、座椅垫、腿靠、安全带系统、座椅骨架以及座椅滑轨组成，如图 5.15 所示。座椅整体不仅可沿飞机航向、垂向、侧向进行位置调节，同时头靠、背靠、腰靠、扶手也可进行相应的调节，以适应飞行员的使用需求。座椅面料有羊皮和织物两种材料，可供客户选择。驾驶员座椅背部还设置有网兜储物空间，供存放驾驶员和观察员救生衣。

图 5.15　驾驶员座椅

在驾驶舱的通道处布置有一个观察员座椅,观察员座椅位置能使观察员充分看清仪表板和正副驾驶员操纵的情况。观察员座椅可在不使用时折叠收起。观察员座椅由头靠、背靠、椅垫、椅盆、安全带系统以及骨架结构组成,如图5.16所示。

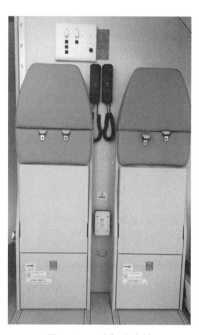

图 5.16　观察员座椅　　　　　图 5.17　乘务员座椅

乘务员座椅分为前乘务员座椅和后乘务员座椅。前乘务员座椅位于前服务区电源中心装饰板处,后乘务员座椅位于后服务区装饰隔板处。乘务员座椅由头靠、背靠、椅垫、安全带系统以及骨架结构组成,如图5.17所示。乘务员座椅椅垫平时处于收起状态。乘务员座椅下方设置有存放救生衣和手电筒的储物箱。

机组座椅除了符合 CTSO‐C127a 的要求外,还满足 CCAR25.561、CCAR25.562条款规定的静载和动载要求。同时在机组乘员头部保护方面,机组座椅还必须确保在动态冲击测试中测得的 HIC 值、股骨载荷、腰椎载荷等符合 CCAR25.562 条款的要求。此外,安全带还符合 CTSO‐C22f 的要求,而座椅上使用的非金属材料满足CCAR25.853(a)条款的阻燃要求。

6) 旅客座椅

旅客座椅是体现客舱特色和风格的重要设备,也是最能体现舒适性的主要设备,同时还是可供客户进行定制化选择的设备。

旅客座椅主要由主结构(包括椅腿、支板梁、管梁、坐板和滑轨连接件等)、椅背、座椅垫和安全带等组成。主要从静强度、动强度、乘员保护、阻燃这四大方面进行适航验证。在静强度和动强度方面,旅客座椅作为经典的 TSO 设备,不仅满足 TSO‐

C127a 规定的最低性能标准,还需要综合考虑 CCAR25.561、CCAR25.562 条款及飞机载荷包线要求。除此之外,座椅的结构设计还需考虑自身的吸能措施,如通过对椅腿结构的特殊设计或增加吸能装置等措施来实现吸能效果,以减少传递给飞机结构的能量,避免对机体造成损伤。在乘员保护方面,旅客座椅必须确保在动态冲击中测得的 HIC 值、股骨载荷、腰椎载荷等符合 CCAR25.562 条款的要求。在阻燃方面,旅客座椅的材料满足 CCAR25.853(a)条款及附录 F 的阻燃要求,同时座椅垫还按 CCAR25.853(c)条款的要求通过 CCAR25 部附录 F(II)的整体燃烧试验。另外,旅客座椅使用的安全带和漂浮座垫也是 TSO 设备,分别符合 TSO - C22f 和 TSO - C72c 的要求。

为了提高飞机经济性,新支线飞机的旅客座椅在满足装机要求的前提下,其重量必须尽可能轻。在 90 座全经济级布置的客舱内,旅客座椅采用"2～3"布局,即左侧为两联经济舱座椅,右侧为三联经济舱座椅。第一排座椅除椅背餐桌外,还应设有可收纳在扶手中的餐桌(简称"扶手餐桌")。为确保座椅不侵入应急撤离通道,应急门前排的座椅靠背不可后倾。为适应客舱后部内型线的收敛,客舱末排座椅为窄型座椅,其不设椅背餐桌和杂物袋,且靠背不可后倾。在 78 座混合级的公务舱内左右各布置带扶手餐桌的两排两联公务舱座椅,如图 5.18 所示。混合级经济舱的旅客座椅布置原则与 90 座全经济级布局的基本一致,如图 5.19 所示。

图 5.18　公务舱旅客座椅

7) 应急设备

应急撤离设备分为经济级 90 座构型和混合级 78 座两种构型,包括应急撤离滑梯、驾驶舱救生绳、可卸应急设备、门警示带和水上迫降应急设备。其中水上迫降应

图 5.19　经济舱旅客座椅

急设备包括救生衣和救生筏(含有救生包),可卸应急设备包括应急斧、急救箱、应急医疗箱、扩音器、手电筒和便携式应急定位发射仪。

在客舱四个舱门处各装有一部应急撤离滑梯,在紧急情况下应急撤离滑梯可以为机上乘员提供快速、安全的撤离。应急撤离滑梯由登机门、服务门、左/右应急门撤离滑梯组成。

水上迫降应急救生设备用于飞机水上迫降后机上人员的应急撤离,可根据客户需求选装。救生衣包括旅客救生衣、机组救生衣和婴儿救生衣。旅客救生衣供旅客使用,放置在旅客座椅下方的储存袋里。机组救生衣分别供正驾驶员、副驾驶员、观察员和乘务员使用,放置在正驾驶员座椅背后的存放袋和前后乘务员座椅下方的储物箱内以及行李箱内,如图 5.20 所示。救生筏在机上可选装 3 个,其中两个放置在靠近登机门、服务门的行李箱内,一个放置在靠近应急门的后储藏室内。

在驾驶舱左右两侧的通风窗上方分别装有一根救生绳,供驾驶舱机组人员逃离使用,救生绳的一端固定在结构上,另一段可自由拉出。

可卸应急设备分别放置在驾驶舱内和客舱靠近乘务员处,如图 5.21 所示。

舱门警示带为红色织带,分别安装在舱门上的观察窗附近。当警示带处于警示状态时,表示滑梯处于预位状态,舱门不能从外部开启;当警示带处于解警状态时,舱门可以自由开启。

5.1.6　货舱装饰

新支线飞机货舱装饰包括前/后货舱天花板、侧壁板、端板、货舱门区域装饰、快速泄压装置。天花板、侧壁板、后货舱前端板、门区域装饰、快速泄压装置采用 Gillfab

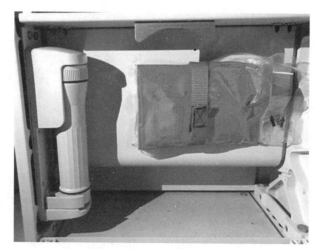

图 5.20　安装在乘务员座椅下方储藏箱中的手电筒和救生衣

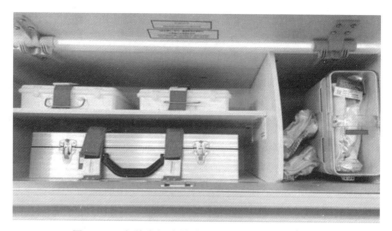

图 5.21　安装在行李箱内的急救箱和应急医疗箱

135.17A 复合材料层压板，前后货舱后端板采用 Gillfab 4422 复合材料蜂窝夹心板，这些材料均符合 CCAR25.855 条款的有关要求。货舱装饰均可快速拆卸，以便于对安装在货舱装饰和结构之间的系统及设备进行维护。

5.1.7　货舱系留

货物系留包括前货舱系留和后货舱系留，其中前货舱系留包括货网、门挡货板和系留支座，其布置如图 5.22 所示。后货舱系留包括货网和系留支座，其布置如图 5.23 所示。货网通过系留支座固定在飞机结构上，可以有效约束货舱货物的移动。同时，前货舱门挡货板还可以防止货物堆积在舱门附近而造成舱门无法正常开启的情况发生。整个货舱内的货网安装拆卸简便，可以保证在较短时间内完成货物的装卸工作。

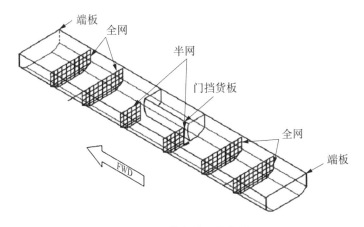

图 5.22 前货舱系留布置

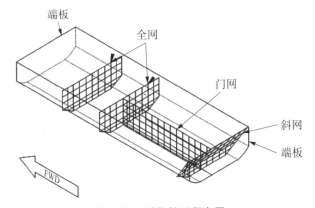

图 5.23 后货舱系留布置

5.1.8 舱内标记和标牌

新支线飞机舱内设置有各种用途的标记标牌,这些标记标牌风格统一,外观简洁明了。同时标记标牌图示清晰,中、英文双语表达,充分体现了新支线飞机特色。按作用分类,这些标记标牌主要由以下几部分组成:

(1) 设备的操作和使用提示标记,如舱门的开关操作提示标记标牌,如图 5.24 所示。

(2) 提示/指引类的标牌,如舱内的座位号标牌,如图 5.25 所示。

(3) 相关设备的安装位置提示标牌,如应急设备位置提示标牌,如图 5.26 所示。

(4) 提示/警示类标记标牌,如"厕所内请勿吸烟"标牌,如图 5.27 所示。

(5) 货舱喷漆标识,如货舱设备安装位置提示标识和货物装载限制标识,如图 5.28 所示。

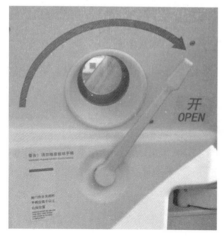

图 5.24　舱门操作提示标牌

图 5.25　座位号标牌

图 5.26　行李箱上应急设备位置提示标牌

图 5.27　警示类标牌

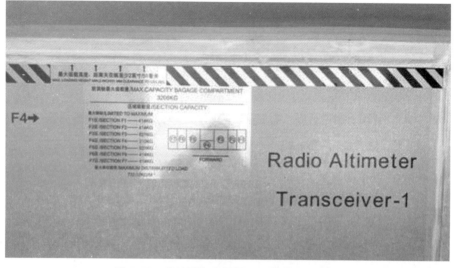

图 5.28　货舱设备位置提示和装载限制标识

5.2 客舱安全适航验证技术

5.2.1 概述

民用飞机适坠性是指在飞机失事时保证乘员安全的能力,客舱安全是飞机适坠性的重要组成部分,因此对客舱安全的设计和验证技术进行研究对提高飞机安全具有重要的意义。

支线飞机设备/装饰系统开创了国内民机首次按照客舱安全的思路开展整体性适航验证活动的先例。客舱安全的研究运用系统工程的方法按照"捕获客舱安全需求——确定相关系统(设备)——分解系统(设备)的安全要求——交联分析系统(设备)安全要求——输出客舱安全组成要素"的模式进行,并在该模式下全程以相关适航规章和修正案要求为中心,最终达到在设计和验证上对组成客舱安全的各个要素能够进行全面分析验证的目的。

客舱安全是研究为旅客和机组成员在所有飞行阶段提供安全环境和减少因飞机事故而造成伤亡的专题,其研究的核心内容主要包括乘员保护、快速撤离和延长可用撤离时间等。客舱安全重点研究和解决飞机飞行中颠簸防护、机上火灾以及坠后可幸存等问题,其研究方向具体包括座舱布置、舱内装饰件/设备的适坠性、乘员的应急防护、机上应急撤离、舱内材料防火等方面内容。

在系统的初步设计阶段,就制定了客舱安全专项审定计划,该审定计划围绕座舱布置、舱内装饰件/设备的适坠性、乘员的应急防护、机上应急撤离、舱内材料防火等研究内容分别针对内饰件、行李箱、旅客座椅、机组座椅、PSU和旅客应急供氧设备、应急撤离设备、厨房和盥洗室、标记标牌、绝热隔声材料、货舱内饰和货物系留等10个模块规划了符合性方法表。其中具体规划了内饰件静力试验、内饰件燃烧试验、地板覆盖物防滑试验、行李箱静力试验、厨房/盥洗室静力试验、废物箱火焰包容试验、行李箱/厨房/盥洗室柜门门锁耐久性试验、旅客服务装置设备鉴定试验、驾驶员座椅静/动态试验、观察员座椅静/动态试验、旅客座椅静/动态试验、滑梯抛放试验、滑梯抗风试验、绝热隔声层防火焰蔓延、绝热隔声层抗火焰烧穿、驾驶舱和客舱设备功能试飞、客舱安全机上检查等一系列验证工作。

根据客舱安全专项审定计划,完成了51个条款的符合性验证工作,通过在国内民机研制领域中首次进行的如驾驶员座椅HIC试验、应急门后排旅客座椅HIC试验、滑梯抗风验证试验、滑梯抛放仿真模拟、带设计特征的货舱内饰抗火焰烧穿试验、货舱快速泄压装置功能试验、货舱内饰静强度试验、客舱安全机上检查等,通过对以上这些试验进行的规划和实施,不仅掌握了相关系统和设备装饰的设计要求要点,同时还掌握了相应的适航验证技术。

以下从客舱安全的材料防火、物件固定、应急撤离系统、乘员保护等方面,选取内饰燃烧试验、厨房/盥洗室静力试验、滑梯抗风试验、座椅 HIC 试验、货舱安全验证试验来介绍新支线飞机客舱安全的重点工作。

5.2.2　内饰燃烧试验

作为装饰部件，驾驶舱、客舱内饰采用了大量的非金属材料，如玻璃纤维酚醛层压板、玻璃纤维层压蜂窝面板、聚碳酸酯板、织物等，因此需根据 CCAR25.853 条款要求对装饰件进行部件级的整体燃烧试验，燃烧试验类别如表 5.1 所示。

表 5.1　内饰主要部件燃烧试验分类

部　件	燃烧试验类别				
	60 s 垂直	12 s 垂直	水平	热释放	烟密度
驾驶舱内饰（复材）	√			√	√
驾驶舱内饰（其他）		√			
客舱天花板、侧壁板	√			√	√
行李箱	√			√	√
前/后服务区内饰	√			√	√
厨房、盥洗室	√			√	√
PSU 板		√			
门帘、地毯		√			
装饰卡条		√			
绑带、密封橡胶、泡沫等小件			√		

5.2.3　厨房/盥洗室静力试验

厨房/盥洗室的静力试验，主要用于验证厨房和盥洗室在满载情况下，并且考虑飞机在地面、空中以及第 25.561 条要求的过载下（其中一号厨房作为驾驶舱和客舱的隔断，还需考虑驾驶舱或客舱破孔而产生的两舱之间的压差载荷），厨房本体结构、厨房与机体结构的连接不能破坏或脱落，从而保证不会伤及乘员或阻碍应急撤离通道。涉及的主要条款为 CCAR25.365、CCAR25.561、CCAR25.787 和 CCAR25.789 等。

通常厨房/盥洗室的结构及其连接通过限制载荷和极限载荷的静力试验来验证其本体结构以及连接结构的静强度。厨房和盥洗室所考虑的载荷和静强度的要求是一致的。此外，厨房和盥洗室中一些内部结构，如门把手，水龙头，扶手等还需考虑滥用载荷，在该载荷下这些内部结构需满足静强度要求，通常这些结构的验证也是通过静力试验进行验证。

厨房/盥洗室的静力试验构型通常不直接采用实际的装机构型，但其主体结构的试验构型通常为实际装机构型，装机构型中的水/废水系统、电气系统、装饰材料等作为非受力件不会安装于试验构型中，但其本身的质量在飞机过载下产生的惯性载荷会作为厨房/盥洗室所承受的惯性载荷而施加在试验构型上。

在试验之前,需要准确分析各个载荷的大小和位置,在载荷的中心/重心处,通过打孔的形式施加载荷,在实际载荷的承受壁面,则在其表面施加均布载荷。厨房/盥洗室各个方向的惯性载荷通过杠杆分载形式进行加载。结构必须能够承受极限载荷至少 3 s 而不破坏,残余变形量不得超出设计要求。

在静力试验中,由于温度、湿度以及制造缺陷的问题会造成厨房盥洗室复材结构性能的变化,为消除这些影响的不确定性,保证结构静强度,试验载荷需考虑相应的分散系数,该系数通常取为 1.15。对于厨房/盥洗室与机身结构的连接部位,由于厨房/盥洗室的接头有频繁拆卸的使用需求,因此该类连接部位还需考虑 1.33 的接头系数。

厨房和盥洗室的静力试验如图 5.29 和图 5.30 所示。

图 5.29　一号厨房静力试验

图 5.30　盥洗室静力试验

5.2.4　滑梯抛放试验

滑梯是用于机上人员在紧急情况下从飞机上撤离至地面的一种辅助设施。滑梯按安装位置可以分为门上滑梯和翼上滑梯,其中门上滑梯是安装在与地板齐平的舱门上,而翼上滑梯则是安装在飞机机翼根部附近的机身里。滑梯按用途分则又可以分为单滑梯、梯/筏一体的滑梯(即可以当作救生筏使用)等。

在紧急情况下,通过打开飞机舱门,滑梯会自动从舱门上掉出并开始充气展开。滑梯完全展开后可以牢靠地固定在飞机上,同时还能够支撑人体的重量,因此可以保证人们从滑梯上安全滑下并撤离飞机,如图 5.31～图 5.33 所示。如果滑梯发生自动充气失败的情况,乘务员还可以通过启动人工充气装置给滑梯充气。滑梯是在紧急情况下才使用的应急设备,因此飞机上的滑梯不仅安装位置比较隐蔽,同时滑梯外部还有相应的设施来保护其免受意外的损坏。

图 5.31 新支线飞机前门滑梯

图 5.32 B777 飞机滑梯

要设计一款满足适航标准和要求的滑梯,需要通过许多各种不同的试验验证,其中,滑梯的抗风试验就是一个重要的试验。根据适航规章要求,滑梯在充气展开后不仅要能经受住从各个角度吹来的 25 节风,如图 5.32 所示,并且此时还要保证人员能够运用滑梯正常地撤离。除此之外,如果滑梯安装在发动机附近的话,还要

图 5.33 A380 飞机滑梯

额外考虑发动机的吸气影响。即需要表明滑梯在抛放过程中不会在 25 节风和发动机的吸气效应下出现无法正常使用的情况。

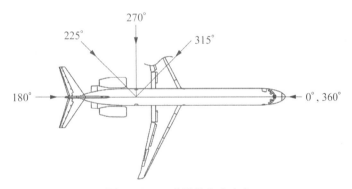

图 5.34 25 节风的各个方向

由于支线飞机的应急门滑梯安装位置离发动机较近,因此按照适航要求需要在 25 节风的基础上再叠加发动机的吸气影响来验证应急门滑梯的抗风能力,该验证方法具体如图 5.35 所示。

(1) 首先需要确定风速的输入,即要模拟出 25 节风叠加发动机吸气影响后的流场后再从中筛选出合适的风速数值作为试验时的风速输入。试验时,再用大型风机作为风源放置在合适的位置来确保吹到应急门滑梯的风速达到要求。

(2) 接下来需要制作一个发动机模型来模拟发动机及其唇口附近的流场的范围,如图 5.36 所示,当用风机产生的风对着应急门滑梯吹时,如果滑梯在移动的情况下没有触碰到该发动机模型的话,就可以认为滑梯在该风速下不会被发动机吸入

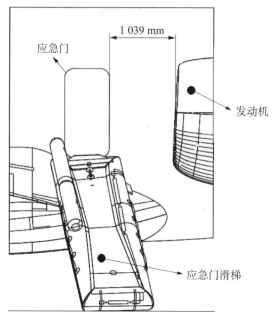

图 5.35　应急门滑梯与发动机相对位置

而造成滑梯无法使用。

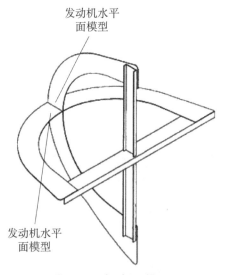

图 5.36　发动机模型

（3）按照飞机应急门滑梯和发动机的实际安装位置,在试验室里搭建飞机台架和发动机模型以及作为风源使用的风机。最后起动风机,调节到需要获得的风速后抛放滑梯,并用沙袋模拟人员从滑梯上撤离即完成试验。试验中滑梯在风的干扰下没有触碰发动机模型并且沙袋能够从滑梯上正常滑下,则可判定应急门滑梯抗风试验成功通过,如图 5.37 所示。

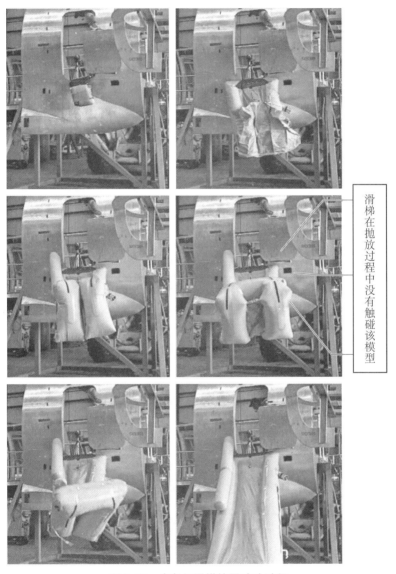

图 5.37 应急门滑梯抗风试验过程

应急门滑梯的抗风试验在国内尚属首次进行,在试验攻关中提出的一些新技术,诸如风速输入确定、试验台架模型和试验判据建立都很好地解决了试验的各项难题,同时试验结果也获得了 CAAC 和 FAA 的认可。该试验的成功,不仅能为滑梯抗风试验提供了新的思路,而且还为后续型号滑梯的研制工作积累了相关的技术经验。

5.2.5 座椅 HIC 试验

美国联邦航空局 FAA 经过长期调查和研究,发现飞机坠机后 60％的伤亡原因都是因座椅损坏而导致乘员无法受到相应保护而产生。其中乘员头部撞击到飞机舱内设施更是造成坠撞事故中人员伤亡的最主要原因之一。为了提高乘员在坠机时的生存率,各国民航部门颁布了对座椅新的技术标准规定,并先后在 FAR25、CS25 和 CCAR25 等相关适航条款中增加了乘员头部损伤判据的要求。其中,中国民航局适航规章(CCAR - 25 - R3)增加了包括如下对座椅头部损伤判据的要求:

"25.562 应急着陆动力要求

(5) 在本条(b)规定的条件下,必须保护每一乘员使头部免受严重伤害。在可能发生座椅或其他构件触及头部的情况下,必须提供保护措施以使头部伤害判据(HIC)不超过 1,000。头部伤害判据(HIC)由下式确定:

$$HIC = \left\{ (t_2 - t_1) \left[\frac{1}{t_2 - t_1} \int_{t_1}^{t_2} a(t) \mathrm{d}t \right]^{2.5} \right\}_{\max}$$

式中:

t_1——积分初始时间(s);

t_2——积分终止时间(s);

$a(t)$——头部撞击总加速度对时间的关系曲线(a 用 g 的倍数表示)。"

头部损伤判据(head injury criterion, HIC)试验是民航飞机座椅安全性的重要指标。HIC 值越大,代表该座椅导致的乘员头部受到的损伤越大。一般地,民航界要求运输类飞机座椅的试验 HIC 值不大于 1 000。大于 1 000 的 HIC 值视为不合格,座椅无法取得安装批准。

在机组座椅和旅客座椅适航取证的过程中,完成了一系列座椅的 HIC 试验,主要包括:驾驶员座椅 HIC 试验、经济舱座椅排间 HIC 试验、公务舱座椅排间 HIC 试验和经济舱座椅应急门处 HIC 试验。

座椅 HIC 试验步骤如下:

(1) 通过座椅 16g 动态试验确定假人头部运动轨迹。

(2) 根据轨迹确认头部撞击潜在位置,选定试验件。

(3) 安装假人、座椅、台架及相应舱内设备/装饰试验件。

(4) 进行 HIC 试验,测定 HIC 值。

(5) 判断试验是否通过。

HIC 试验前先需通过 16g 动态试验确认假人的头部轨迹,从而分析假人头部的潜在撞击位置,从而选定试验件的范围。若某座椅 16g 动态试验过程中,假人头部不会撞击到任何物体和障碍物,则无需进行 HIC 试验。

经分析,驾驶员座椅乘员头部可能撞击到驾驶舱设备(遮光罩、仪表板、操作杆等设备),故需按照实际撞击情况布置试验件完成 HIC 试验。一般情况下,其他机组座椅包括观察员座椅、乘务员座椅不会发生乘员头部撞击到舱内物体的情况,无需完成 HIC 试验。

经济舱和公务舱旅客座椅乘员头部会撞击到前排座椅的椅背是显而易见的,需按照两排座椅完成 HIC 试验。对于新支线飞机位于应急门后第一排座椅,由于与前排座椅间距增大,乘员不会撞击到前排座椅椅背,但头部还存在撞击到应急门内饰的可能,故对于旅客座椅,还需分析头部轨迹,并额外完成一次应急门 HIC 试验。

座椅的 HIC 试验在试验室内完成,需要用的设备主要包括一套台架(用于模拟座舱结构)、相应飞机内部装饰和设备、试验用假人(装有大量传感器,用于模拟乘客),如图 5.38 所示。

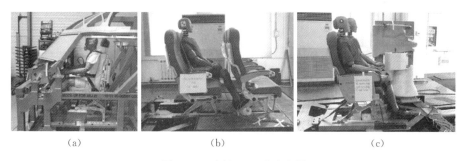

图 5.38　座椅 HIC 试验布置
(a) 驾驶员座椅 HIC 试验　(b) 旅客座椅排间 HIC 试验　(c) 旅客座椅应急门 HIC 试验

试验假人一般模拟的是 50 百分位的美国成年男性的身高和体态。试验时将假人固定在座椅上,并按照座椅的实际乘坐姿态系紧安全带进行模拟。其中飞行员座椅需将假人手脚固定在操纵杆和脚蹬上,模拟飞行员驾驶飞机的姿态,如图 5.39 所示。

试验台架先通过相应设备进行加速,确保整个系统加速到 14 m/s 的瞬时速度,然后再以 16g 的减速度快速减速到 0,此时假人和座椅会因惯性力发生形变和位移,假人头部会撞到飞机相应内饰和设备上,座椅 HIC 试验时假人头部撞击的姿态,如图 5.40 所示。

HIC 试验时需记录相应的参数用以评估座椅 HIC 试验是否符合安全保护要求。其中,头部损伤判据 HIC 值不得大于 1 000,座椅瞬时最高速度不得低于44 ft/s(约合 48 km/h),瞬时最高减速速度不得低于 16 倍重力加速度,且减速度从 0 增加到峰值的时间不能超过 0.09 s。同时,设计人员需测定座椅减速度随时间变化曲线是否接近理想曲线。当所有以上条件均获得满足时,视为座椅顺利通过 HIC 试验。

手部与驾驶杆连接

新支线飞机驾驶员座椅HIC试验布置

腿部与脚蹬连接

图 5.39　驾驶员座椅 HIC 试验假人状态

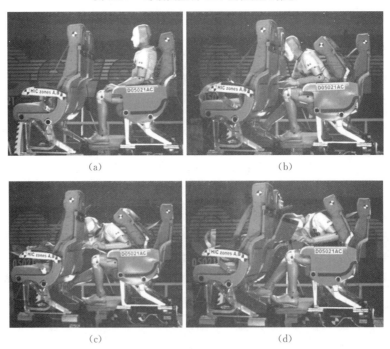

图 5.40　HIC 试验时假人的撞击姿态

(a) 撞击前　(b) 撞击瞬间　(c) 撞击后　(d) 撞击末端

5.2.6　货舱安全适航验证试验

　　飞机的货舱与驾驶舱、客舱一样,是飞机不可缺少的重要组成部分,其作用是运送乘客托运的各类行李。一般航空公司对乘客托运行李的数量、重量、尺寸都有一定的限制,便是出于货舱运载能力和安全的考虑。新支线飞机的货舱同其他飞机机型类似,位于客舱的地板下方,分为前货舱和后货舱,且前货舱比后货舱更大。

飞机在航线运营期间,乘客上飞机前和下飞机后,机场的工作人员会对货舱进行装载和卸载,然而在飞行过程当中,货舱内是没有工作人员的,因此货舱内的安全问题是货舱设计时需要重点考虑的。

货舱安全问题主要包括货舱防火、货舱泄压以及货舱强度等等,为了能够保证飞机的安全,在货舱内加装了烟雾探测器、灭火喷嘴、照明设备、快速泄压装置、通风管路、压力平衡阀以及系留装置等。为了能够证明货舱足够安全,需要进行一系列的验证试验,例如:带设计特征的货舱内饰抗火焰烧穿试验、快速泄压装置功能试验及抗火焰烧穿试验、货舱内饰静强度试验等。

1) 货舱内饰抗火焰烧穿试验

飞机在飞行的过程中,货舱内的货物可能会由于自燃、摩擦等原因起火,为了保证起火以后飞机的飞行安全,适航规章要求货舱需要具有"火焰包容"能力和开展相关的验证工作。在货舱内饰抗火焰烧穿验证试验开展前,国内进行的货舱内饰抗火焰烧穿试验仅限于内饰板材料本身,未考虑货舱内饰的设计特征,未能表明装机特征对适航条款的符合性。因此在货舱内饰抗火焰烧穿试验中,把带设计特征的货舱内饰进行了验证,如图5.41和图5.42所示。

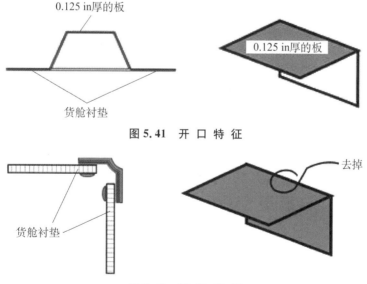

图 5.41 开 口 特 征

图 5.42 转 角 特 征

最终,试验的结果获得适航当局 CAAC 批准,试验件选型和试验方法均获得FAA 燃烧测试中心主任技术认可,并认为达到国际先进水平,如图5.43所示。

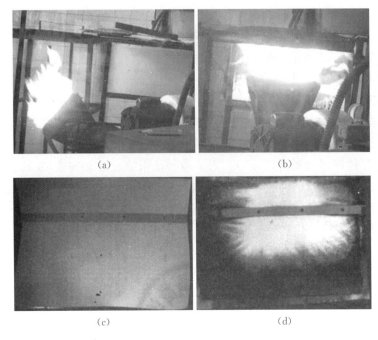

(a) (b)

(c) (d)

图 5.43 抗火焰烧穿试验

(a) 试验前调试　(b) 试验中　(c) 搭接特征试验件(试验前)　(d) 搭接特征试验件(试验后)

2) 快速泄压装置功能试验及其抗火焰烧穿试验

当飞机增压舱发生快速泄压时,快速泄压装置能够迅速打开,防止飞机上相邻密闭空间产生过大的压差而造成飞机结构损坏(如货舱与客舱之间、客舱与驾驶舱之间、盥洗室与客舱之间等)。

1974 年 3 月 3 日,土耳其航空 981 号航班麦道 DC‑10‑10 客机空难,机上全部 346 人无一幸存。经查明事故原因为货舱门设计有安全隐患,导致该货舱门在飞行中意外打开,从而发生爆炸减压。同时增压的大量空气被从货舱吸出机外,再加上客舱和货舱之间缺少减压气流通道,两舱间的瞬间巨大压差使得客舱地板向下塌陷,压毁了连接机尾的电线及液压管,引起飞机失控,导致灾难发生,如图 5.44 所示。

货舱门脱落(货舱压力突降)

客舱地板塌陷

图 5.44　爆炸性泄压导致的空难

　　根据适航条款的要求,现有民用飞机一般在货舱安装有快速泄压装置,这样不仅可以解决飞机突然泄压时货舱与相邻增压舱间的气流通路问题,同时也能避免机身结构过重而降低飞机经济性。因此,设计工程师们制定了新支线飞机的快速泄压装饰的设计流程,完成设计并开展了快速泄压装置功能试验及抗火焰烧穿试验,如图 5.45 所示。

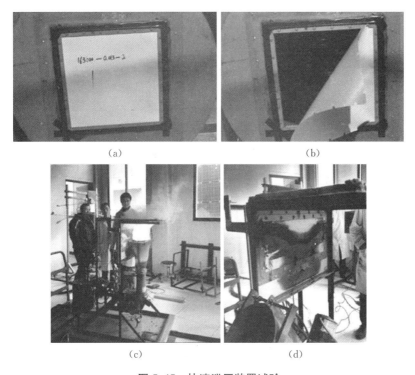

(a)　　　　　　　　　　　　　　　(b)

(c)　　　　　　　　　　　　　　　(d)

图 5.45　快速泄压装置试验

(a) 功能试验前　(b) 功能试验后　(c) 烧穿试验中　(d) 烧穿试验后

最终在参考现有机型货舱快速泄压装置结构的基础上,设计了一种既可以满足抗火焰烧穿要求,又具备双向泄压功能的泄压装置。该泄压装置可以弥补现有国外类似产品的不足和缺点,安装方便且重量轻,可以应对飞机货舱泄压的 9 种严重工况。

3) 货舱内饰静强度试验

由于货舱位于全体乘员之下,所以货舱结构和货舱内饰需根据其标明的最大载重,以及规定的飞行载荷情况、地面载荷情况来设计。

货舱结构选用金属材料,可以用计算分析的方法来表明对条款的符合性,而货舱内饰板的材料选用的是"玻璃纤维增强酚醛薄板"和"蜂窝夹芯板",其强度分析计算所需的材料参数,如铺层方向、各个方向的拉伸强度、拉伸模量、剪切强度、剪切模量、泊松比等数据不全,无法通过计算分析表明对条款的符合性,故采用试验的方法来进行验证,如图 5.46 和图 5.47 所示。

图 5.46　货舱内饰试验件构型

图 5.47　静强度试验

与货舱内饰抗火焰烧穿试验一样,该试验方法也同样获得了局方的认可,且在国内属于首创。该试验考核了货舱内饰板承载能力,确定了货舱装卸载荷的相关参数,这些宝贵的参数成为支线飞机及后续机型的设计准则之一。

6　典型细节设计案例

与所有新飞机一样,在新支线研制试制、取证、批产等阶段中,机体结构、内饰/内设专业也遇到一些设计问题,大多数为需求提炼不全面、细节设计不成熟、适航条款理解有偏差和验证方法不规范等。按照中国商飞公司要求的基于系统工程双五归零方法,工程人员对每一个故障案例建立故障树,按层级剖析原因,逐个分析、论证,找到问题根本原因,并借助故障复现进行验证确认,最后举一反三、推广复查,在解决问题的过程中提高了细节设计能力,积累了民机设计经验。

6.1　前起落架舱门应急放故障

1) 问题概述

新支线飞机试飞中发生前起落架在断开液压油路的情况下不能依靠自身重力放下和上锁,前起落架设计模式如下:起落架转动 101.2°到位,但是应急放模式下只能放下到 100°,后续经多次试飞,确认了前起落架存在应急工况下的展开和锁定故障。

前起应急放的故障严重影响到飞机的安全,当液压系统失效时,应急放系统是最后一项安全保障,如果发生功能故障,飞机着陆时有可能会酿成重大事故。

2) 原因分析

新支线飞机前起落架应急放钢索系统功能正常,能够在应急放情况下开锁,但是在起落架放下后的最后阶段不能锁定,即放下后不能上锁。

经试验测得前起落架的应急放能够克服前舱门气动载荷的能力大约为 50～60 kg,当载荷达到 60 kg 时,前起落架缓冲支柱放下到约 100°时终止(支柱完全放下为 101.2°),如图 6.1 所示。

在起落架接近放下阶段,前舱门开关角度变化明显加快,如图 6.2 所示,前舱门的气动载荷形成的转矩快速放大,有利于前起落架放下的作用力无法克服阻碍前起落架放下的气动载荷,造成前起落架处于平衡状态,无法放下上锁。

3) 纠正措施

在明确起落架应急放故障主要原因为舱门连杆机构传力不合理后,为增大有利

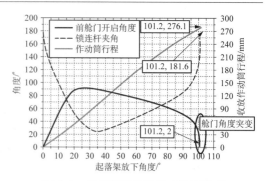

图 6.1　前起落架应急放故障复现　　　　图 6.2　起落架运动学关系仿真结果

力矩,减小阻碍力矩,采用支柱驱动更改方案。

支柱驱动方案的原理如下:旧机构的前舱门拉杆通过摇臂与上阻力杆上连接,摇臂接头固定在前起舱的顶壁,舱门的开启和闭合由上阻力杆驱动。新机构舱门拉杆通过两级摇臂和拉杆连接到缓冲支柱上,摇臂转轴固定在侧壁板以及左侧的小舱壁上,舱门的开闭由缓冲支柱驱动,如图 6.3 所示。

阻力杆驱动　　　　　　　　　　　　　　　支柱驱动

图 6.3　舱门机构对比

该方案经地面试验台架试验、试飞试验验证可行,如图 6.4 所示。

图 6.4　地面台架试验成功

6.2 登机门啸叫问题

1) 问题概述

新支线飞机进行飞行测试中,飞行高度为 2 400~4 500 m、速度为 250~270 kn、内外压差为 3.0~5.5 psi 时,登机门发生多次啸叫。

2) 原因分析

飞机啸叫主要有四种机理:①发声电设备自反馈纯音啸叫;②转子机械激励结构或部件强迫振动;③气密区界面小缝泄漏产生高速射流啸叫;④飞机外表面凹坑在高速飞行下产生空腔噪声等。通过啸叫产生位置及频谱特性分析,新支线飞机试飞中登机门啸叫应该属于高速射流啸叫或空腔噪声。

高速射流啸叫为当飞机内外压差达到一定量值时,气密区与非气密区间小缝将产生超高速流噪声,此种噪声在理论上可分为喷流噪声、混合噪声与啸音,喷流噪声、混合噪声向射流方向传播,而啸音向射流逆方向传播。此种啸叫的频率为高频,且随高速气流速度增加而提高,而飞机随着高度增加,内外压差增加,在泄漏区的气流速度增加,因此在一定高度,产生人耳较敏感的高频(5 000 Hz 以上)窄带纯音啸音。通过对登机门区漏气处进行封堵,根据地面 8.0 psi 增压试验在此处未产生啸叫,可以排除气密区界面小缝泄漏产生高速射流啸叫。

空腔噪声为飞行中气流流过机体表面凹坑区域产生气流扰动,产生气流回旋,当凹坑尺寸(深度 D 与航向长度 L)一定后,飞机达特定的高度与速度时,声波在凹坑周围刚性结构与顶部高速气流形成空腔复杂激荡,在凹坑航向后沿产生量级较高的纯音噪声源。

经反复排故、测试,发现新支线飞机登机门与门框的间隙间存在空腔,并且登机门蒙皮边缘伸出产生尖壁,修切后,门与门框的间隙扩大,导致气流窜入量大,引起空腔内气流扰动加剧,引起尖壁受迫振荡,高频噪声(啸叫)通过登机门蒙皮传入客舱,如图 6.5 所示。

带尖壁空腔啸叫量级与空腔尺度关系密切。通过对比机上地面增压试验,当登机门关闭、飞机飞行高度为 6 000~15 000 ft(或地面增压 4.0~5.0 psi)时,登机门结构受压往机身外侧移动,密封件与门框挡件挤压,使尖壁与密封件之间形成一个腔

图 6.5 登机门开门状态

体,在高速气流(飞行速度为 250~280 kn)扰动下产生明显啸叫。而随着飞机高度继续升高(或地面增压 7.0 psi 以上),密封件会因内外压差增加向机身外侧鼓胀,尖壁与密封件之间形成腔体减小,啸叫量级减小甚至消失。

啸叫源引发的激励实质可转化为噪声源与振动源,理论上可通过空气传递与结构声传递,影响内部声压级。空气传递通过间隙、空腔、通孔传递噪声能量形成声辐射,结构声通过激励结构框、梁与板等的振动传递振动能量形成声辐射,实际的噪声与振动传递则往往是两种模式交替与混合进行,如图 6.6 所示。

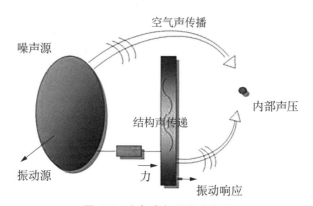

图 6.6 空气声与结构声传递

空气声传递实质为声音通过空气纵波传声,为全频率段(20 Hz~20 kHz)的噪声能量传递,飞机上空气声一般采用通过隔热隔声层与内饰板进行隔离降噪。

结构声传递实质为激励激发结构振动波(一般为横波)与自激振荡纵波,前者的频率一般为 200~2 000 Hz,后者则为全频率段(20 Hz~20 kHz);结构振动波通过改变结构刚度改善传递特性,自激振荡纵波则通过对结构包裹隔热隔声层与内饰板隔离降噪。

按照新支线飞机登机门结构形式,噪声、振动、啸叫传递途径如下:

(1) 结构外侧的蒙皮,即泄漏点。

(2) 登机门内部的结构框架(加强框、机构件),填充隔热隔声层,结构与结构之间、隔热隔声层与结构之间、隔热隔声层与内饰之间、结构与内饰之间存在的空腔、通孔与间隙。

(3) 登机门的内饰与内饰未遮蔽区透声等。

基于如上分析,根据啸叫源的频率特性,啸叫传递路径为啸叫源-登机门蒙皮尖壁-登机门蒙皮-登机门结构内侧空腔-内饰未遮蔽区-舱内噪声,如图 6.7 所示。

3) 纠正措施

通过对登机门边缘实施填角密封,填充了尖壁下方腔体,如图 6.8 所示,避免气

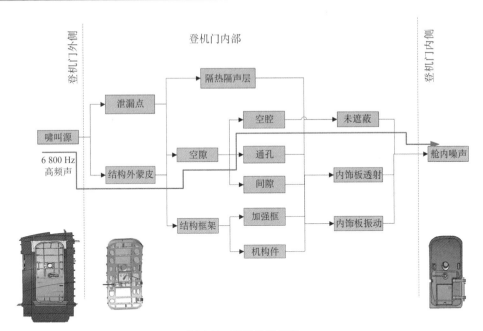

图 6.7　啸叫传递路径

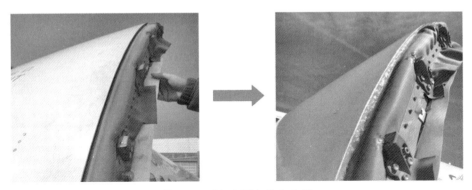

图 6.8　登机门增加填角密封

流直接激励,同时加强尖壁的阻尼,限制了尖壁的振荡。

经涂胶处理后,6 500～7 500 Hz 上的噪声突显尖峰(啸叫)已经消失,对啸叫峰值削波达 25～30 dB,如图 6.9 所示,表明登机门填角密封对登机门修切产生的啸叫抑制作用明显。

6.3　全机排液验证问题

1)问题概述

根据 CCAR25.863 条款"可燃液体的防火"和第 25.1187 条"火区的排液和通

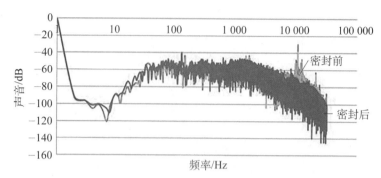

图 6.9　啸叫抑制前后频谱对比

风"规定,飞机上可燃液体泄漏区需满足排液、通风和防火要求。可燃液体泄漏区是指飞机上可能存在可燃液体或蒸气(液压油或燃油等)泄漏并且不存在名义点火源的区域。在飞机正常运行时,这些区域不存在可燃液体或蒸气;但在某些故障状态下(如管路接头损坏或密封不好等)可能会有可燃液体或蒸气泄漏。

新支线飞机可燃液泄漏区包括如下区域,如图 6.10 所示。

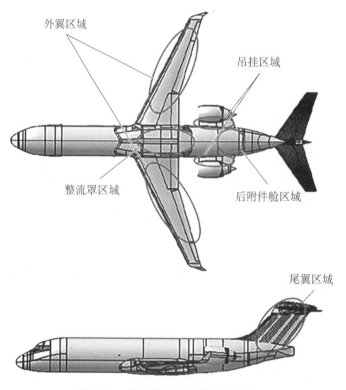

图 6.10　新支线飞机可燃液体泄漏区

（1）吊挂区域。

（2）翼身整流鼓包区（包括主起落架舱区域）。

（3）后设备舱区域。

（4）后机身。

（5）外翼区域。

（6）尾翼区域。

新支线飞机全机排液模拟试验、试飞过程中，发现如下问题：

（1）翼身整流罩、后附件舱、后机身内存在可燃液体无法排出机体外部的情况，如图 6.11 和图 6.12 所示。

图 6.11　后附件舱内积液图　　　　　　图 6.12　整流罩内部积液

（2）翼身整流罩、后附件舱排出的可燃液体会由后附件舱门上的格栅、后机身底部的排液孔回流至机体内部，如图 6.13 所示。

图 6.13　APU 舱和后附件格栅液体进入

（3）吊挂区域和后附件舱区域为不同类区域，但两者间存在连通口，造成可燃液体在两类不同区域间不受控转移，如图 6.14 所示。

图 6.14　后附件舱与吊挂间开口及液体进入

图 6.15　APU 尾喷口和尾椎格栅被污染

（4）翼身整流罩、后附件舱、吊挂排出的可燃液体会流经 APU 尾喷口（高温区），如图 6.15 所示。

（5）吊挂处排液经过吊挂与短舱连接处（密封）进入短舱区域，如图 6.16 所示。

（6）翼身整流罩、后附件舱排出的可燃液体少量进入 APU 舱，如图 6.17 所示。

（7）主起舱前部排液点及排出机体后液体再次进入主起舱区域，主起舱内刹车盘为名义点火源，潜在点火源包括环控引气管路、相关电气设备及其连接器等，如图 6.18 所示。

图 6.16　短舱区域被污染　　　　　**图 6.17　APU 舱被污染**

2）原因分析

经过对新支线飞机全机排液试验、试飞过程中出现的各种问题进行深入的分析，

图 6.18　染色水进入主起舱内部

原因定位如下：

（1）总体布局不够合理。

a. APU 尾喷口布置位置不合理。

b. APU 尾喷口的布置及消音器设计造成尾椎左侧需增加通风散热格栅，增加了可燃液体重新进入机体内部的风险。

c. 后附件舱门及格栅布置在机腹下表面对称面，因重力和气动力的混合作用，此位置为可燃液体在机体外表面流动的主通道。

（2）气动外形不合理。

气动外表面设计过程中未考虑全机排液问题，造成新支线飞机无法通过外形设计，避免可燃液体流经危险区域。

（3）系统布置考虑不周。

a. 整流罩、后附件舱等区域的系统设计过于凌乱，缺乏总体规划，造成整流罩、后附件舱内系统过于拥挤，出现问题时调整困难，且不易实施防护。

b. 仅考虑维护方便，液压系统在整流罩、后附件舱区域应用了过多的螺接接头（渗漏源），造成防护困难。

c. 电源、环控、EWIS、液压等专业在设计初期未考虑点火源的防护设计。

（4）结构细节设计不到位。

a. 整流罩区域、后机身初步设计时，未考虑可燃液体的内部导流设计。

b. 后附件舱区域在初步设计过程中考虑用结构缝隙作为导流通路，此通路易被灰尘阻塞，不适用。

c. 初步设计时，为满足后附件舱通风需求，将通风隔栅布置于后附件舱门上，考虑不周。

d. APU 舱门周边密封设计不到位。

e. 后附件舱门周围（除正前方）未进行密封设计（此问题目前尚未解决）。

f. 吊挂与短舱间密封设计不到位。

g. 吊挂属于邻近指定火区，后附件舱属于非火区，这两个舱间未进行物理隔离。

h. 后机身靠近 APU 舱的区域属于邻近指定火区，后附件舱属于非火区，这两个舱间未进行物理隔离（此问题目前尚未得到有效解决）。

i. 可燃液体渗漏区的排液孔初始设计位置较分散，如整流罩初始设计排液孔共49 个，分布于整流罩各个区域，对于控制排出液体的运动轨迹不利。

3）纠正措施

针对上述问题，制定了如下纠正措施：

（1）整流罩的排液孔整合重新排布，均布置于整流罩对称面上，同时整流罩内部存在排液风险的区域均设计了向对称面排液孔方向的排液通路，如图 6.19 所示。

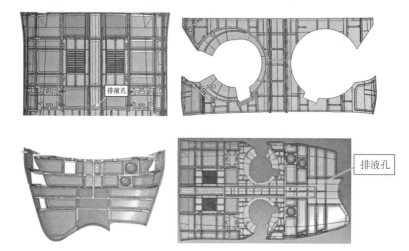

图 6.19　整流罩排液孔分布及导流路径

（2）整流罩内部增加各部件典型导流通路，如图 6.20 所示。

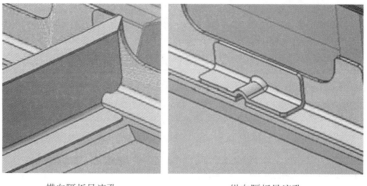

横向隔板导流孔　　　　　　　　　纵向隔板导流孔

图 6.20　整流罩内部典型部件导流通路

（3）后附件舱内及后机身增加了向球面框后方底部排液孔的导流通路，并取消了后机身 APU 舱前方的其他排液孔，如图 6.21 所示。

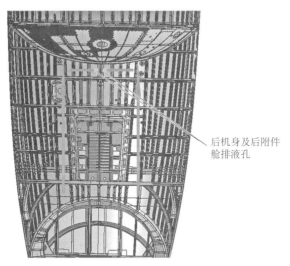

后机身及后附件
舱排液孔

图 6.21　后机身及后附件舱内部导流通路

（4）后附件舱门上的格栅更改位置至后附件舱左右侧下方，如图 6.22 所示。

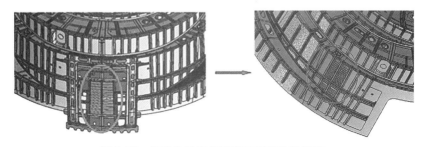

图 6.22　后附件舱门格栅移至后附件舱侧壁

（5）吊挂与后附件舱间的单侧两个开口，其中沿航向靠前的开口单独通过空调引气管，由环控专业增加密封件进行密封；靠后的开口结构设计取消该开口，并增加用于设计液压过框接头和 EWIS 线缆连接器的开孔。

（6）取消吊挂下表面的所有排液孔，并增加由吊挂通向后附件舱的导流管，如图 6.23 所示。

（7）机腹下表面增加外部导流条和集中排放杆，将整流罩和后附件舱底部排液孔排出的可燃液体先进行收集，然后由集中排放杆排出机体外部，如图 6.24 所示。

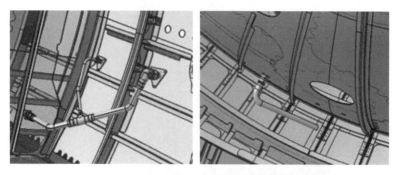

图 6.23 吊挂至后附件舱增加导管

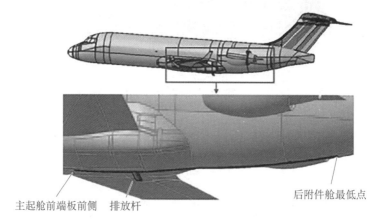

主起舱前端板前侧　排放杆　　　　　　　　　后附件舱最低点

图 6.24 外部导流条、排放杆

（8）取消尾椎左侧通风隔栅

（9）加强了 APU 舱门周边密封。

（10）总体和系统专业对主起舱内除起落架刹车片以外的点火源进行了防护处理，保证了在可燃液体存在的情况下，不会由这些点火源点燃存在的可燃液体。

（11）加强了吊挂与短舱间的防火墙密封，以消除吊挂内可燃液体进入短舱的情况。

更改后的构型经试飞验证，满足条款要求，如图 6.25 所示。

更改前构型

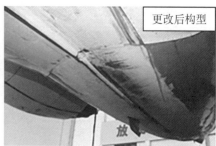

更改后构型

图 6.25 排液试飞

6.4　应急门滑梯抛放卡滞故障

1）故障描述

新支线飞机应急撤离地面演示试验中,左应急门滑梯在抛放的过程中发生卡阻故障,表现为舱门在开启至约一半的行程后滑梯报卡组故障发生,随后乘务员在试图继续打开舱门未果后拉起滑梯手动充气钢索使滑梯开始充气。但由于滑梯包此时卡阻在舱门和门槛之间,导致滑梯没有足够的空间正常充气和展开,并最终造成应急撤离地面演示试验的失败,如图6.26所示。

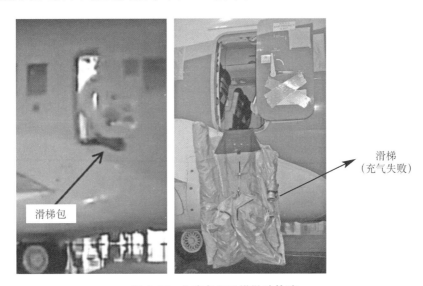

滑梯包

滑梯
（充气失败）

图 6.26　左应急门滑梯抛放故障

2）原因分析

舱门打开后,由于受舱门向机身外平移的距离限制(间距不够大),滑梯包在自身重力、围布拉力和舱门作用的情况下,使得其在掉落过程中发生底角落在门槛处对角顶角搭在打包盘上的现象。同时,由于围布一侧已处于张紧状态,所以任何继续推开舱门的动作都会造成围布的进一步张紧,即围布会对滑梯包产生向机内方向的拉力从而阻止滑梯包的运动和舱门的继续打开,如图6.27所示。

为研究滑梯包掉落过程情况和分析滑梯包掉落产生卡阻故障原因,滑梯团队对滑梯包的掉落

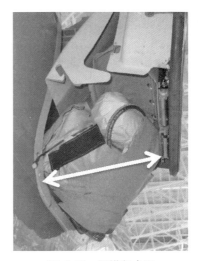

图 6.27　滑梯包卡阻

过程进行仿真分析。在仿真分析中,通过不断筛选和调节影响参数并反复进行仿真试验,最后确定释放钢索长度、围布长度、滑梯包尺寸和应急门打开速度为影响滑梯包抛放的关键参数。这些参数之间互相的作用决定着滑梯包是否能够正常掉落。

在经过大量的仿真分析后,对于滑梯包的掉落特性,滑梯团队得出如下结论:

(1)滑梯包掉在门槛上时为故障状态,滑梯包掉在门槛内和门槛外时都能掉下,均有利于滑梯包释放。释放钢索越长,滑梯包越易于掉到门槛外;释放钢索越短,滑梯包越易于掉到门槛内。在应急门开启速度一定的情况下,在滑梯包掉落过程中,释放钢索长度影响滑梯包掉落位置,从而对滑梯包释放产生影响,如图 6.28所示。

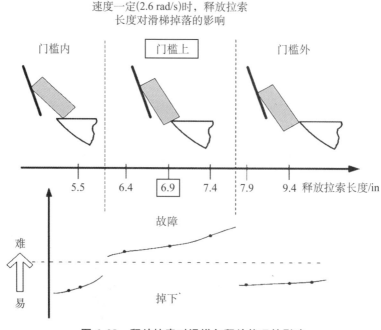

图 6.28　释放拉索对滑梯包释放状况的影响

(2)滑梯包尺寸对于滑梯包掉落的影响很大,减小滑梯包对角线尺寸,有利于滑梯包掉落。另外,在滑梯包宽、高、厚三个尺寸中,相对于其他两个尺寸,厚度对滑梯包的掉下影响较小;在体积一定时,可以适当增加滑梯包厚度来减小滑梯包宽度或高度,最终有利于滑梯包掉落。但同时需要注意的是,厚度的增加是不利于滑梯包掉在门槛外的,所以当更改设计使滑梯包掉在门槛外时,需要仔细权衡考虑。滑梯包掉落过程中会发生沿航向的翻转,对滑梯包作切角处理,减小滑梯包对角线尺寸,即减小了滑梯包掉落所需尺寸,对滑梯包掉落有利。

（3）在掉落钢索长度一定的情况下,应急门开启速度影响滑梯包掉落位置,从而对滑梯包掉落产生影响。当滑梯包掉到门槛内时,改变应急门开启速度滑梯包都能掉下;滑梯包掉在门槛上时,应急门速度越大越难掉下;滑梯包掉在门槛外时,应急门速度在一定范围内增大,滑梯包最终都能正常掉下。

3）纠正措施

针对以上对滑梯包掉落特性分析得到的结论和大量的台架抛放试验结果,设计改进方案如下:

（1）增加滑梯包释放钢索长度。

滑梯包释放钢索长度直接决定着滑梯包的掉落位置。增加释放钢索长度,使舱门开启至门槛外时再触发释放钢索断裂,这样可以使滑梯包在门槛外释放,其原理如图 6.29 所示。

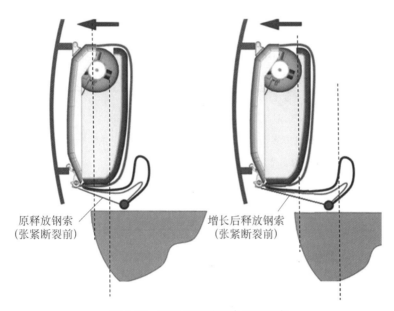

图 6.29　滑梯包释放钢索工作示意

（2）对与打包盘接触的滑梯包顶角进行打包调整。

由于滑梯包在掉落后发生卡阻时需要其顶角与打包盘接触,因此可以对该顶角进行打包调整处理,即对该顶角进行包裹和减少顶角的突出,如图 6.30 所示。

（3）增加滑梯包充气钢索长度。

当增加释放钢索长度使滑梯掉落在门槛外后,滑梯包先竖直掉落,接着当围布开始张紧时,滑梯包停止竖直掉落的运动并开始向外翻转直至达到最终的掉落位置并开始充气,其原理可参考图 6.31。以上是滑梯能够正常掉落和充气应该具有的步骤。但是当滑梯包在开始发生翻转运动时会存在围布还没张紧但充气钢索却搭在

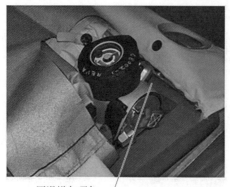

原滑梯包顶角   改进后滑梯包顶角

图 6.30　滑梯包顶角的处理示意

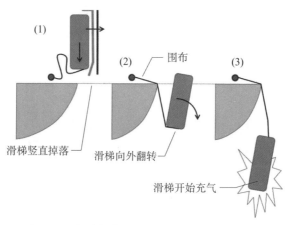

(1)　　　　　　(2)　　围布　　(3)

滑梯竖直掉落　　　滑梯向外翻转

滑梯开始充气

图 6.31　释放钢索增长后滑梯包正常掉落、抛放

门槛上并处于拉紧状态的可能,如图 6.32 所示,这样就导致滑梯提前充气并可能使抛放失败。因此,为了避免滑梯提前充气的发生,需要增长充气钢索的长度来保持其松弛状态,如图 6.32 所示,直至滑梯包翻转到预定的位置后才张紧并开始充气。

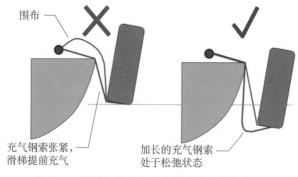

围布

充气钢索张紧,　　　加长的充气钢索
滑梯提前充气　　　处于松弛状态

图 6.32　滑梯包在充气钢索增长前、后的对比图

（4）增加滑梯包的"payout"设计。

原来充气钢索的长度较围布的长度要稍微短一些,这样可以保证充气钢索能够张紧并使滑梯充气。但当充气钢索的长度增加后会使围布的长度相对地变短,导致滑梯无法自动充气,如图 6.33 所示。为了解决这个问题,需要在滑梯包上增加"payout"。"payout"就是将被打包好的一部分滑梯织物从滑梯包里抽出,由于"payout"与围布相连,因此这样的改动就等于增加了围布的长度,从而确保充气钢索可以正常张紧并启动滑梯的自动充气程序,如图 6.34 所示。

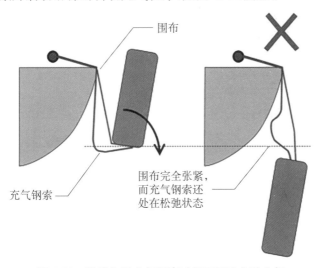

图 6.33　滑梯包因充气钢索过长而无法自动充气

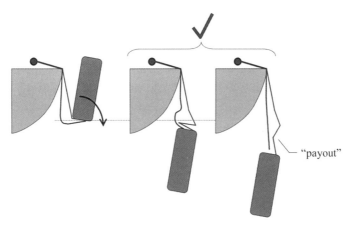

图 6.34　滑梯包增加"payout"后充气钢索可以张紧

在确定以上改进措施后,进行了大量的台架试验和机上试验,在所有试验中滑梯包均能顺利掉落并充气展开,试验结果均表明改进措施有效解决了应急门滑梯抛放卡阻的问题。

6.5　中央翼上壁板长桁疲劳故障

1) 问题概述

中央翼与外翼对接设计一直是民机结构设计的关键难点。图 6.35 为目前民机采取的两种主要对接形式,其中新支线飞机采用 B 型对接形式。

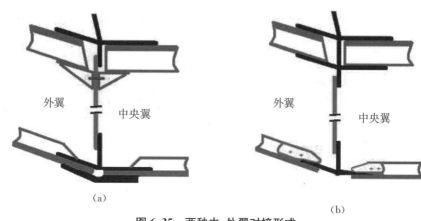

图 6.35　两种中、外翼对接形式

(a) A 型　　(b) B 型

新支线飞机中央翼上壁板长桁端部在疲劳试验中曾产生过裂纹故障,该故障位于中、外翼对接区,裂纹源位于长桁腹板斜削段与下缘条过渡的 R 区,并沿斜上方扩展。典型裂纹如图 6.36 所示。

2) 原因分析

经过对故障原因进行定位分析,确定裂纹故障原因为长桁端部带 R 区的腹板斜削设计不合理,即在机翼上弯时,中、外翼对接区的上壁板端部经由 1♯肋上缘条与外翼协调变形。此时腹板斜削设计(见图 6.37)导致弯曲刚度弱化,长桁端部存在局部弯曲变形,相应地,在上壁板端部从外翼传来的载荷除了压缩载荷(P)还有一对自平衡的弯矩(M),该弯矩使长桁腹板斜削段与下缘条过渡的 R 区处于较高的拉应力水平,形成疲劳裂纹源,最终产生裂纹故障,如图 6.38 所示。

3) 纠正措施

基于裂纹产生的原因,考虑消除长桁端部疲劳细节、满足上壁板与 1♯肋上缘条对接装配的工艺性要求等因素,采取以下结构优化措施:

(1) 长桁端部优化为平齐"工"型截面,以增大长桁端部结构刚度、消除疲劳裂纹源。

(2) 采用"结构垫片"解决中、外翼对接所需工艺间隙。

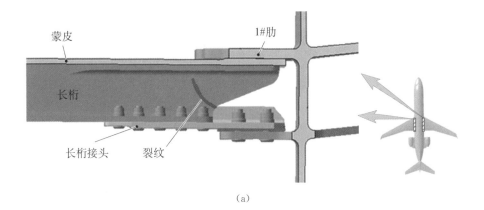

（a）

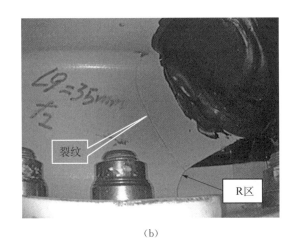

（b）

图 6.36 典型裂纹示意

（a）故障位置 （b）故障实物图

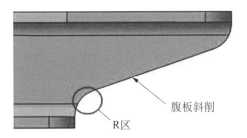

图 6.37 长桁端部斜削细节

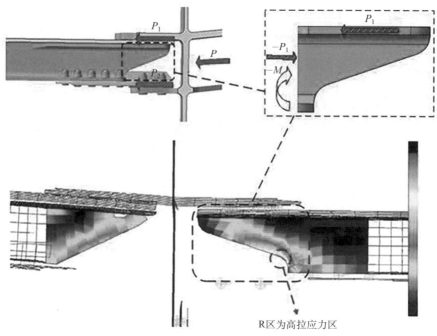

R区为高拉应力区

图 6.38　R 区裂纹产生原因

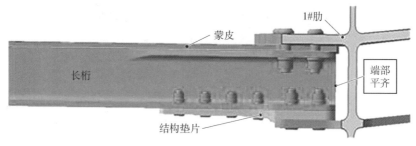

1#肋

蒙皮

长桁

端部
平齐

结构垫片

图 6.39　结 构 优 化

6.6　方向舵脱粘故障

1) 问题概述

方向舵产品交付进行无损检测时，发现壁板在与梁、肋连接的区域存在大面积脱粘缺陷，如图 6.40～图 6.42 所示。

图 6.40　方向舵壁板与梁、下端肋脱粘区域

图 6.41　左壁板与梁及下端肋的连接区超声 C 扫描图像

图 6.42　右壁板与梁及下端肋的连接区超声 C 扫描图像

2）原因分析

方向舵脱粘故障存在设计不合理和制造工艺不过关等多种可能原因，如图 6.43 所示，工程为此开展多次工艺试验，研究了"高锁螺栓配合关系""梁和壁板装配间隙""紧固件类型""壁板的分步固化工艺"及"壁板外形曲率"等对脱粘缺陷产生的影响，如图 6.44 和图 6.45 所示。

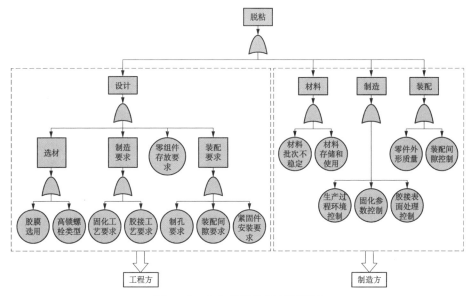

图 6.43　方向舵脱粘问题故障树

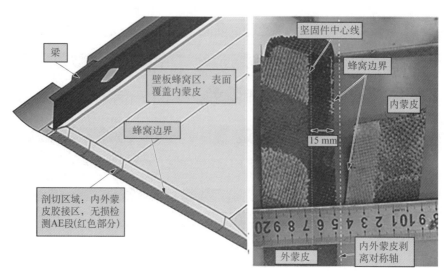

图 6.44　下端肋连接区内、外蒙皮胶接界面剥离试验

图 6.45　剖切及剥离试验

最终排查出方向舵脱粘原因如下：

（1）工艺过程中，在胶接表面使用含硅的压敏胶带，导致粘接强度的降低，同时，胶接表面未完全干燥会降低胶接强度。

（2）水膜连续性检查工艺，存在水膜不连续过程，降低粘接强度。

3）纠正措施

根据方向舵壁板脱粘问题故障定位的结果，采取了如下针对性的工艺改进措施：

（1）取消含硅的压敏胶带使用。增加了不含硅的压敏胶带，并增加了如将压敏胶带贴到胶接区的清洗和打磨要求。

（2）取消方向舵壁板待胶接表面打磨及水膜连续性检查工艺，将待胶接表面处理工艺改为使用可剥布保护，在铺贴蜂窝区和板-板区胶膜前去除可剥布。为防止干燥不充分所导致的胶接强度下降，避免采用水膜连续法，可采用可剥布保护待胶接面。同时，根据 MIL‐HDBK‐17，已证实使用可剥布保护预固化零件的待胶接表面是获得原始、洁净的待胶接面的最有效方式之一。

6.7 襟翼子翼脱粘故障

1）问题概述

新支线飞机襟翼子翼交付无损检测中发现：子翼在制孔后检测均合格，但安装接头后送检发现了接头螺栓周围蒙皮与盒形件存在脱粘缺陷，蒙皮和盒形件之间已彻底分层，蒙皮自然从子翼上脱落，如图 6.46 所示。

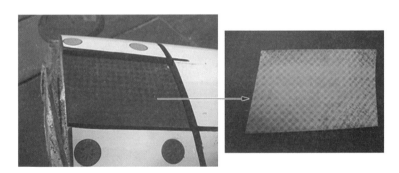

图 6.46 子 翼 分 层

从分解的胶接面表面状态看，胶膜全部出现在蒙皮一侧，盒形件表面没有任何的胶膜的痕迹。

初步结论：蒙皮与盒形件胶接存在着弱粘接，即胶接接头的胶接强度没有达到其理论强度的胶接缺陷。

2) 原因分析

经设计分析及材料试验分析,排除复合材料原料问题及子翼加强区紧固件连接导致故障的可能性后,问题归类为制造问题。

新支线飞机襟翼子翼目前采用的是二次固化(共胶接)成型工艺,湿蒙皮与预先固化过的盒形加强件,盖上真空袋后进入热压罐成型,如图 6.47 所示,子翼组件的成型是一个上下模合体外面包覆真空袋的成型装置。

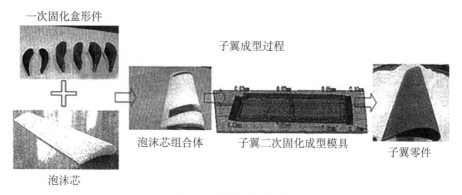

一次固化盒形件

子翼成型过程

泡沫芯组合体　　子翼二次固化成型模具

子翼零件

泡沫芯

图 6.47　子翼成型过程

成型模具是保证子翼零件外形和固化质量的主要环节。襟翼子翼目前采用的是真空袋热压罐工艺,子翼采用的固化模具和标准真空袋固化方法存在一定的差异,如图 6.48 所示,子翼是上下翼面均带翼型的全高度实心剖面结构,使用上下均为硬质模具的合模工艺,才能最准确地保证外形。

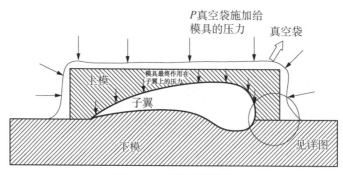

P真空袋施加给模具的压力　　真空袋

上模　　模具最终作用在子翼上的压力

子翼

下模　　见详图

图 6.48　子翼成型模具

上下模具均为合模的硬质模具,因此当合模后,真空袋的压力无法施加到子翼表面而只能将压力施加在外部模具上,进而间接将压力传递给子翼型面。如果模具贴合偏差稍微偏大,则可能造成受压不实、不均,影响最终固化质量,如图 6.49 所示。

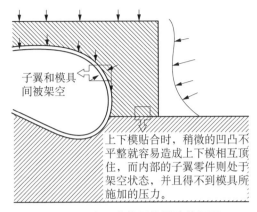

子翼和模具间被架空

上下模贴合时，稍微的凹凸不平整就容易造成上下模相互顶住，而内部的子翼零件则处于架空状态，并且得不到模具所施加的压力。

图 6.49 上下合模可能导致的问题

根据排查分析，襟翼子翼弱粘接问题的原因是上下双曲面结构，目前工艺上下合模成型工艺难以保证压力均匀施加在子翼型面上，易产生弱粘接。

3）纠正措施

经过工装计量，型面超正差区域较多，遂对模具进行返修及重新计量检测合格。

模具返修后仍按原工艺方案要求进行，并在蒙皮表面整体加碳布替代之前局部加布，保证外形光滑。同时，提高了泡沫芯的外形精度，经上述处理后保证了复材蒙皮表面外形准确、光滑，模具外形准确。

经上述优化后，子翼在加压成型过程中能保证真空袋压力均已施加到零件表面，避免了弱粘接的故障发生，提高了零件质量。

6.8 滑油箱口盖防火试验问题

1）问题概述

新支线飞机的左右短舱风扇罩体结构上各布置了一个滑油箱维护口盖，用于对滑油箱进行维护操作。其中，左侧滑油箱维护口盖位于靠机身侧，在吊挂 $+45°/-90°$ 防火区域以内，飞行和地面状态都应满足防火要求口盖与短舱罩体结构间布置有铰链和锁扣，周围有密封件进行防火封严，如图 6.50 所示。

滑油箱维护口盖整个结构必须满足适航条款 CCAR25.1191(b)(1)、(b)(2)、(b)(3)，25.1193(e)(1)、(e)(3)，25.1207(b) 规定的防火要求，即能够承受住 $2\,000°F$ 火焰的冲击 15 min 而不发生火焰烧穿和背部点燃，且 15 min 后移走火焰，要求试验件在一定时间内自熄。

滑油箱维护口盖由以下三部分零件组成：短舱罩体结构、口盖和铰链结构、口盖密封件。新支线飞机以前机型未有进行全尺寸口盖装配部件的试验要求，而是针对零件级别的结构分别表明符合性，即：①短舱罩体结构零件进行防火试验；②口盖和铰链满足适航咨询通报 AC20‑135 的材料及厚度要求；③口盖密封件零件进行防

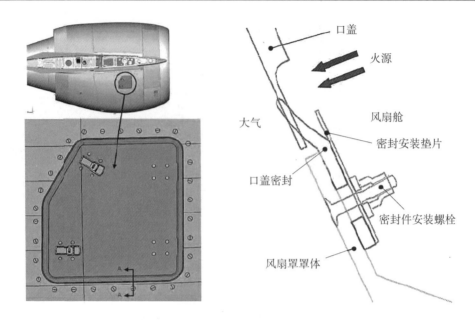

图 6.50　短舱滑油箱口盖(密封件+快卸锁)

火适航试验,如图 6.51 所示。

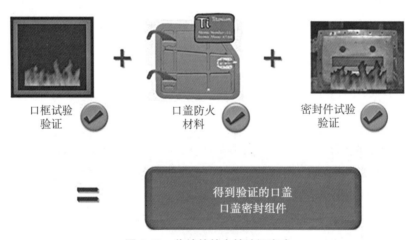

图 6.51　传统的符合性验证方式

在 FAA 影子审查过程中,审查方认为截取一段密封件进行防火试验,没有考虑到火焰会因为口盖变形而烧穿的影响,因此要求采用全尺寸的口盖加密封件来模拟真实情况进行防火适航验证试验,但在多次口盖燃烧试验中,发生火焰直接烧穿、残余火焰自熄时间过长等问题。

2）原因分析

最初试验件构型为钛合金材料的口盖和铰链,罩体与口盖之间布置有一把铝合金材料的锁装置;整个罩体部分没有布置防火毯。试验进行到 40 s 的时候观察到火焰烧穿,试验失败。分析失败原因是由于采用铝合金材料的锁扣在高温火焰的冲击下产生了变形,口盖与口框形成 0.04～0.08 in 的间隙。

后续分别采用不锈钢材料的锁扣、额外增加一把锁扣、采用弯角更大的指形密封件和用 RTV‐106 密封剂封包等措施,试验后出现了钛合金铰链的鹅颈状部位发生大变形,防火毯边缘、涂有 RTV106 密封剂的位置以及铰链和锁扣上有残余火焰,最长持续约 5 min,如图 6.52 所示。

图 6.52　第五次试验件构型

为了验证密封剂 RTV106 和防火毯硅胶是否会导致残余火焰特性,选取简易试验件分别涂覆 1 层 RTV106,3 层 RTV106 及防火毯再次开展试验,如表 6.1 所示。

表 6.1　不同构型的残余火焰观察

材料	现象	火焰移走 0～2 min	火焰移走 2 min 后
试验件	无残余火焰	无残余火焰	无残余火焰
试验件＋1 层 RTV106	少量残余火焰	15～20 s	无残余火焰
材料	现象	火焰移走 0～2 min	火焰移走 2 min 后
试验件＋3 层 RTV106	残余火焰	60 s 以上	无残余火焰
试验件＋防火毯	少量残余火焰	20～60 s	无残余火焰

在烤炉中加热防火毯,发现含硅胶成分的防火毯在 800℉ 时会冒烟,在 1 024℉ 时会自燃。在全尺寸 Metal-Metal 防火毯的工程研发防火试验显示,含硅胶成分的密封件有残余火焰的现象,而 Metal-Metal 的防火毯没有出现残余火焰,如图 6.53 所示。

图 6.53　全尺寸防火毯试验

根据上述试验可以得出,验证试验中残余火焰产生的原因是:含有硅胶成分的防火毯和 RTV106 密封剂,在燃烧器撤离后的高温环境中继续燃烧,RTV106 的用量很大,为残余火焰提供了燃料,暴露在火焰中的金属件在燃烧器撤走后还维持在很高的温度,为残余火焰提供了热源。防火毯和金属件之间的间隙,导致了防火毯背面的硅胶成分燃烧。

3) 纠正措施

为增加滑油箱口盖安装刚度、限制口盖变形,增加一把锁装置,如图 6.54 所示。

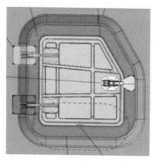

更改前

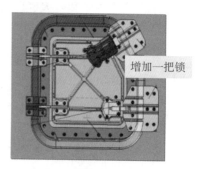

增加一把锁

更改后

图 6.54　滑油箱口盖安装更改

同时,为了防止复合材料罩体在高温下材料性能损失和钛合金铰链在火焰冲击下材料性能降低而引起结构变形,增加防火毯设计。并且采用防火性能更好的、可燃挥发物含量为 3% 的密封剂 Dapco2100 替代密封剂 RTV106,且尽量减少该密封剂用量,以减少残余火焰的大小和持续时间。

更改构型后,滑油箱口盖试验结果为:

(1) 地面工况:密封件承受 15 min 的火焰冲击,没有发生火焰烧穿和背部点燃;15 min 后火焰移走,在试验件下部锁扣和铰链表面有少量的持续 2 min 左右的残余火焰。

(2) 飞行工况:密封件承受 15 min 的火焰冲击,没有发生火焰烧穿和背部点燃,且没有残余火焰现象,基于上述结果判定试验最终通过。

6.9 尾锥裂纹问题

1) 问题概述

新支线飞机后机身尾锥位于机身尾段,主要对飞机尾段起整流作用,尾锥端盖为尾锥的一部分,其外形复杂的双曲面,且曲率较大。在试飞期间,后机身尾锥端盖多次出现穿透性裂纹,裂纹穿透整个尾锥端盖,如图 6.55 所示。

图 6.55 尾锥端盖裂纹

2）原因分析

尾锥腔内布置有 APU 排气管，尾锥端盖处于排气开口处，且为复杂双曲面，由三段铝合金 6061 焊接而成，其破坏原因如下：

（1）在尾锥端盖设计选材时，未考虑 APU 尾喷口高温气体对尾锥端盖的影响。APU 排气管喷出的气体温度可达 350℃，尾锥端盖处的最高温度可达 95℃，高温气体导致铝合金的尾锥端盖强度下降，不满足设计要求，导致尾锥端盖出现裂纹。

（2）尾锥端盖尾上、中、下焊接，存在焊缝交叉区，在生产过程中焊接区域打磨过量和焊接内部缺陷造成尾锥焊接处的结构强度降低，不满足设计要求，导致焊缝处出现裂纹。

3）纠正措施

经过原因分析，对尾锥端盖进行了如下更改：

（1）将尾锥端盖的材料由 6061 铝合金改为钛合金。

（2）尾锥端盖焊接方式由原来的上、中、下盖三个零件焊接改为左、右盖两个对称零件焊接，如图 6.56 所示，此方案只需一条焊缝，且左右件易于制造。

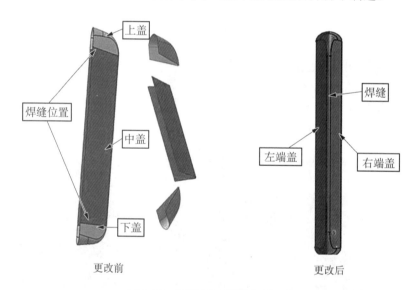

图 6.56　尾锥端盖焊接方案更改

（3）焊缝质量必须严格满足焊接规范的要求，机身外表面不允许有明显的凹凸缺陷，焊缝打磨后需进行质量检查。

6.10　翼身整流罩支架裂纹问题

1）问题概述

新支线飞机翼上整流罩进行例行检查时，发现整流罩支架与机身连接处产生多处裂纹,整流罩支架与面板连接处角材断裂,连接整流罩面板的紧固件破坏等问题,如图 6.57 所示。

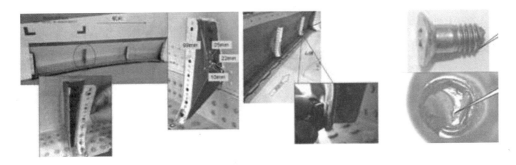

图 6.57　翼上整流罩支架故障

2) 原因分析

经设计分析及材料试验分析该故障原因如下:

(1)通过飞行时产生的噪声表明,飞行时存在气流进入整流罩腔体内,导致整流罩面板产生共振,面板和支架破坏。

(2)通过细化有限元模型发现,整流罩支架与机身连接的紧固件钉孔存在高应力区,导致整流罩支架的疲劳性能不满足设计要求,如图 6.58 所示。

(3)通过对破坏零件的晶像分析表明,翼上整流罩支架制造加工过程中容易导致钣金件 R 区存在制造缺陷,如图 6.59 所示。

图 6.58　支架高应力区

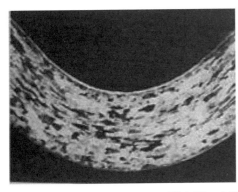
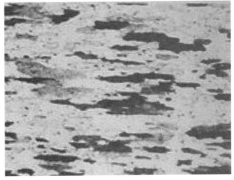

图 6.59　支架 R 区晶像分析

（4）通过对飞机在安装时的应力测量表明，翼上整流罩支架安装时存在强迫应力装配问题。

3）纠正措施

针对以上故障原因，采用的改进措施如下：

（1）更改密封件剖面形式，消除气流窜入罩体引发振动的可能性，如图 6.60 所示。

图 6.60　人字形密封件

（2）对翼上整流罩支架高应力区进行加垫并将增加整流罩支架与整流罩面板连接的角材厚度，降低高应力区应力水平，使其满足疲劳强度要求。

（3）将翼上整流罩支架更改为机加件减少其产生制造缺陷的可能性。

（4）制造工厂优化工装形式保证翼上整流罩的安装位置，消除整流罩支架的强迫装配问题。

参 考 文 献

［1］《飞机设计手册》总编委会.飞机设计手册第 10 册结构设计［M］.北京：航空工业出版社，2000.

［2］《飞机设计手册》总编委会.飞机设计手册第 9 册载荷、强度和刚度［M］.北京：航空工业出版社，2001.

［3］《飞机设计手册》总编委会.飞机设计手册第 3 册材料（上）［M］.北京：航空工业出版社，1997.

［4］《飞机设计手册》总编委会.飞机设计手册第 3 册材料（下）［M］.北京：航空工业出版社，2004.

［5］牛春匀.实用飞机结构应力分析及尺寸设计［M］.冯振宇，程小全，张纪奎，译.北京：航空工业出版社，2009.

［6］范耀宇.民用运输飞机适坠性要求浅析［J］.民用飞机设计与研究，2014，2：31－33.

［7］张维方.民用飞机舱内装饰与设备的适坠性研究［J］.民用飞机设计与研究，2009，1：5－9.

［8］范耀宇.民用飞机结构再制造工程概论［J］.科技视界，2015，27：113－114.

［9］李枫.浅谈民用飞机客舱内饰的工程设计［J］.经验与创新，2014，08：96－99.

［10］丹尼斯·豪.飞机载荷与结构布局［M］.孙秦，韩忠华，钟小平，译.北京：航空工业出版社，2014.

［11］贺璐，张乐.民用飞机构型标识方法［J］.民用飞机设计与研究，2015，3：47－51.

［12］郑晓玲，刘文珽，李玲芳，等.民机结构耐久性与损伤容限设计手册［M］.北京：航空工业出版社，2003.

缩　略　语

AD	accidental damage	偶然损伤
AMM	Aircraft Maintenance Manual	飞机维修手册
AMS	Aerospace Material Standard	航空材料规范
APU	auxilary power unit	辅助动力装置
ARJ21	advanced region jet for 21st century	新支线飞机
ASTM	American Society for Testing of Materials	美国材料试验学会
ATA	Aviation Transport of American	美国航空运输协会
CAI	compress after impact	冲击后压缩强度
CCAR	China Civil Aircraft Regulation	中国民用航空规章
CDR	critical design review	关键设计评审
CFC	carbin fibre composite	碳纤维复合材料
CPCP	corrosion prevention and control program	腐蚀预防和保护大纲
CPM	Consumption Products Manual	消耗品手册
DDP	detail design phase	详细设计阶段
DFR	detail fatigue ratio	细节疲劳额定值
DSG	design service goal	设计服役目标
ED	enviromental damage	环境损伤
FAR	Federal Aviation Regulation	联邦航空条例
FC	flight cycle	飞行循环
FD	fatigue damage	疲劳损伤
FH	flight hour	飞行小时
FMEA	failure mode effects analysis	失效模式和影响分析
GVI	general vision inspection	一般目视检查
HIC	head injury criteria	头部伤害判据
IIS	intelligent integrated structure	智能整体结构
ISC	Industry Steering Committee	工业指导委员会
JCDP	jointed conception design phase	联合概念定义阶段
JDP	jointed design phase	联合定义阶段
MOC	method of compliance	符合性方法

MRB	Maintenance Review Boarding	维修审查委员会
MSG - 3	maintenance steering group manual-version 3	维修评审和大纲制订手册(第三版)
NDT	Non - Damage Tests manual	无损检测手册
PMS	Process and Material Specifications	工艺及材料规范
PSE	principal structure element	主结构元素
RAT	ram air turbine	冲压空气涡轮
RFI	request for information	设计信息咨询
RFP	request for proposal	设计方案咨询
SAE	Society of Automotive Engineer	美国汽车工程师协会
SDI	special detail inspection	特殊详细检查
SIL	sound interfere level	语音干扰级
SM	Standards Manual	标准件手册
SOW	statements of work	合作分工协议定义
SSI	significant structure items	重要结构项目
TSO	Technical Standard Orders	技术标准规定

索　引

大飞机出版工程

书 目

一期书目（已出版）

《超声速飞机空气动力学和飞行力学》（译著）

《大型客机计算流体力学应用与发展》

《民用飞机总体设计》

《飞机飞行手册》（译著）

《运输类飞机的空气动力设计》（译著）

《雅克-42M 和雅克-242 飞机草图设计》（译著）

《飞机气动弹性力学和载荷导论》（译著）

《飞机推进》（译著）

《飞机燃油系统》（译著）

《全球航空业》（译著）

《航空发展的历程与真相》（译著）

二期书目（已出版）

《大型客机设计制造与使用经济性研究》

《飞机电气和电子系统——原理、维护和使用》（译著）

《民用飞机航空电子系统》

《非线性有限元及其在飞机结构设计中的应用》

《民用飞机复合材料结构设计与验证》

《飞机复合材料结构设计与分析》（译著）

《飞机复合材料结构强度分析》

《复合材料飞机结构强度设计与验证概论》

《复合材料连接》

《飞机结构设计与强度计算》

三期书目（已出版）

《适航理念与原则》

《适航性：航空器合格审定导论》（译著）

《民用飞机系统安全性设计与评估技术概论》

《民用航空器噪声合格审定概论》

《机载软件研制流程最佳实践》

《民用飞机金属结构耐久性与损伤容限设计》

《机载软件适航标准 DO‐178B/C 研究》

《运输类飞机合格审定飞行试验指南》(编译)

《民用飞机复合材料结构适航验证概论》

《民用运输类飞机驾驶舱人为因素设计原则》

四期书目(已出版)

《航空燃气涡轮发动机工作原理及性能》

《航空发动机结构强度设计问题》

《航空燃气轮机涡轮气体动力学:流动机理及气动设计》

《先进燃气轮机燃烧室设计研发》

《航空燃气涡轮发动机控制》

《航空涡轮风扇发动机试验技术与方法》

《航空压气机气动热力学理论与应用》

《燃气涡轮发动机性能》(译著)

《航空发动机进排气系统气动热力学》

《燃气涡轮推进系统》(译著)

《燃气涡轮发动机的传热和空气系统》

五期书目(已出版)

《民机飞行控制系统设计的理论与方法》

《民机导航系统》

《民机液压系统》(英文版)

《民机供电系统》

《民机传感器系统》

《飞行仿真技术》

《民机飞控系统适航性设计与验证》

《大型运输机飞行控制系统试验技术》

《飞行控制系统设计和实现中的问题》(译著)

《现代飞机飞行控制系统工程》

六期书目(已出版)

《民用飞机构件先进成形技术》

《民用飞机热表特种工艺技术》

《航空发动机高温合金大型铸件精密成型技术》

《飞机材料与结构检测技术》

《民用飞机构件数控加工技术》

《民用飞机复合材料结构制造技术》

《民用飞机自动化装配系统与装备》

《复合材料连接技术》

《先进复合材料的制造工艺》（译著）

七期书目（已出版）

《支线飞机设计流程与关键技术管理》

《支线飞机验证试飞技术》

《支线飞机电传飞行控制系统研发及验证》

《支线飞机适航符合性设计与验证》

《支线飞机市场研究技术与方法》

《支线飞机设计技术实践与创新》

《支线飞机项目管理》

《支线飞机自动飞行与飞行管理设计与验证》

《支线飞机电磁环境效应设计与验证》

《支线飞机动力装置系统设计与验证》

《支线飞机强度设计与验证》

《支线飞机结构设计与验证》

《支线飞机环控系统研发与验证》

《支线飞机运行支持技术》

《ARJ21－700新支线飞机项目发展历程、探索与创新》

《飞机运行安全与事故调查技术》

《基于可靠性的飞机维修优化》

《民用飞机实时监控与健康管理》

《民用飞机工业设计的理论与实践》